新编高等院校计算机科学与技术规划教材

网络工程

主　编　马　跃　张海旸　皮人杰
副主编　段鹏瑞　杨　震　张成文　王尊亮

北京邮电大学出版社
www.buptpress.com

内容简介

本书的主要内容包括网络技术基础、网络实验环境和实践平台、网络传输技术、网络承载技术、网络互联技术、私有网络技术、网络安全技术和网络应用技术。本书通过网络基础理论知识指导学生的实践，并在培养学生动手能力和对网络知识应用能力的同时，加深他们对网络知识的理解；通过网络模拟软件平台，引导学生进行初步的网络工程设计和配置实践，从而完成网络理论与网络工程实施的过渡。本书可作为高等院校计算机、通信、电子工程、自动化等信息类专业的高年级本科生、研究生教材，也可以作为其他专业师生和工程技术人员学习、研究和实施网络技术的参考用书。

图书在版编目(CIP)数据

网络工程/马跃，张海旸，皮人杰主编. --北京：北京邮电大学出版社，2013.9

ISBN 978-7-5635-3237-7

Ⅰ. ①网… Ⅱ. ①马…②张…③皮… Ⅲ. ①计算机网络—高等学校—教材 Ⅳ. ①TP393

中国版本图书馆 CIP 数据核字(2012)第 233899 号

书　　名：网络工程

主　　编：马　跃　张海旸　皮人杰

责任编辑：陈岚岚

出版发行：北京邮电大学出版社

社　　址：北京市海淀区西土城路 10 号(邮编：100876)

发 行 部：电话：010-62282185　传真：010-62283578

E-mail：publish@bupt.edu.cn

经　　销：各地新华书店

印　　刷：北京联兴华印刷厂

开　　本：787 mm×1 092 mm　1/16

印　　张：16.75

字　　数：411 千字

印　　数：1—3 000 册

版　　次：2013 年 9 月第 1 版　2013 年 9 月第 1 次印刷

ISBN 978-7-5635-3237-7　　定　价：35.00 元

前　言

随着计算机和网络技术的不断发展，网络成为继邮政、电信、广播电视之后的一种新的基础设施，人们的工作和生活已经离不开网络，网络产业已经从新兴行业转变为支柱性产业。网络对社会经济、科技教育发展乃至国防、政治的影响越来越大。本书的目的是将计算机网络所学的理论知识和实践联系起来，在加深对网络知识理解的前提下，提高动手能力，培养出符合社会需要的网络应用人才。

计算机网络是电信网技术和计算机技术相结合的产物，因此，网络的知识涉及计算机和电信传输两个方面。本书从传输技术、承载技术、IP 路由、网络安全、网络管理和网络应用等方面系统地介绍了计算机网络涉及的相关技术，希望能帮助读者对网络技术涉及的各个方面有一个初步的了解。

第 1 章介绍了网络工程的意义和定位，简单回顾了计算机物理网络结构和网络体系结构的相关知识，介绍了各种计算机网络技术和常用的网络设备。第 2 章围绕传输技术进行介绍，包括 xDSL、E1、光纤和蜂窝移动通信等常用传输技术。第 3 章对各种类型的承载网络进行介绍。第 4 章对静态路由协议、内部网关协议和外部网关协议作了详细的介绍，此外，还涉及到 IP 路由相关的路由重发布技术和网络地址转换技术。第 5 章主要介绍网络安全技术，包括重叠 VPN 技术、对等 VPN 技术、防火墙技术以及密钥技术 IKE 协议。第 6 章主要介绍了基于 SNMP 协议和基于 RMON 标准的网络管理技术。第 7 章介绍各种网络服务，包括网络服务模式、DNS 服务、DHCP 服务、Web 服务和 FTP 服务，此外，还介绍了一些新型的网络应用技术。

本书由马跃、张海旸、皮人杰主编，参加编写的还有段鹏瑞、杨震、张成文和王尊亮。

作者水平有限，书中如有错误，欢迎读者批评指正，也欢迎提出宝贵建议。

目　录

第1章 概 述

1.1 网络工程概述

随着计算机和网络技术的不断发展,网络成为继邮政、电信、广播电视之后的一种新的基础设施,大家的工作和生活已经离不开网络,网络产业已经从新兴行业转变为支柱性产业。网络对社会经济、科技教育发展乃至国防、政治的影响越来越大。相对于网络的快速发展,当前社会上的网络工程技术人才非常短缺,为了解决这个矛盾,各个高校相继开设网络工程专业,专门从事网络工程人才的培养。

网络工程专业旨在培养掌握网络工程的基本理论与方法以及计算机技术和网络技术等方面的知识,接受网络工程技术应用的基本训练,能运用所学知识与技能去分析和解决相关的实际问题和进一步学习网络工程领域新理论、新技术及创造性思维的能力,可在信息产业以及其他国民经济部门从事各类网络系统和计算机通信系统研究、教学、设计、开发等工作的科技人才。

在本专业中学生们需要掌握网络工程中现代通信网络的基本理论及网络工程的实用技术,了解网络协议体系、网络互联技术、组网工程、网络管理等相关知识,具有较强的分析问题和解决问题的能力。

1.1.1 计算机网络工程的课程意义

计算机网络工程是计算机网络工程专业的核心课程,它在整个课程体系中起到承上启下的作用。网络工程之前的网络课程偏向于网络基础和理论,使学生们能够对网络的原理有一个基本的认识,但是网络学科是一门与实际应用紧密结合的课程,纯粹的理论学习会使学生和实践脱节,不知道如何应用所学的理论知识,不利于对网络理论的深入理解。为此,本课程以较成熟的网络技术为主,着重介绍计算机网络的基本原理,并结合应用实例加强对基本原理的理解,为学生打好坚实的基础,以适应快速的网络技术发展。课程将概括介绍计算机网络已实际应用的技术和新技术发展动态,培养学生主动获取知识、分析问题、解决问题以及跟踪新技术发展的能力。

1.1.2 计算机网络工程的课程定位

通过本课程的学习使学生掌握计算机网络工程的基本方法,了解计算机网络工程中涉及的关键技术和解决方法,掌握计算机网络工程从规划、选型、施工、测试到管理的全过程,掌握典型局域网、广域网、网络互联和接入技术,学会基本网络设备(集线器、交换器、路由器、应用服务器等)的工作原理和操作方法,了解网络安全、网络管理和网络应用等方面的知识。为学生在今后的工作中能参与计算机网络工程作好准备。为了使学生能够适应计算机网络领域的新技术和新发展,本课程除计算机网络的基本知识和技术外,注意与典型的网络工程实例的结合,注意各项内容的综合,培养学生分析和解决网络工程技术问题的能力。

1.2 计算机网络介绍

本节对计算机网络做一个概括的定义,介绍计算机网络的各个组成部分;给出局域网和广域网中常用的网络拓扑结构,促进对网络连接方式的了解;对计算机网络按照覆盖范围进行分类,介绍各种类型网络的特点、应用场景以及组网的方式;最后介绍 OSI 和 TCP/IP 两种网络体系结构。

1.2.1 计算机网络定义

计算机网络是计算机技术与通信技术相结合的产物,并没有一个非常精确的定义。简单来看,计算机网络是由自主计算机互联起来的集合体。其中自主计算机由硬件和软件两部分组成,可以完整地实现计算机的各种功能。互联是指计算机之间的相互通信。

从更完整的角度看,计算机网络是指将地理位置不同的具有独立功能的多台计算机及其外部设备,通过通信线路连接起来,在网络操作系统、网络管理软件及网络通信协议的管理和协调下,实现资源共享和信息传递的计算机系统。通俗地讲,计算机网络就是由多台计算机(或其他计算机网络设备)通过传输介质和软件物理(或逻辑)连接在一起组成的。一个典型的计算机网络如图 1-1 所示。

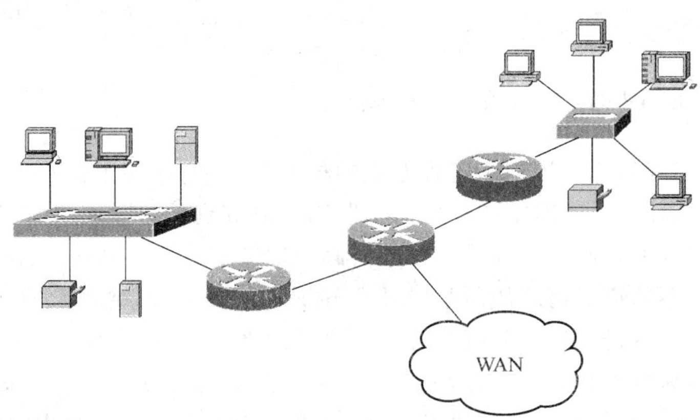

图 1-1 典型计算机网络示意图

计算机网络包括硬件和软件两大部分,硬件中包含了计算机、通信设备、接口设备和传输介质四部分,软件包含了通信协议和应用软件。

具体来说,在硬件部分,计算机即主机,包括个人计算机、大型计算机、客户机(client)或工作站(workstation)、服务器(server),统称为端系统;通信设备(中间系统)包括交换机和路由器等,它们为主机转发数据;接口设备包括网卡、modem 等,是网络和计算机之间的接口;传输介质主要包括了双绞线、同轴电缆、光纤、无线电和卫星链路等。在软件部分,通信协议是计算机之间的信息传输规则,比如 TCP/IP 等;应用软件指在网络上实现的各种应用,如 WWW、E-mail、FTP 等。

1.2.2　计算机网络分类

在计算机网络中,我们主要从网络的作用范围进行分类,分为:局域网、城域网、广域网和互联网。这四类网络在覆盖范围和传输带宽上有显著区别,按照局域网—城域网—广域网—互联网的顺序,网络的覆盖范围依次增加,而网络的带宽依次降低,如表 1-1 所示。

表 1-1　计算机网络分类

分布距离	覆盖范围	网络分类	速度
10 m	房间	局域网	4 Mbit/s～10 Gbit/s
100 m	建筑物		
1 km	校园		
10 km	城市	城域网	50 kbit/s～100 Mbit/s
100 km	国家	广域网	9.6 kbit/s～45 Mbit/s
1 000 km	洲或洲际	互联网	9.6 kbit/s～45 Mbit/s

1. 局域网

局域网(LAN,Local Area Network)分布距离最短,是最常见的计算机网络。由于局域网分布范围极小,一方面容易管理与配置,另一方面容易构成简洁规整的拓扑结构,加上速度快、延迟小的优点,使之得到广泛应用,成为了实现有限区域内信息交换与共享的典型有效的途径。局域网典型的应用如教学科研单位的内部 LAN、办公室自动化 OA 网、校园网等。以太网是最常见的一种局域网,如图 1-2 所示。局域网的特点是:

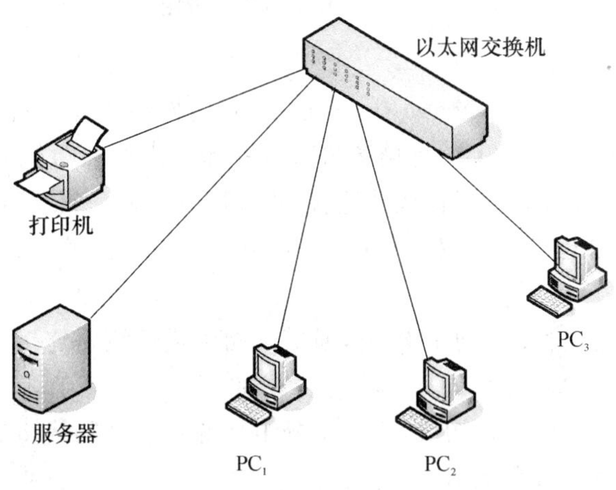

图 1-2　以太网示意图

➢ 覆盖有限的地理范围，它适用于公司、机关、校园、工厂等有限范围内的计算机、终端与各类信息处理设备联网的需求；
➢ 提供高数据传输速率（4 Mbit/s～10 Gbit/s）、低误码率的高质量数据传输环境；
➢ 一般属于一个单位所有，易于建立、维护与扩展；
➢ 从介质访问控制方法的角度，局域网可分为共享介质式局域网与交换式局域网两类。

2. 城域网

城域网（MAN，Metropolitan Area Network）的指标介于局域网和广域网之间，它是一种新型的物理网络技术，覆盖范围为中等规模区域（相当于一座大城市）。城域网中包含有负责路由的交换单元，典型的应用包括城市电子政务、园区网、Intranet 等。最常见的城域网的例子是有线电视网，如图 1-3 所示。城域网的特点是：

➢ 城域网是介于广域网与局域网之间的一种高速网络；
➢ 城域网设计的目标是要满足几十千米范围内的大量企业、机关、公司的多个局域网互联的需求；
➢ 实现大量用户之间的数据、语音、图形与视频等多种信息的传输功能；
➢ 城域网在技术上与局域网相似。

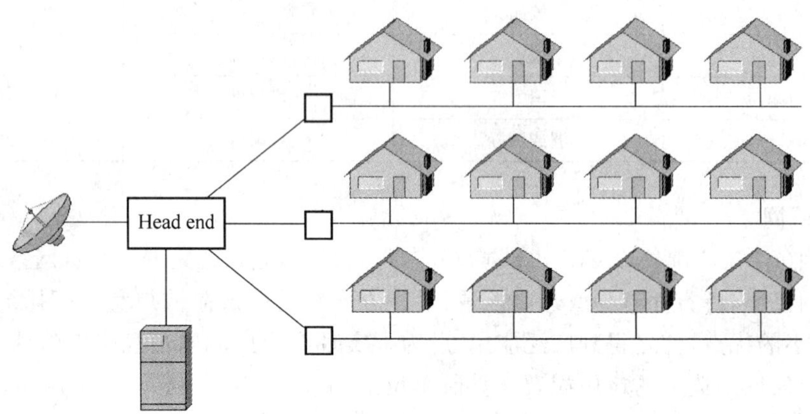

图 1-3　有线电视网示意图

3. 广域网

广域网（WAN，Wide Area Network）分布距离远，网络本身往往不具备规则的拓扑结构。由于速度慢、延迟大，主机无法直接参与网络管理，所以，它要包含复杂的互联设备（如交换机、路由器），互联设备通过通信线路连接，构成网状结构（通信子网）。广域网中互联设备负责路由等重要的管理工作，主机只负责收发数据。广域网的结构如图 1-4 所示。广域网的特点是：

➢ WAN 一般由主机和通信子网组成，通信子网由通信线路连接交换节点组成，往往是电信部门提供的公共通信网；
➢ WAN 一般由点到点电路构成，为了将分组从源结点经网络传送到目的结点，一般需要经过多个中间结点的转发；
➢ WAN 通信协议结构上的重点是网络层的路由选择问题；
➢ WAN 的拓扑结构一般比较复杂，多为网状、树型或它们的混合；

➢ WAN 常采用多路复用技术，提高传输线路的利用率。

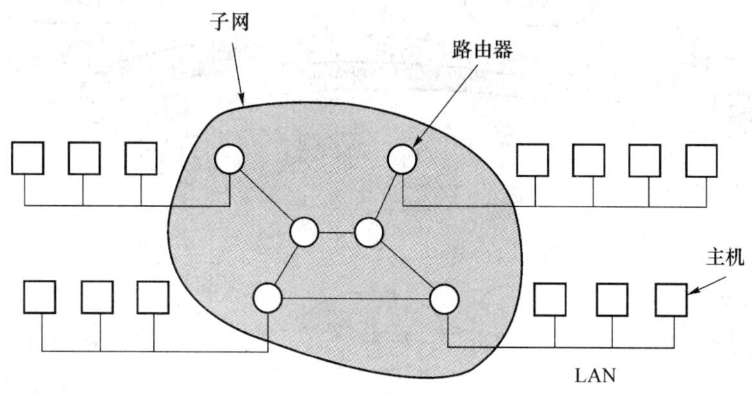

图 1-4 广域网示意图

4. 互联网

互联网(Internet)不是一种具体的物理网络技术，它是将不同的物理网络技术及其子技术统一起来的一种网络互联技术。世界上有许多网络，它们通常使用了不同的硬件和软件。利用网关设备将这些相互之间不兼容的网络连接起来，实现软件层次和硬件层次的转换。国际互联网典型的应用如国际电子邮件 E-mail、WWW、国际语音/数据网集成、电子商务、远程教育等。

因特网是 Internet 的中文译名，指在全球范围，由采用 TCP/IP 协议族的众多计算机网相互连接而成的最大的开放式计算机网络，因特网是目前全球最大的一个计算机互联网，也是我们通常所使用的互联网，是由美国的 ARPA 网发展演变而来的。因特网是互联网，但因特网并不是全球唯一的互联网络。例如，在欧洲，跨国的互联网络就有“欧盟网”(Euronet)、“欧洲学术与研究网”(EARN)、“欧洲信息网”(EIN)，在美国还有“国际学术网”(BITNET)，世界范围的还有“飞多网”(全球性的 BBS 系统)等。

因特网的基础结构大体上经历了三个阶段的演进，目前已经形成了一种多级结构，如图 1-5 所示。因特网的网络由大量独立的服务提供商管理，比如 MCI Worldcom、Sprint、Earthlink、Cable and Wireless 等。其中包括 NSP(网络服务提供商)、ISP(因特网服务提供商)和 NAP(网络接入点)。在因特网中，骨干网 NSP 构建全国或全球性的网络并向区域性的 NSP 出售带宽，区域 NSP 构建区域性网络，并向本地 ISP 出售带宽，而本地 ISP 则向终端用户提供服务方面的销售与管理。所以本地 ISP 负责个人用户、学校和公司接入因特网，当然骨干 NSP 和区域性 NSP 也会向一些大型的公司直接提供因特网的接入服务。

所以，从图 1-5 可以看出，因特网的作用就是通过 NSP、ISP 和 NAP 等服务商将全球范围内的各种局域网和子网互联在一起。

1.2.3 计算机网络拓扑结构

计算机网络的拓扑结构是引用拓扑学中研究与大小、形状无关的点、线关系的方法，把网络中的计算机和通信设备抽象为一个点，把传输介质抽象为一条线，由点和线组成的几何图形就是计算机网络的拓扑结构。拓扑结构隐去了网络的具体物理特性(如距离、位置等)，

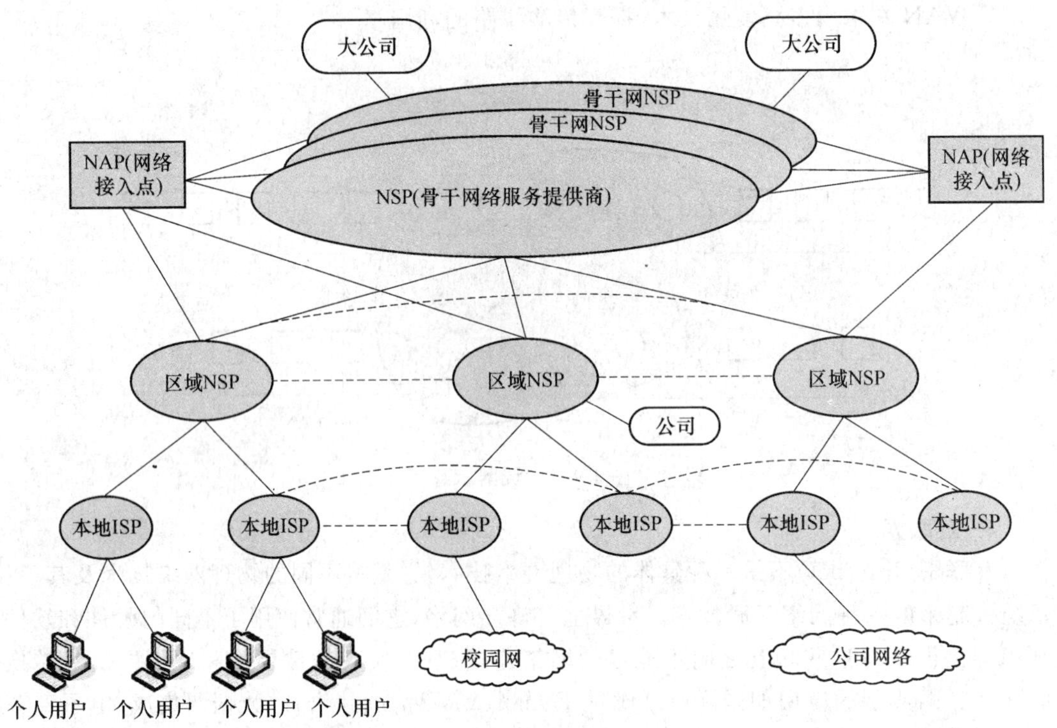

图 1-5　因特网结构示意图

而抽象出节点之间的结构关系加以研究。它对网络的性能、系统的可靠性与通信费用都有重大影响。对于广域网和局部网络来说，它们在网络拓扑结构上有着显著的差异，下面对此进行分别介绍。

1. 广域网拓扑结构

广域网将多个子网或多个局域网互接起来。在一个子网或者局域网中，集线器、中继器、交换机将多个设备连接起来形成局域网拓扑结构；而桥接器、路由器、传输设备及网关则将子网或局域网连接起来形成网际拓扑结构，根据组网硬件不同，主要有如下两种网际拓扑。

(1) 网状拓扑结构

广域网通常由多种类型和型号的设备及链路组建而成，网络的结构复杂。它的主干网络通常为网状拓扑结构，其中网络节点与通信线路互联成不规则的形状，节点之间的连接是任意的，没有规律。通过路由器与路由器相连，可让网络选择一条最快的路径传送数据。网状拓扑结构如图 1-6 所示。

网状拓扑结构的优点是：

- 系统可靠性高，比较容易扩展，一般网络中任意两个节点之间，存在着两条或两条以上的通信路径，这样，当一条路径发生故障时，可以通过另一条路径进行信息传送；
- 可改善线路的信息流量分配；
- 可选择最佳路径，传输延迟小；
- 网络可组建成各种形状，采用多种通信信道，多种传输速率，适合广域网复杂的网络环境。

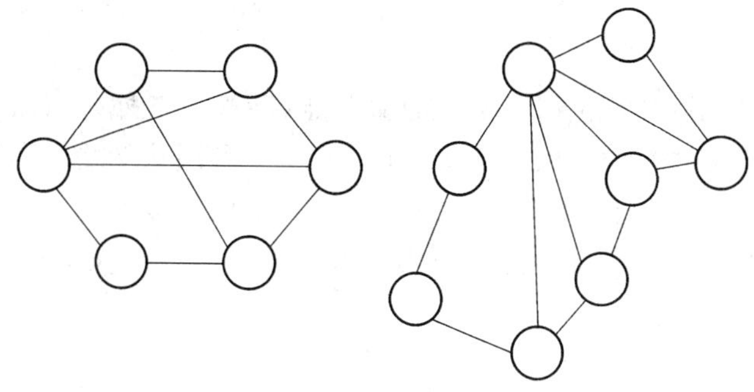

图 1-6 网状拓扑结构示意图

网状拓扑结构的缺点是：

➢ 线路和节点成本高；

➢ 结构复杂，难于管理和维护，每一节点都与多点进行连接，必须采用路由算法和流量控制方法。

(2) 环型拓扑结构

通过桥接器、传输设备和路由器把不同的子网或 LAN 连接起来形成环型拓扑结构，这种网通常采用光纤做主干线。具有可靠性好，不存在单点失效问题，可以灵活地建立各种链路备份策略。

2. 局部网络拓扑结构

局部网络覆盖范围小，网络结构简单，典型的拓扑结构有以下 4 种：星型、环型、总线型和树型。

(1) 星型拓扑结构以中央节点为中心，用单独的线路使中央节点与其他站点相连，各站点间的通信都要通过中央节点，如图 1-7(a)所示。星型拓扑结构的优点是增加站点容易，成本低，可以很容易地确定网络故障点；另外，通道分离，整个网络不会因一个站点的故障而受到影响，网络节点的增删方便快捷。缺点是中央节点出故障时会导致整个系统瘫痪，故可靠性较差。星型拓扑结构非常适合于局域网中使用，可以提高多计算机间的通信效率，近年来，星型拓扑已经逐渐成为以太网中的主要拓扑结构。

(2) 环型拓扑结构中计算机相互连接而形成一个环。实际上，参与连接的不是计算机本身而是环接口(一种数据收发设备，如图 1-7(b)中的干线耦合器)，计算机连接环接口，环接口又逐段连接起来而形成环，如图 1-7(b)所示。环中数据只能单向传输，信息在每台设备上的延时时间是固定的，特别适合实时控制的局域网系统。环网中的每个节点均成为网络可靠性的瓶颈，任意节点出现故障都会造成网络瘫痪，故障诊断也较困难，另外，容量有限，网络建成后，难以增加新的站点。在令牌环网和 FDDI 网络中有较好的应用。

(3) 总线结构就是将各个节点(服务器、工作站等)用一根总线(如同轴缆、双绞线、光纤等)连接起来。总线型拓扑结构的特点是计算机都连接到同一条公共传输介质(总线)上，计算机相对于总线的位置关系是平等的，如图 1-7(c)所示。在总线两端连接的器件称为端结器(末端阻抗匹配器或终止器)。主要与总线进行阻抗匹配，最大限度吸收传送端部的能量，避免信号反射回总线产生不必要的干扰。这种结构需要铺设的电缆最短，成本低，某个站点的故障一般不会影响整个网络，但介质的故障会导致网络瘫痪。总线型拓扑安全性低，监控比较困难，通信效率比较低，增加新站点也不如星型拓扑容易。较早的以太网多采用这种拓扑结构。

(4) 树型拓扑结构中计算机都连接它的父节点（除根节点外）又都连接它的子节点（除叶节点外），连接关系呈树状，如图 1-7(d)所示。它是一种层次结构，节点按层次连接，信息交换主要在上下节点之间进行，相邻节点或同层节点之间一般不进行数据交换。这种结构连接简单，维护方便，适用于汇集信息的应用要求；但是资源共享能力较低，可靠性不高。这种结构在目前的网络中较少使用。

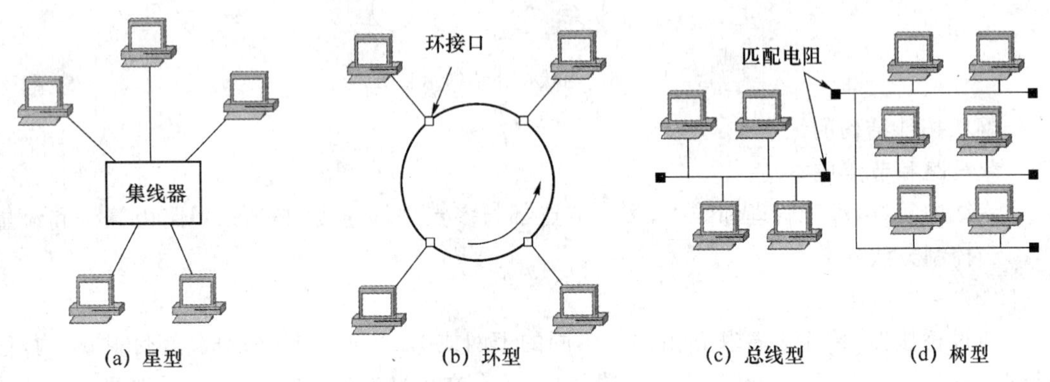

图 1-7 计算机网络典型拓扑结构

1.2.4 计算机网络体系结构

计算机网络体系结构是指网络的层次结构和协议。层次结构就是按一定层次组合起来的某种结构。协议（Protocol）是计算机网络协议的简称，它是指网络中计算机与计算机之间、网络设备与网络设备之间、计算机与网络设备之间进行信息交换的规则。计算机网络体系结构中的每一层使用了信息隐蔽、抽象数据类型以及面向对象的设计方法，目的是向上层提供服务，上层可以使用其提供的服务，但对于其内部的状态和算法不可见。

计算机网络体系结构分层的好处是：各层之间是独立的，每层只关注实现本层的功能即可；灵活性好，每一层次可以灵活地采用不同的方法来实现本层的功能，增加和删减功能也较为容易；结构上可以分割开，层次之间的互相影响小，降低了实现和维护的难度，同时能够促进标准化的工作。计算机网络体系结构的层数要适中，若层数太少，就会使每一层的协议太复杂，层数太多又会在描述和综合各层功能的系统工程任务时遇到较多的困难。

目前主要有两大网络体系结构：OSI 七层理论模型和 TCP/IP 应用模型。开放系统互联（OSI，Open System Interconnection）七层网络模型的定义是网络发展中一个重要里程碑，OSI 七层网络模型的层次划分非常便于学习、研究和分析计算机网络。它不但成为以前的和后续的各种网络技术评判和分析的依据，也成为网络协议设计的参考模型。TCP/IP 是目前在实际应用中最为成功的网络体系结构，以它为基础的 Internet 成为了目前国际上规模最大的互联网，TCP/IP 也已经成为目前最重要的互联网络协议。

1. OSI 七层理论模型

为了促进计算机网络的发展，国际标准化组织（ISO，International Organization for Standardization）于 1977 年成立了一个委员会，在现有网络的基础上，提出了不基于具体计算机型号、操作系统或公司的网络体系结构，称为开放系统互联模型。

OSI 七层网络模型，从下至上共包含：物理层、数据链路层、网络层、传输层、会话层、表示层和应用层，如图 1-8 所示。

① 物理层利用传输介质为通信的网络节点之间建立、管理和释放物理连接；实现比特流的透明传输，为数据链路层提供数据传输服务；物理层的网络实体包括传输介质和网络设备，其中常见的传输介质包括双绞线、同轴电缆、光纤；常见的网络设备包括中继器、集线器，以及光传输设备等。

② 数据链路层在通信的实体间建立数据链路连接，传输以“帧”为单位的数据包，采用差错控制与流量控制方法，使有差错的物理线路变成无差错的数据链路。其在不太可靠的物理链路上实现可靠的数据传输。数据链路层的网络设备主要有：网桥和交换机等。

③ 网络层通过路由选择算法为分组通过通信子网选择最适当的路径，为数据在节点之间传输创建逻辑链路，可以实现拥塞控制、网络互联等功能。网络层的网络设备主要有：路由器和三层交换机。

④ 传输层可提供可靠端到端(end-to-end)服务，处理数据包错误、数据包失序，以及其他一些关键传输问题。传输层及其上的所有层次主要工作在网络终端设备上。

⑤ 会话层负责维护两个节点之间的会话链接，确保点-点传输不中断，并负责管理数据交换。

⑥ 表示层用于处理在两个通信系统中交换信息的表示方式，主要负责数据格式变换、数据加密与解密和数据压缩与恢复。

⑦ 应用层为应用提供网络服务，应用层需要识别并保证通信对方的可用性，在协同工作的应用程序之间建立同步、传输错误纠正与保证数据完整性的控制机制。

图 1-8　OSI 七层网络参考模型

由于制定的时间较早，加上 ISO 固有的思维方式，OSI 模型有很多现在看来不合理的地方，主要表现在：希望统一所有的网络和应用，结果是对底层网络和应用的多样性估计不足，使得数据链路层无法适应多种多样的网络。而上三层为了能支持各种应用设计得非常复杂，实际上到 OSI 模型被放弃为止，上三层的协议都没有彻底完成。

虽然 OSI 模型已没有实际应用的价值，但是它在教学和理论研究中仍被广泛应用。

2. TCP/IP 应用模型

TCP/IP(Transmission Control Protocol/Internet Protocol)是 20 世纪 70 年代中期美国国防部(DOD)为 ARPANET 广域网制定的网络体系结构和体系标准。TCP/IP 是一族通信协议的代名词，其中重要的协议族是传送控制协议(TCP)和网际协议(IP)。

TCP/IP 网络模型共分为 4 层，由下至上分别为：网络接口层、网际层、传输层和应用层，如图 1-9 所示。

① 网络接口层是 TCP/IP 参考模型的最低层，负责通过各种网络发送和接收 IP 数据报。网络接口层并没有定义实际的数据链路层和物理层的规范，而是定义了 IP 数据报在拥

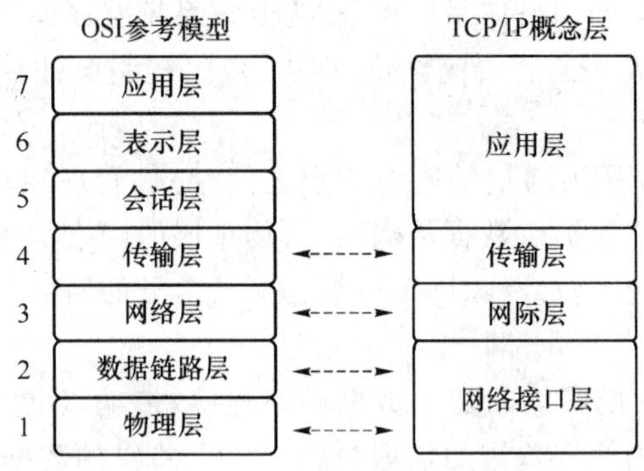

图 1-9 TCP/IP 网络参考模型

有不同数据链路层和物理层网络中的传输方法，这充分体现出 TCP/IP 协议的兼容性与适应性，它也为 TCP/IP 的成功奠定了基础。网络接口层允许主机连入网络时使用多种现成的与流行的协议，例如，局域网的 Ethernet、令牌网、分组交换网的 X. 25、帧中继、ATM 协议、HDLC、PPP 等。

② 网际层相当于 OSI 参考模型的网络层，它负责处理互联的路由选择、流控与拥塞问题。本层的核心是 IP 协议，它是一种无连接的、提供"尽力而为"服务的网络层协议，网络层传送的数据单位是报文分组或数据包。

③ 传输层的主要功能是在互联网中源主机与目的主机的对等实体间建立用于会话的端-端连接。传输层包括传输控制协议（TCP）和用户数据报协议（UDP）两个主要协议，TCP 是一种可靠的面向连接协议，UDP 是一种不可靠的无连接协议。

④ 应用层对应于 OSI 参考模型的高三层，为用户提供所需要的各种服务，例如，网络终端协议（Telnet）、文件传输协议（FTP）、简单邮件传输协议（SMTP）、域名系统（DNS）、简单网络管理协议（SNMP）、超文本传输协议（HTTP）等。

TCP/IP 模型在核心层只有一个 IP 协议，因此，可以通过 IP 协议把众多低层网络的差异统一起来，屏蔽了低层细节，向传输层提供统一的 IP 数据报，进而支持应用层提供多种多样的服务，使得 TCP/IP 具有很好的灵活性和健壮性，这是 TCP/IP 之所以成为国际互联网主流协议的根本原因。IP 层的这一特性可以将 TCP/IP 模型表示为"中间小两头大"的沙漏模型，如图 1-10 所示。

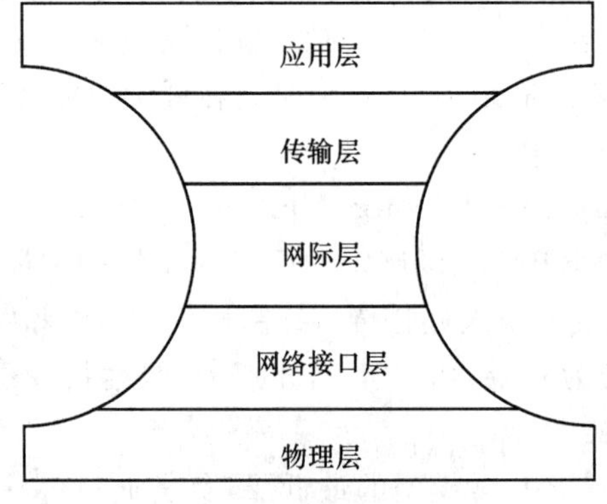

图 1-10 TCP/IP 沙漏模型

1.3　计算机网络技术

TCP/IP 是当前采用的主要协议栈，本书将围绕 TCP/IP 协议栈来介绍各种计算机网络技术。本节首先描述各种网络技术之间的关系，然后对各种网络技术进行简要的介绍，并介绍常见网络设备的工作层次、功能和使用方法。

1.3.1　计算机网络技术简述

计算机网络中与组网相关的技术主要包括了传输技术、承载技术和路由技术，而网络安全和网络管理与维护技术用于保证整个网络安全、可靠、稳定的运行，此外，网络应用技术用于基于网络为用户提供丰富多彩的网络服务。

1. 计算机网络组网技术

传输技术通过物理链路将信息从一端传送到另一端，主要工作在物理层。承载技术又叫做承载网络，也就是能够传输 IP 报文的所有网络，包括了多种局域网和广域网。路由技术负责在网络间建立路径，保证网络之间的数据互通。总的说来，传输技术负责物理链路上的数据传递，承载技术负责网络内部的信息交互，路由技术负责网络间的信息互通。

(1) 传输技术

传输技术在局域网和广域网中又有很大的区别：局域网中的传输技术大多关注多个端点之间高速、高效的相互通信，传输距离较近；而广域网的传输技术主要关注于两点间数据长距离的传输。有一些传输技术与所处的网络关联非常紧密，例如，以太网传输技术、WLAN 传输技术等，为了更好地介绍这些传输技术，我们将在第 3 章的相关网络技术中进行描述；有一些传输技术较为独立，例如，ADSL、SDH 等，我们将在第 2 章中进行讲解。

在传输技术中还分为有线和无线两大类，常用的有线传输技术包含了 ADSL、E1、DDN、SDH 等，常用的无线传输技术有大范围的蜂窝移动通信、微波通信、卫星通信，和小范围的 WLAN、红外、蓝牙、UWB 等。

(2) 承载技术

承载技术主要介绍了各种能够承载 IP 报文的网络，包括局域网和广域网。其中，局域网主要介绍了常见的以太网和 WLAN，广域网主要介绍了 HDLC、PPP 等网络。

(3) IP 路由技术

IP 路由技术主要介绍了不同网络间的动态路由技术。由于各种路由协议的扩展能力都有一定的限制，因此，在互联网中常采用分域的方式来组织，一个域的规模受到限制，不能过大。域内部采用内部网关协议，例如，RIP、OSPF 等，域间采用外部网关协议，常用 BGP。

在某些特殊情况下，一个网络内采用了多个路由协议时，为了实现路由协议之间的互通，就需要采用路由重发布技术。在私有网络中通常采用的是私有 IP 地址，这使得私有网络的搭建更加方便、快捷，但是，这也导致私有网络不能直接连入因特网中，为了能够将众多的私有网络实现与因特网的互通，需要采用网络地址转换(NAT)技术。

2. 计算机网络管理技术

计算机网络组建完成后，还需要网络安全和网络管理等辅助技术，才能保证整个网络安全、可靠、稳定地运行。网络安全负责网络中信息传递和交换的安全性;网络管理和维护负责对网络中各个设备和链路的监控、配置和维护。

(1) 网络安全

网络安全是指网络系统的硬件、软件及其系统中的数据受到保护,不因偶然的或者恶意的原因而遭受到破坏、更改、泄露,系统连续可靠正常地运行,网络服务不中断。网络安全从其本质上来讲就是网络上的信息安全。从广义来说,凡是涉及网络上信息的保密性、完整性、可用性、真实性和可控性的相关技术和理论都是网络安全的研究领域。

网络安全包括运行系统安全、网络上系统信息的安全、网络上信息传播安全和网络上信息内容的安全。网络安全的本质是使信息在安全期内保证其在网络上流动时或者静态存放时不被非授权用户非法访问,通过各种计算机、网络、密码技术和信息安全技术,保护在公用通信网络中传输、交换和存储信息的机密性、完整性和真实性。

网络安全技术涉及范围非常广,在本书中,我们主要介绍与网络技术结合紧密的虚拟专用网(VPN)技术和防火墙技术等。

VPN 技术是利用接入服务器、路由器以及 VPN 专用设备在公用的广域网上实现虚拟专用网的技术。它通过一个公用网络(通常是因特网)建立一个临时的、安全的连接,是一条穿过混乱的公用网络的安全、稳定的隧道。使用这条隧道可以帮助远程用户、公司分支机构、商业伙伴及供应商同公司的内部网建立可信的安全连接,并保证数据的安全传输。VPN 技术分为重叠模型 VPN 和对等模型 VPN,重叠模型 VPN 需要用户自己建立端节点之间的 VPN 链路,主要包含了 GRE、L2TP、IPSec 和 SSL 等众多的技术,对等模型由网络运营商在主干网上完成 VPN 通道的建立,主要是 MPLS VPN 技术。

防火墙是指一种将内部网和公众访问网(如 Internet)分开的设备和技术,它实际上是一种隔离技术,它能增强机构内部网络的安全性。防火墙是在两个网络通信时执行的一种访问控制尺度,决定了外界的哪些人可以访问内部的哪些服务,以及哪些外部服务可以被内部人员访问。形象地讲,它能允许你"同意"的人和数据进入你的网络,同时将你"不同意"的人和数据拒之门外,最大限度地保护你的网络的安全。

(2) 网络管理和维护

网络管理包括对硬件、软件和人力的使用与协调,以便对网络资源进行监视、测试、配置、分析、评价和控制,以保证一定的实时运行性能、服务质量等需求。网络管理有五大功能:故障管理、配置管理、性能管理、安全管理和计费管理。当前网络管理方式主要包括:基于 SNMP 协议的网络管理和基于 RMON 标准的网络管理。

简单网络管理协议(SNMP,Simple Network Management Protocol)是目前 TCP/IP 网络中应用最为广泛的网络管理协议,它的目标是管理 Internet 上众多厂家生产的软硬件平台。SNMP 提供了一种从网络上的设备中收集网络管理信息,以及由网络设备向网络管理工作站报告问题和错误的方法,这些信息包括设备的特性、数据吞吐量、通信超载和错误等。通过将 SNMP 嵌入数据通信设备,如路由器、交换机或集线器中,就可以从一个中心站管理这些设备。

为了提高传送管理报文的有效性、减少网管控制台系统的负载、满足网络管理员监控网段性能的需求,IETF 制定了 RMON 标准,用以解决 SNMP 在日益扩大的分布式网络中所面临的局限性。

3. 计算机网络应用技术

网络的最终目的是为了让用户使用网络上提供的服务来满足其各种各样的需求。网络服务主要分为基础网络服务和网络应用服务。基础网络服务是为用户更方便地使用网络提供支持，包括 DNS 服务、DHCP 服务等，而网络应用服务则是为用户提供各种网络上的应用，包括 Web 服务、FTP 服务、多媒体服务等。当然，在网络应用服务基础上可以提供丰富多彩的内容服务，如 Web 服务之上可以提供门户网站、游戏网站、学习网站等，而流媒体服务之上可以提供电影点播、电影直播、教学视频服务等。

随着网络技术的不断发展和用户服务需求的不断提高，网络服务信息处理过程中各主机之间的协作方式经历了文件服务器模式、C/S 模式、B/S 模式和对等网模式。不同的服务模式有不同的特点，适合于不同的服务需求。

在各种网络服务中，Web 服务是应用最为广泛的一种，它是一种交互式图形界面的 Internet 服务，具有强大的信息连接功能。Web 服务通过超链接将 Internet 上的各种信息资源连接在一起组成万维网，使得成千上万的用户通过简单的图形界面就可以访问各个大学、组织、公司等的最新信息和各种服务。Web 的应用层协议 HTTP 是 Web 的核心，运行在不同端系统上的客户程序和服务器程序通过交换 HTTP 消息彼此交流。Web 服务中有静态页面和动态页面两种服务模型，当前的大多数网站采用动态页面，它根据用户的需求动态地改变同一个页面中的显示内容，使得网页的交互能力、动态能力和定制能力更加强大。

当前的网络服务发展迅速，很多新型的网络服务模式和应用框架在不断地涌现出来，使得网络服务的能力更加强大，能够提供更加丰富的服务，例如，Web Service、Web 2.0、SOA、网格、云计算等。

1.3.2 计算机网络常用设备简介

计算机网络中常见的网络设备包括：中继器、集线器、网桥、以太网交换机、路由器等。其中中继器和集线器工作在物理层，网桥、以太网交换机工作在数据链路层，路由器和三层以太网交换机工作在网络层。

在网络中主要的网络连接方式包括局域网、局部多网络互联和广域网等几种方式。在每种网络中，所包含的网络设备以及网络设备工作的层次均不相同。

1. 局域网设备

在局域网中可以包含终端、传输介质和网络设备，其中终端工作在网络的七个层次上，传输介质工作在物理层上。局域网中的网络设备包括了以太网中继器、集线器、网桥和以太网交换机。其中以太网中继器和集线器工作在物理层，以太网中继器只能对传输距离进行延长，扩展能力较弱，集线器可以方便地扩展网络规模，但是由于冲突域的限制，规模不能太大；网桥工作在物理层和数据链路层，并且可以兼容多种物理层和数据链路层的协议；以太网交换机工作在以太网的物理层和数据链路层，只能实现以太网的扩展。使用局域网中的网络设备对局域网进行扩展后，仍然属于同一个局域网。下面对这几种设备进行简单介绍。

(1) 以太网中继器

以太网中继器可以扩大局域网的覆盖范围，扩展方式如图 1-11 所示。以太网中继器是模拟设备，将在一段上出现的信号放大到另一段上，可以避免信号衰减过大，提高传输距离。以太网中继器不理解帧、分组和头的概念，只理解电压值，是物理层的设备。在经典以太网中,允许使用 4 个中继器,最大长度从 500 m 扩展到 2 500 m。以太网中继器的扩展能力较弱。

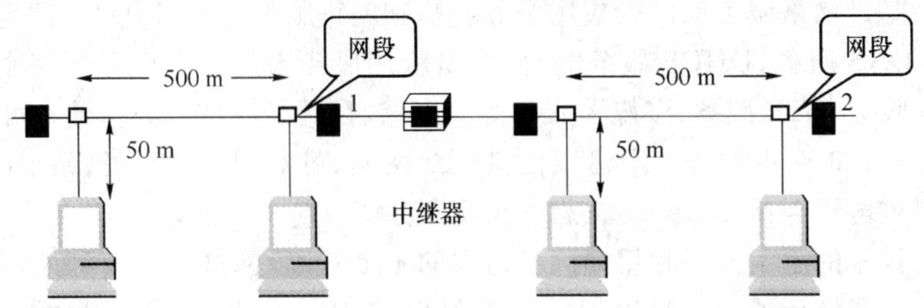

图 1-11　中继器扩展网络的方式

(2) 集线器

集线器可以扩展网络覆盖范围,如图 1-12 所示。集线器扩展网络简单、方便,它不处理或检查其上的通信量,仅通过将一个端口接收的信号重复分发给其他端口来扩展物理介质。所有连接到集线器的设备共享同一介质,其结果是它们也共享同一冲突域、广播和带宽。集线器多用于小规模的以太网,由于集线器一般使用外接电源(有源),对其接收的信号有放大处理。在某些场合,集线器也被称为“多端口中继器”。集线器同中继器一样都是工作在物理层的网络设备。随着网络中节点的增加,大量的冲突将导致网络性能急剧下降,而且集线器同时只能传输一个数据帧,这意味着集线器所有端口都要共享同一带宽,因此,集线器的扩展能力有限。

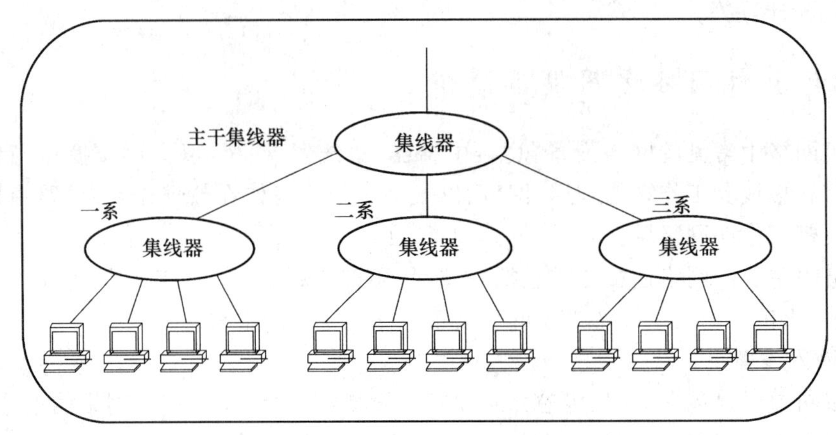

图 1-12　集线器扩展网络的方式

(3) 网桥

网桥工作在数据链路层(二层网络设备),可将数个局域网网段连接在一起,形成一个更大范围的局域网。当网桥收到一个帧时,并不是向所有的端口转发此帧,而是先检查此帧的目的 MAC 地址,然后再确定将该帧转发到哪一个端口,因此,网桥可以隔离冲突域,从而提高了其扩展能力。此外,网桥还可以实现不同类型的局域网之间的互联。通常网桥的端口数目较少,互联不够方便。总之,网桥对局域网的扩展方式更加灵活,扩展能力更加强大,可以更好地扩展局域网的覆盖范围。

(4) 以太网交换机

以太网交换机的工作原理同网桥一样，但端口较多，通常有十几个端口。因此，以太网交换机实质上就是一个多端口的网桥，可见交换机工作在数据链路层。交换机能同时连通许多对的端口，使每一对相互通信的主机都能像独占通信媒体那样，进行无碰撞的传输数据。因此，交换机的扩展能力要比集线器强大得多。但是交换机所连接的设备仍然在同一个广播域内，也就是说，交换机不隔绝广播，这使得交换机的扩展网络的能力也受到了一定的限制。以太网交换机只能工作在以太网中，不具有网桥的互联不同类型局域网的能力。交换机扩展网络方式如图 1-13 所示。

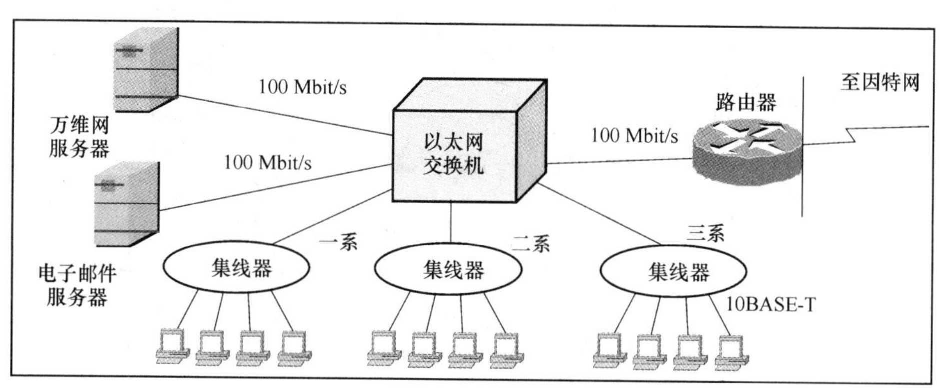

图 1-13　交换机扩展网络的方式

2. 局部多网络互联设备

在局部区域的多个局域网之间可以采用三层交换机和路由器进行互联。当采用三层交换机进行互联时，三层交换机在数据传输的开始阶段工作在以太网的物理层、数据链路层以及网络层，当进入流交换阶段，则只工作在以太网的物理层和数据链路层。三层交换机只能用于局部以太网的互联，可以实现网络间的高速信息交换。路由器可以用于各种网络的互联，路由器可以工作在不同网络的物理层、数据链路层以及网络层，可以将不同类型的局域网互联在一起。使用三层交换机和路由器进行互联后，所形成的是互联在一起的多个局域网，不会形成一个局域网。

3. 广域网设备

在广域网的互联中不仅包含了路由器设备还包括了远距离的传输设备，其中路由器工作在不同网络的物理层、数据链路层以及网络层；传输设备只工作在物理层，包括中继器、光传输设备等。

（1）中继器

中继器是网络物理层上面的连接设备，适用于完全相同的两个网络的互联，主要功能是通过对数据信号的重新发送或者转发，来扩大网络传输的距离。中继器主要有：无线中继器、网线中继器、无线信号中继器、双绞线中继器、视频中继器、隔离防雷中继器、光纤中继器、串口中继器、网桥中继器等。

（2）光传输设备

光传输设备就是把各种各样的信号转换成光信号在光纤上传输的设备。由于光纤通信的普及，现在光传输设备的应用越来越广泛。常用的光传输设备有：光端机、光 Modem、光纤收发器、光交换机、PDH、SDH 等类型的设备。

(3) 路由器

路由器是一种网络互联设备，主要功能是选择路由并在不同网络之间转发报文，它决定网络通信能够通过的最佳路径。路由器依据网络层信息将数据包从一个网络前向转发到另一个网络。它可以隔绝广播，划分广播域。因此，路由器的网络扩展能力非常强，可以将世界范围内的网络都互联在一起。路由器互联方式如图 1-14 所示。

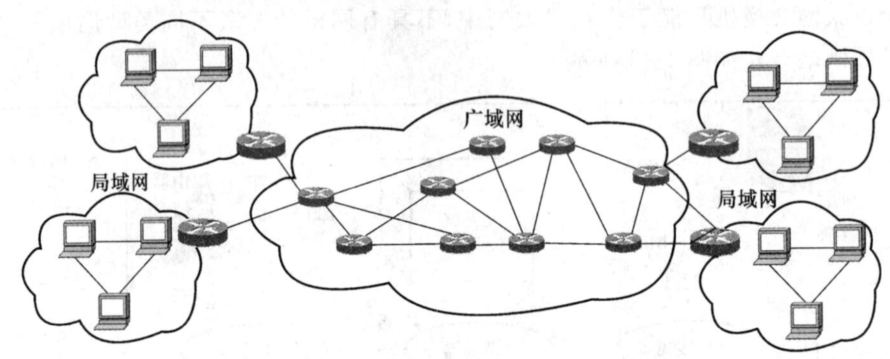

图 1-14　路由器扩展网络的方式

1.4　篇章结构

本书共分为 7 章，包括概述、传输技术、承载技术、IP 路由、网络安全、网络管理和网络应用。这 7 章从网络的各个方面详细介绍网络工程技术，下面对这 7 章的内容进行简单的介绍。

第 1 章概述。介绍网络工程的意义和定位，并简单回顾计算机物理网络结构和计算机网络的体系结构的相关知识，介绍各种计算机网络技术和常用的网络设备，最后介绍了书中各章的内容。

第 2 章传输技术。IP 数据包是网络层的实体，它需要通过数据链路层、物理层才能将数据传送到目的地，本章将围绕传输技术进行介绍，包括 xDSL、E1、SDH、xPON 和蜂窝移动通信等主要传输技术。

第 3 章承载技术。IP 层以下的网络在 TCP/IP 协议体系中被称为网络接口，IP 是利用这些网络提供的物理通道完成报文传输的，本章对各种类型的承载网络进行介绍。

第 4 章 IP 路由。路由协议是通过执行一个算法来完成路由选择的一种协议。典型的路由选择方式有两种：静态路由和动态路由。根据是否在一个自治域内部使用，动态路由协议分为内部网关协议(IGP)和外部网关协议(EGP)。本章对静态路由协议、内部网关协议和外部网关协议作了详细的介绍，此外，还涉及 IP 路由相关的路由重发布技术和网络地址转换技术。

第 5 章网络安全。本章主要介绍网络安全技术，首先介绍两种 VPN 技术：重叠 VPN 技术和对等 VPN 技术；接着介绍防火墙的基本概念、作用、实现原理、安全策略以及其发展趋势；最后介绍密钥技术 IKE 协议。

第 6 章网络管理。网络管理是指网络管理员通过网络管理程序对网络上的资源进行集中化管理的操作,本章主要介绍基于 SNMP 协议的网络管理和基于 RMON 标准的网络管理。

第 7 章网络应用。计算机网络的最终目标就是能够为用户提供丰富多彩的网络服务。本章介绍在已经搭建好的计算机网络上为用户提供的各种服务,包括 DNS 服务、DHCP 服务、Web 服务、FTP 服务、多媒体服务等。此外,本章还介绍一些新型的网络应用技术。

第 2 章　传输技术

TCP/IP 协议在计算机网络中取得了巨大成功，通过 IP 数据包的传送，我们可以获得各种各样的应用服务。但是 IP 数据包是网络层的实体，它需要通过数据链路层、物理层才能将数据传送到目的地。

在本章中，我们将介绍这两层所涉及的传输技术。习惯上，我们把用户设备到网络这段线路的传输称为接入，网络交换节点到网络交换节点的传输称为中继，后面的内容里不再特别区分。本章将分别介绍铜双绞线、同轴电缆、光纤、蜂窝移动通信等常用的传输技术。

2.1　HDSL

我们所熟悉的计算机网络接口普遍使用以太网卡，通过用户驻地的以太网接口上连到城域网进入 Internet。新建的楼宇一般都部署了以太网接口，旧的建筑考虑到施工、成本等因素，不可能每家每户都部署一条以太网线，需要利用现有的资源，比如电话线。xDSL 就是一种借助电话线（铜双绞线）上网的传输技术。

xDSL 是数字用户线（DSL，Digital Subscriber Line）的统称，是指以铜双绞线为传输介质的点到点接入技术。当前的电信网络已经铺设了大量的电话用户环路（电话铜双绞线），xDSL 技术使用现有的铜线资源和未被电话使用的频带传输数据，通过铜双绞线实现用户的高速接入，解决电信网络“最后一公里”的传输瓶颈问题。xDSL 技术在线路上支持对称和非对称传输模式，目前已经得到了大量应用。

xDSL 包括 HDSL、ADSL、SDSL、VDSL 等，这里主要对 HDSL、ADSL 进行介绍。

高速数字用户线（HDSL，High rate Digital Subscriber Line）是一种对称的高速数字用户环路技术，用户的上下行传输速率相同，它采用了回波抑制、自适应滤波和高速数字处理等技术，来消除传输线路上的近端串音、脉冲噪声、回波干扰，通过两对或三对双绞线来提供 1.5 Mbit/s 或 2 Mbit/s 的接入带宽。

2.1.1　HDSL 的工作原理

如图 2-1 所示为 HDSL 的系统组成，在用户远端和局端分别部署 HDSL 收发设备，采用多对电话线进行连接。一对电话线传输速率可达到 1 168 kbit/s，两对线传输速率可达到 T1/E1（1.544 Mbit/s/2.048 Mbit/s）的速率。用户终端连接到用户端收发设备，通过 HDSL 高速线路接入到局端交换机。

传统的 PCM 数字中继每隔 0.9～1.8 km 就要安装电中继器，而 HDSL 技术延长了信

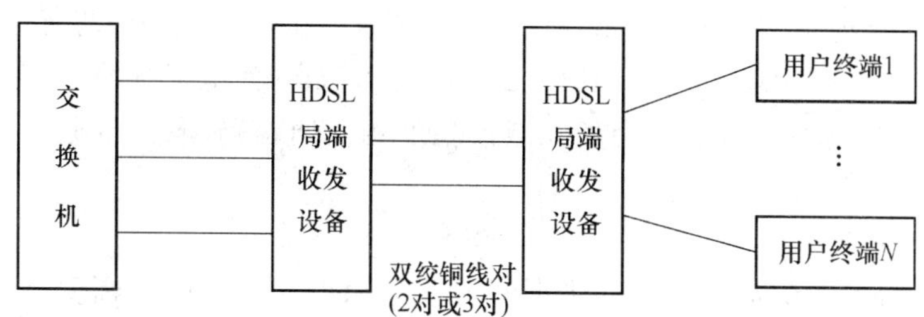

图 2-1　HDSL 接入系统组成

号传输距离，HDSL 无中继传输距离可以提高到 3～5 km，方便了线路的铺设与维护。延长信号传输距离的关键是采用了回波抵消和自适应均衡技术。回波抵消用来消除线路中阻抗不匹配引起的回声，使 HDSL 系统适用于多线径混联或有桥接的双绞线；自适应均衡通过高速 DSP 从强噪声中恢复和提取信号，可以消除近端串音、脉冲噪声和电源噪声对信号的干扰。因此，HDSL 技术具有较强的抗干扰能力，对用户线路的质量差异有较强的适应性。

HDSL 基本工作原理如图 2-2 所示。发端的 HDSL 终端先将符合 HDB3 码的 2 Mbit/s (E1 基群)的 PCM 信号，依据铜线的对数，分接成若干个支路信号，分别加入 HDSL 帧结构的开销比特，转换成 HDSL 帧的传输码流，并将码型变换为在金属线缆中传输的线路码型(如 2B1Q)，通过 D/A 变换与混合电路(收发两个方向信号的分离)的处理，然后将各支路信号并行传输。线路上的传输速率要稍高于 2 Mbit/s (E1 基群)，这些开销部分主要用于系统的维护与组帧。

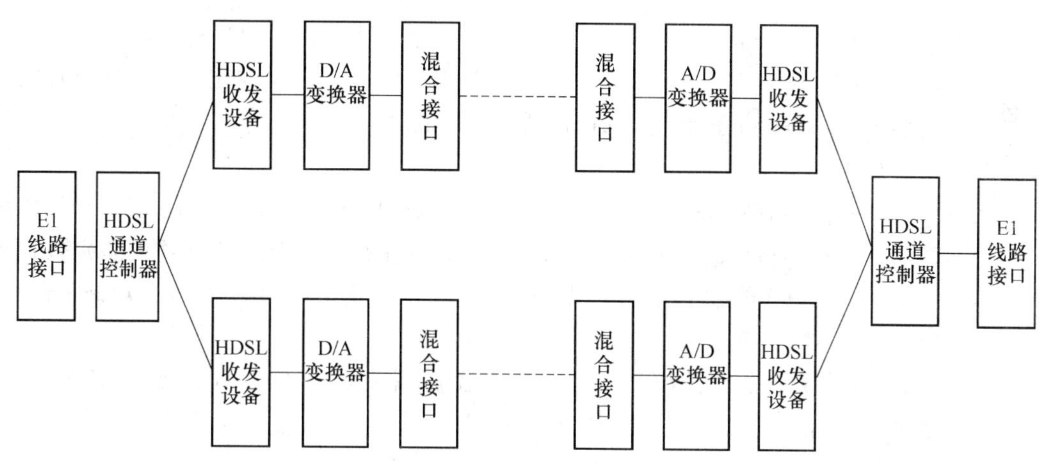

图 2-2　HDSL 基本工作原理

收端的 HDSL 终端进行相反的处理，对金属线缆中的支路信号进行译码，将收到的若干支路 1 168 kbit/s 的 HDSL 码流，去掉 HDSL 帧结构中的开销比特，并重新合并为 HDB3 编码的 2 Mbit/s(E1 基群)的 PCM 信号。

2.1.2　HDSL 的相关技术

通过回波抵消和自适应均衡等技术，HDSL 在现有铜双绞线上实现了 2 Mbit/s 数字信号的传输。下面对 HDSL 的传输编码和双工传输进行简单介绍。

HDSL 系统目前常用的编码有两种，即 2B1Q 编码和 CAP 编码，两者都符合欧洲电信标准协会(ETSI)的 ETR152 建议。其中 2B1Q 是无冗余的四电平脉冲(PAM)码，属于基带传输编码。CAP 编码是一种有冗余的无载波幅度相位调制码，属于带通传输编码，数据经两路正交信号分别调制后叠加输出。

1. 2B1Q 编码

2B1Q(2 Binary 1 Quarterary)编码是一种无冗余的四电平脉冲幅度调制，属于基带传输编码，一个码元符号可以传送 2 比特信息。2B1Q 码使用 1 位四进制码组表示 2 位二进制码组，4 个电平＋3、＋1、－1、－3 分别表示 10、11、01、00，从而提高了传输的比特速率，信息比特速率是码元速率的两倍。这是双极性四电平码，一般不含直流分量。图 2-3 对 2B1Q 码进行了简单示例。

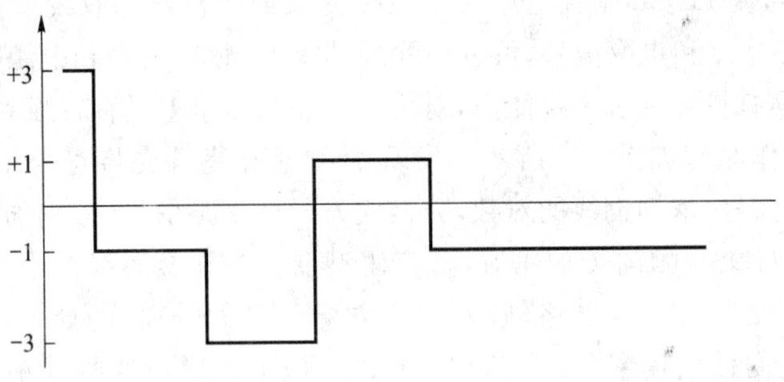

图 2-3　2B1Q 编码

使用 2B1Q 编码来传输数据，收发模块电路简单，系统成本低。但这种编码有较多的低频成分，低频分量强，有码间干扰，对话音和数据的同时传输有影响，使用时需要通过均衡器和回波抵消器来消除码间干扰和近端串话的影响。

2. QAM/CAP 编码

无载波幅度/相位调制(CAP，Carrierless Amplitude/Phase modulation)，以正交调幅调制(QAM，Quadature Amplitude modulation)技术发展而来。CAP 与 QAM 的差别仅在于实现方式上的不同，CAP 以数字方式实现，QAM 以模拟方式实现，两者基本原理是相似的，下面先介绍一下 QAM 编码。

QAM 使用相同频率的正弦波和余弦波作为载波，来传输信息。两个波形同时在一个信道中传送，并以其幅度值来传递信号比特。图 2-4、图 2-5 分别表示 QAM 的调制器与解调器的工作过程。

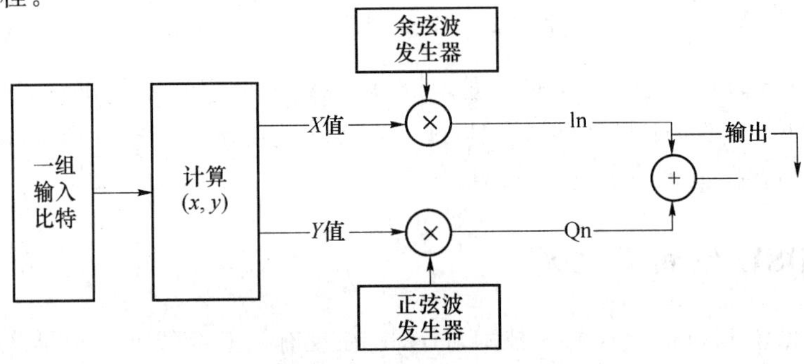

图 2-4　QAM 调制器

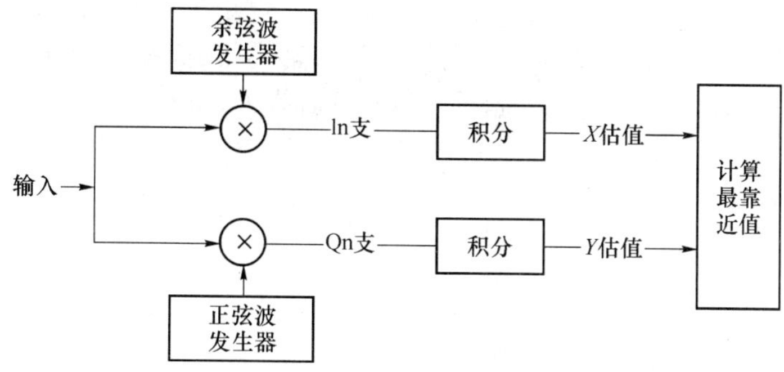

图 2-5　QAM 解调器

从图 2-4 中可以看出，调制器的工作就是将用户要传输的比特信息转换为 X、Y 两个值，然后分别用余弦波和正弦波进行调制，调制后的结果叠加输出到线路上。在接收侧，解调器对线路上传来的信号分别进行余弦波和正弦波的解调，得出 X、Y 值，再转换为接收比特信息。

用户比特信息与 X、Y 值之间的转换计算过程就是编码器的工作，这需要通过星座图来进行，星座图的两个坐标值分别代表 X、Y 值。图 2-6 分别表示了 3 个不同容量的 QAM 星座图，分别有 4、16、256 个星座点，也称为 4QAM、16QAM、256QAM，各图中的每个点能表示的容量为 2 bit、4 bit、8 bit。

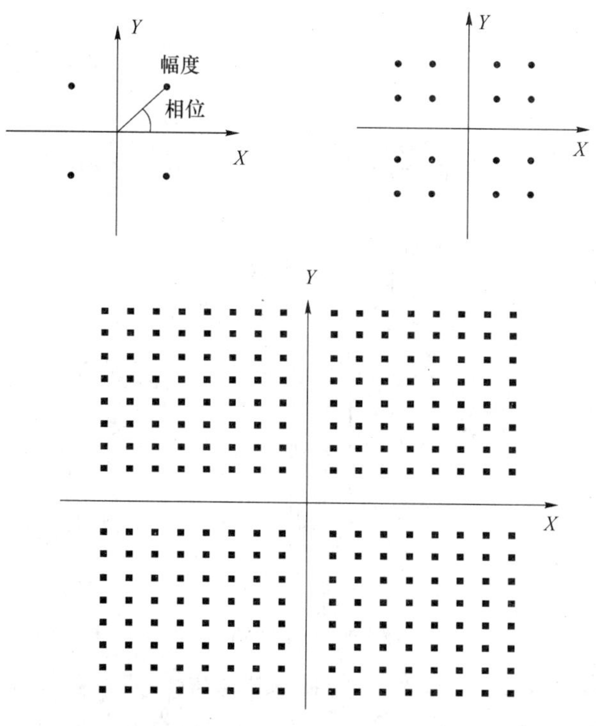

图 2-6　星座图

图 2-7 表示了 16QAM 调制的原理。要传输的信息经过比特分组(4 bit)，计算出对应的 X、Y 坐标值，这样就确定了在星座上的位置，然后输出波形到达对端；由于传输过程的噪

声干扰，到达接收端后波形会有些偏差，可以取最近的星座位置，恢复出比特信息。基于这一原理，我们也可以看出，在有噪声干扰的情况下，4QAM抗噪能力最强，256QAM抗噪能力最差，但在容量方面，256QAM最高，单个码元可以传送8 bit的信息。

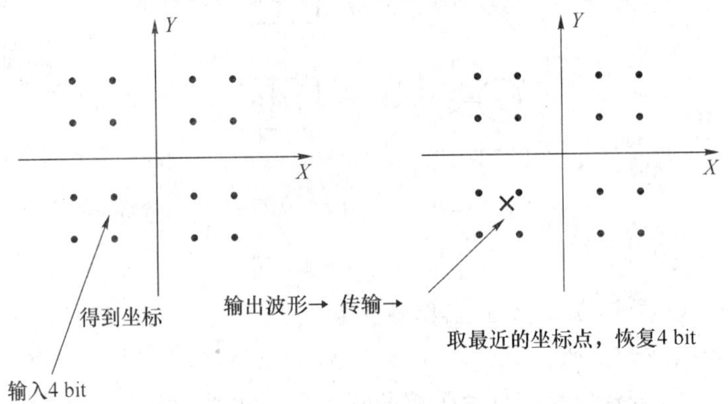

图 2-7　16QAM 调制原理

图2-8表示了CAP调制原理，可以看出，CAP调制与QAM调制类似，在发送端利用星座图进行比特编码，在接收端进行解码。不同之处是发送端经编码得到的 x 和 y 值，要用来激励一个数字滤波器，而不是像QAM中那样直接与正弦波和余弦波相乘。在性能上，CAP与QAM基本类似，所不同的是在实现上的差异。QAM使用了模拟的载波信号，而CAP则使用数字滤波器，避免了载波的使用，所以称其为“无载波幅相调制”，CAP编码有利于降低系统成本。

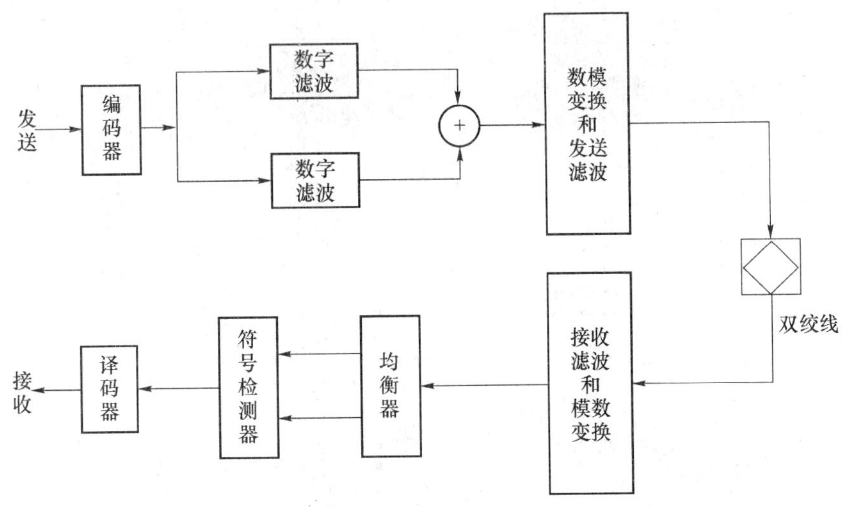

图 2-8　CAP 调制原理

CAP码与2B1Q码相比，CAP码的传输带宽减少了一半，传输效率提高一倍。实验条件下的测试表明，在0.4 mm线径上，2B1Q码系统最远传输距离为3.5 km，CAP码系统最远传输距离为4.4 km。CAP码系统有着比2B1Q码系统更好的性能，但CAP码系统在成本上相对较高。在应用中，应根据实际情况采用不同的方式，发挥各自的优势。

3. 双工传输

传统的 PCM 数字中继线路是双向四线制的，即收发两个方向是分开的，分别使用一对线，不需要考虑回波。

现在的电话线上传送主被叫双向话音，并没有使用 4 条线，而是用一对铜线来传输双向话音，混合电路的作用就是实现收发两个方向话音的分离，即实现 2/4 变换。HDSL 技术在一对铜线上实现了信息的高速双向传输，这一对电话线传输速率可以达到 1 168 kbit/s，混合电路可以基本保证双向话音的分离，如果仅使用混合电路来实现一对铜线上双向数据信号的分离，由于线路中阻抗不匹配引起的回波，会对数据传输造成较大的影响，所以在 HDSL技术中使用了不可缺少的关键技术——回波消除。

回波消除就是要消除混合电路泄露的信号。如图 2-9 所示，回波消除技术的基本思想是通过回波抵消器自适应地逼近 2/4 线混合转换器所产生的回波，然后用回波值减去回波的估计值，从而达到抵消回波的目的。

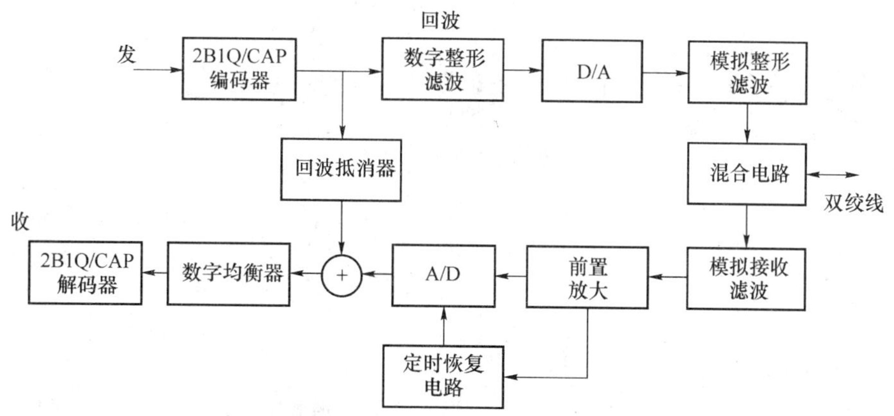

图 2-9　HDSL 收发信机的一般结构

2.1.3　HDSL 的应用

HDSL 是一种点到点的网络接入技术。它具有耗电低、传输可靠、中继距离大的优点，降低了传统 T1/E1 线路的铺设与维护成本，支持 $N\times64$ kbit/s 各种速率，是 T1/E1 中继的一种替代技术。这种技术可以用于 DDN 交换机、FR 交换机、ATM 接入交换机等交换设备的用户接口，实现"最后一公里"的高速连接；还可以用于数字交换机的连接、移动通信基站连接等。

2.2　ADSL

2.2.1　ADSL 的工作原理

非对称数字用户线路（ADSL，Asymmetric Digital Subscriber Line）是一种非对称的

DSL 技术。它借助于现有的铜双绞线,可以在一对铜线上支持上行速率 512 kbit/s～1 Mbit/s,下行速率 1～8 Mbit/s,有效传输距离在 3～5 km 范围以内。因具有下行速率高、频带宽、性能优等特点,适合于视频点播(VOD)、多媒体信息检索和其他交互式业务。

在 ADSL 技术出现前,通过电话线也能实现数据通信,这种经由 PSTN 固定电话网的接入,只能实现最大 57.6 kbit/s 的数据接入速率,工作方式如图 2-10 所示,从图中可以看出,计算机的数据通过串口线送入话带调制解调器(Modem),完成 D/A 变换后,再由话带调制解调器通过电话双绞线送给 PSTN 网络连接至拨号接入服务器。这种方式速率的限制主要是由于 PSTN 的程控交换机造成的,PSTN 网络的带宽是 64 kbit/s,只适合于普通的话音通信。

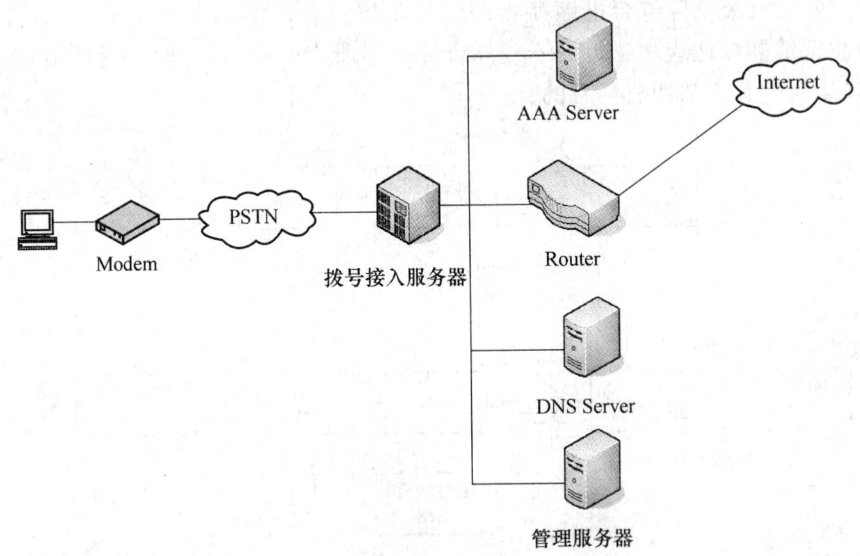

图 2-10　使用电话网通过调制解调器接入

ADSL 是一种通过电话线高速上网的技术,它与使用 PSTN 的不同之处在于频段的不同。图 2-11是 ADSL 在双绞线上的频段划分,从图中可以看到,ADSL 划分了语音频带、上行数据频带和下行数据频带来分别承载语音和上下行数据。原来的话带调制解调器只占用 4 kHz 以内的话音频带,而 ADSL 的上下行数据则占用了更大的带宽。

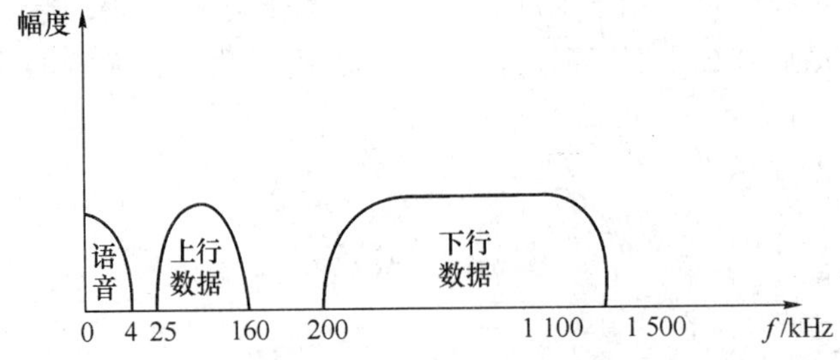

图 2-11　ADSL 在双绞线上的频段划分

ADSL 系统的结构如图 2-12 所示,用户 PC 通过以太网线连接 ATU-R(ADSL Modem),ATU-R 与电话机都连接到分离器 Splitter 上(分离器的原理就是频分器,它将双绞线上的语音和数据业务按频段进行分离)。在双绞线的局端,同样是通过频分的方法将话音业务分离到 PSTN 的程控交换机,将数据业务分离到数字用户线接入复用器(DSLAM,Digital Subscriber Line Access Multiplexer)上(有的厂商的 DSLAM 集成了频分的功能)。DSLAM 一般和程控交换机一样都位于电话局。为了连接 Internet,需要通过 ATM 网或 IP 网将数据业务接入到 Internet 的入口处 BRAS,即宽带的接入服务器,由 BRAS 负责用户的认证和计费。具体是使用 ATM 网还是 IP 网是根据运营商网络资源的情况决定的。

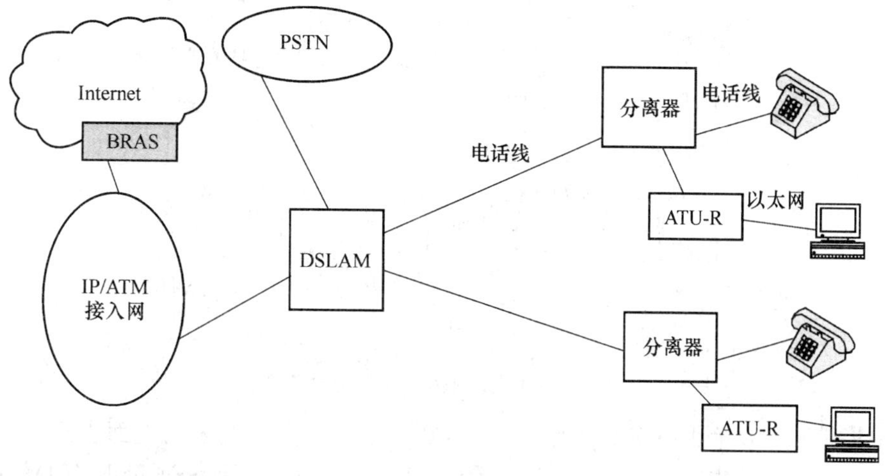

图 2-12　ADSL 宽带接入系统结构图

ADSL 在电话线上使用频带划分来承载不同业务,实现了高速数据的接入。要实现 Internet的接入,还使用了 ATM、PPPoE 等相关技术来实现 Internet 的接入访问,一般在 BRAS 和用户 PC 之间用 PPPoE 来建立连接。

2.2.2　ADSL 的相关技术

ADSL 与 HDSL 技术相似,使用了 QAM、CAP 等调制技术,不同之处在于引入了 DMT 方式,可以对信道传输环境进行自适应传输,这与 ADSL 对频带的划分是相关的。在 DMT 编码的物理层之上还需要有相应的链路层、网络层才能工作。

1. DMT 调制

在 ADSL 线路上,传统电话业务使用的是铜双绞线的低频部分(0～4 kHz 频段)。其余频段则通过离散多音频(DMT,Discrete Multi-Tone)等技术,将原来铜双绞线 160 kHz～1.1 MHz频段划分成 256 个频宽为 4 kHz 的子信道,来传送下行数据信号;将 25～160 kHz 频段划分成 32 个频宽为 4 kHz 的子信道,来传送上行数据信号。

图 2-13 表示了采用 DMT 调制时的频谱划分。

DMT 技术的优点在于可以根据线路的情况调整在每个子信道上所调制的比特数,实现了对线路的充分利用。信噪比大的子信道上调制的比特数较多,如果某个子信道目前信噪比很低,可以暂时弃之不用。DMT 技术是建立在 QAM 的思想基础之上的,这种调制方法有时也称为正交频分复用(Orthogonal Frequency Division Multiplexing)。QAM 在前一部分已经做过简单介绍,它利用相同频率的正弦波和余弦波作为载波,来传送信息,两个波形同时在一个信道中传播,并以其幅度值来传递信号比特。

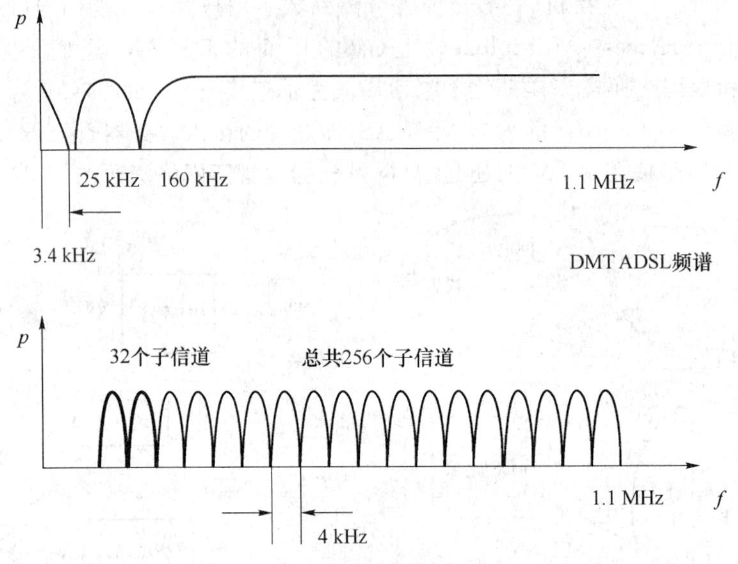

图 2-13 DMT 调制的 ADSL 频谱示意图

如果将传输信道频谱划分为若干子信道,在各个子信道上均采用上面提到的 QAM 方法,然后再将各自的输出叠加在一起,经传输信道传送,所得到的波形即为 DMT 码元,图 2-14表示了 DMT 调制原理的过程。

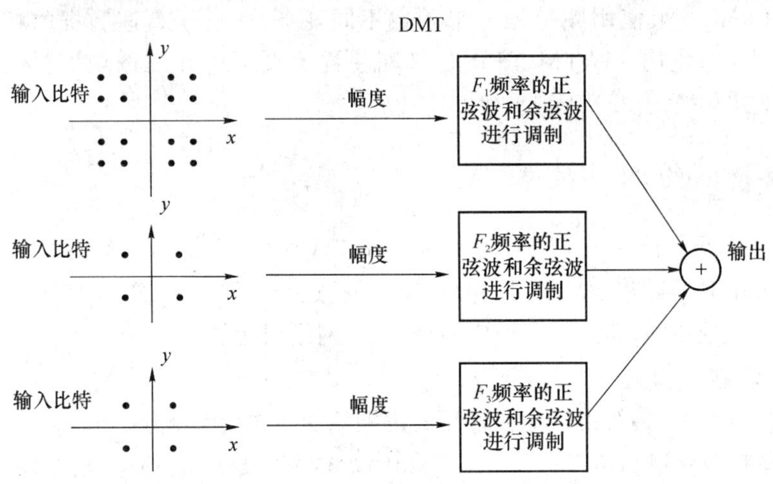

图 2-14 DMT 调制原理

每个子信道的编码器在收到一组数据比特后,采用星座编码方法,得到的值作为余弦波和正弦波的幅值。不同子信道上的余弦波和正弦波,其频率各不相同,因而是正交的,接收端可以分离出不同子信道,并应用 QAM 解调器的处理过程,恢复出原始信息比特串。在上述过程中,星座编码中点的数目并不是固定的,这是 DMT 调制技术中的最大特点之一。DMT 根据传输信道的信噪比进行动态调整,在信噪比高的子信道传输较多比特,而在信噪比较低的信道则传输较少的比特。

2. 传输协议栈

ADSL 在物理层之上还需要有相应的链路层、网络层才能工作，图 2-15 就表示了从用户 PC 主机到 Internet 入口设备这条路径上相关设备的协议栈。

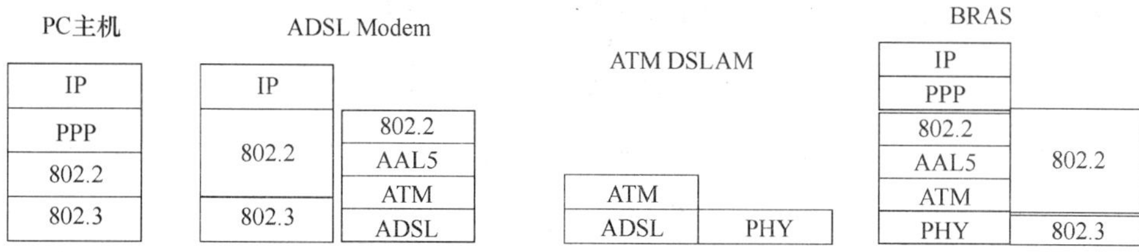

图 2-15　ADSL 中各设备的协议栈示意图

从图 2-15 中可以看出，PC 主机与宽带接入服务器（BRAS，Broadband Remote Access Server）之间要运行 PPPoE（PPP over Ethernet）协议，首先在 ADSL Modem 与 PC 主机之间是以太网线上的传输，PPP 包被封装到了以太网数据包中，然后将数据在 ADSL Modem 与 BRAS 之间的 ATM PVC 虚电路上传输。本书后面的章节会详细介绍 PPPoE 协议。

3. ADSL Modem 的分类

按照实际常用的使用方式，可以将 ADSL Modem 分成两类：桥接式（RFC1483 Bridge）和路由式（具有路由器功能），前者只工作在第二层，即只针对二层包头信息进行处理，不需要分析三层包头信息；而后者则需要进行三层包头信息的分析，并由此做出转发决定或处理，比如 NAT、默认路由等。下面对这两类使用方式进行介绍。

（1）桥接式

① 固定 IP 地址接入方式

这种方式中，ADSL Modem 通过 RFC1483 Bridge 桥接原理，将 PC 发出的以太网包转到 ATM PVC 虚连接上，使得 PC 用户与 BRAS 在二层连通，用户 PC 配置固定的公网 IP 地址，其默认网关直接指向 BRAS 的端口地址。在这种方式下，配置简单，但 IP 地址资源利用率不高。

② RFC2516——PPPoE 接入方式

在这种方式中，在用户 PC 上必须安装专有的 PPPoE 客户端软件，普通 PC 上的 Windows 操作系统都内置了类似的支持软件，ADSL Modem 与用户 PC 采用以太网互联，在 ADSL Modem 中采用 RFC1483 Bridge 封装方式对 PC 发出的 PPPoE 以太数据包进行 LLC/SNAP 封装后，通过 ATM 的 PVC 虚连接，连接宽带接入服务器，实现 PPP 的动态接入。

ADSL Modem 只支持最小的桥接功能即可，在 ADSL Modem 还可以建立多条 PVC 虚通道，与 DSLAM 和 BRAS 配合，灵活选择业务。如图 2-16 所示，一条 PVC 可以和 BRAS 连接，访问 Internet；另一条 PVC 可以在 DSLAM 上直接指向专网服务器，使用专网自建的网络。

这种方式实用方便，实际组网方式简单，对 ADSL Modem 的要求很简单，PPPoE 通过 PAP 或 CHAP 来保证接入的安全，IP 地址通过 PPPoE 动态分配，这是目前应用最为普遍的家庭用户接入模式，一般情况下只需要配置一条 PVC 虚通道即可。

（2）路由式

这种类型的 ADSL Modem 具备小型路由器的功能。

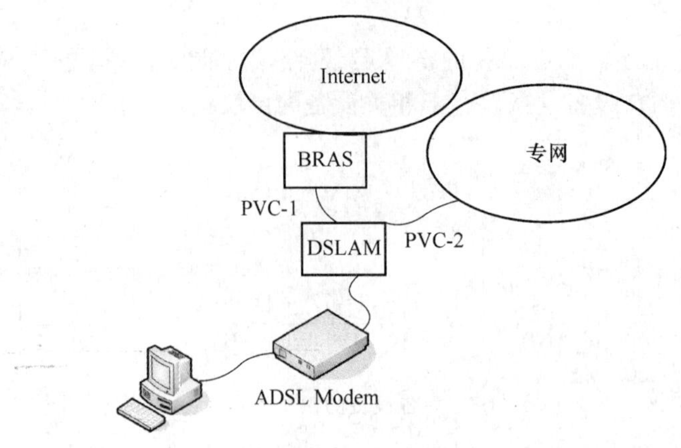

图 2-16　通过 PPPoE 连接

① 采用 PPPoE 方式

PPPoE 连接的建立和释放均由 ADSL Modem 负责，通过 PPPoE 的协商，ADSL Modem 的 WAN 接口（广域网接口）获得 BRAS 动态分配的公网 IP 地址，ADSL Modem 的 LAN 接口则配置私网 IP 地址。LAN 接口可以连接集线器来挂接多台 PC，每台 PC 配置私网 IP 地址，将网关指向 ADSL Modem 的 LAN 接口，通过 ADSL Modem 的 NAT 功能，使得多个 PC 同时上网。

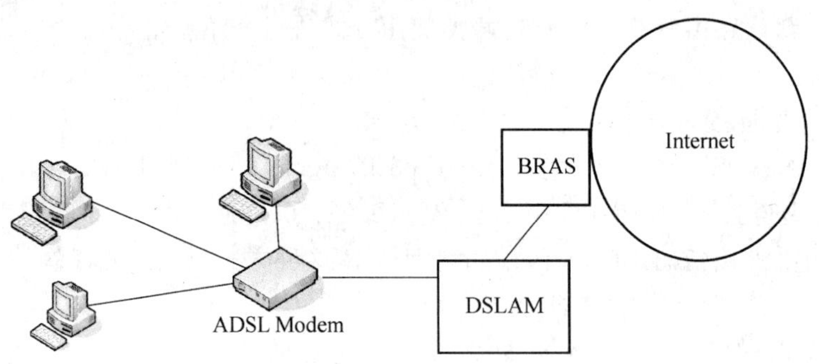

图 2-17　具有路由功能的 ADSL Modem

② RFC1483 Bridge＋默认路由方式

这种方式在 ADSL Modem 上设置默认路由指向 BRAS 的端口地址，ADSL Modem 的 WAN 接口配置公网 IP 地址，ADSL Modem 的 LAN 接口则配置私网 IP 地址。ADSL Modem 采用 RFC1483 Bridge，通过广播发现机制做地址解析，实现 ADSL Modem 与 BRAS 之间在二层连通。通过 ADSL Modem 的 NAT 功能，使得多台 PC 同时上网。

使用路由式的工作模式，用户可以把 ADSL Modem 当作一台小型路由器来使用，它适合一些小规模用户。

2.3　E1 数字中继

E1 传输系统是一种中继系统，主要的用途是电话交换设备之间的互联互通，也用于大容量的用户接入。它是一种双向四线制的传输系统，即收发两个方向分别用一对线来进行传输，如图 2-18 所示。

E1 是脉冲编码调制 PCM30/32 传输系统的简称，它的传输速率为 2.048 Mbit/s，我国和欧洲采用 E1 标准。在北美地区和日本使用 T1 标准的传输系统，它的传输速率为 1.544 Mbit/s。除在时隙的划分上不同外，T1 和 E1 基本相同。

E1 作为基群速率，还可以复用为更高的二次群 E2、三次群 E3，它在电信网络上使用非常广泛。它在线路上一般使用阻抗为 120 Ω 的平衡电缆或 75 Ω 的非平衡电缆。

E1 在线路上采用的是同步时分复用（TDM），其数据帧由 32 时隙组成，时隙的编号为 TS_0，TS_1，…，TS_{31}，每个时隙传送 8 bit 数据，一帧共 256 bit，每秒传送 8 000 帧，因此 E1 的数据率就是 256×8 000＝2.048 Mbit/s，每个时隙的速率为 64 kbit/s。

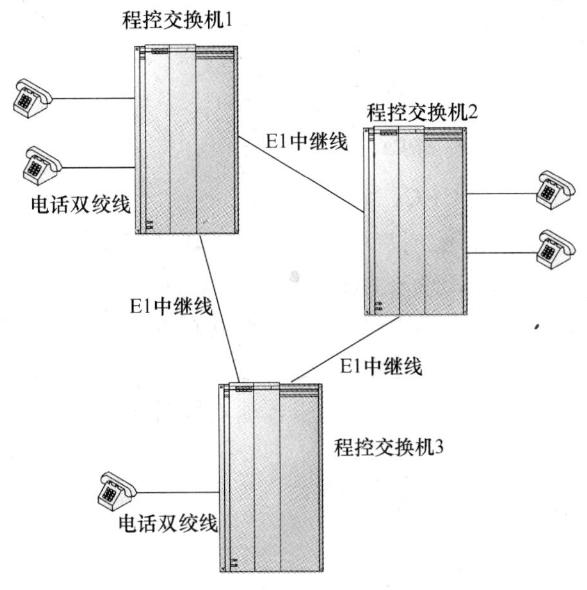

图 2-18　E1 系统

2.3.1　E1 的帧结构

E1 分为成帧、不成帧两种方式。图 2-19 表示了成帧的结构，一帧由 32 个时隙 TS 组成，TS_0 时隙用于传输帧同步数据，其余的 TS_1～TS_{31} 传送用户信息或信令。16 个帧组成了一个复帧。

关于 E1 线路上一个复帧（16 帧）中 TS_0 的 8 bit 的设置，线路两端的设备必须对这些比特保持一致，否则线路无法正常同步。

第 1 位 Si 比特为保留给国际通信使用，暂定为 1；如果启动 CRC 同步功能的话，Si 比特

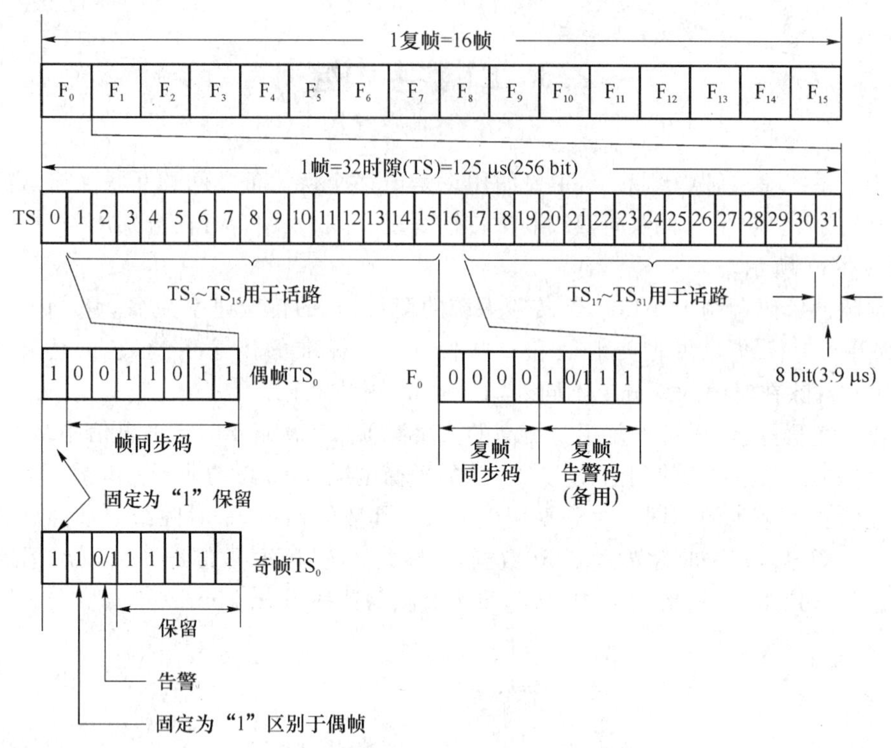

图 2-19　成帧的 E1 结构

就被 C1～C4 比特所替代，传送 CRC4 码。

第 3 位 A 码为帧失步告警码，当接收端帧同步时，向发送端传送的 A 码为 0，当接收端帧失步时，向发送端传送的 A1 码就改为 1。

SA_4～SA_8 比特为 ITU-T 保留使用，可以用于点到点的应用，例如按照 G. 761 建议在 E1 线路上传输 60 路 ADPCM 语音信号；一般情况下，SA_4～SA_8 比特设置为 1。

不成帧的 E1 中，所有 32 个时隙都可用于传输有效数据。这时可以把 E1 线路当作一条 2 Mbit/s 的线路整体对待。

2.3.2　E1 的应用

E1 的应用非常广泛，电信网络上程控交换机、帧中继交换机、ATM 交换机、DDN 等都提供 E1 的中继接口用于设备的互联互通。除了电信运营商的众多设备外，企业用户的设备（如 PBX 用户交换机、企业用户的接入路由器）也广泛使用 E1 线路。E1 的应用按照其传输可以分为传输语音和传输数据两类。

1. 传输语音

传输语音时，需要使用 E1 的成帧方式，如图 2-20 所示。如果局间使用中国一号信令 R2，那么 TS_{16} 时隙就要传送复帧同步与线路信令，只有 TS_1～TS_{15}、TS_{17}～TS_{31} 共 30 个时隙可用于传输有效数据；如果局间使用 ISDN PRI 信令，TS_{16} 充当 D 通路传送信令信息，余下 30 个时隙可用于传输有效数据，即 30B＋D；如果使用 SS7 共路信令，当本 E1 线路上不传送信令时，其余 31 个时隙都可以用于传输有效数据，当本 E1 线路上传送信令时，只有

TS_0 和信令时隙以外的通道能传输有效数据。

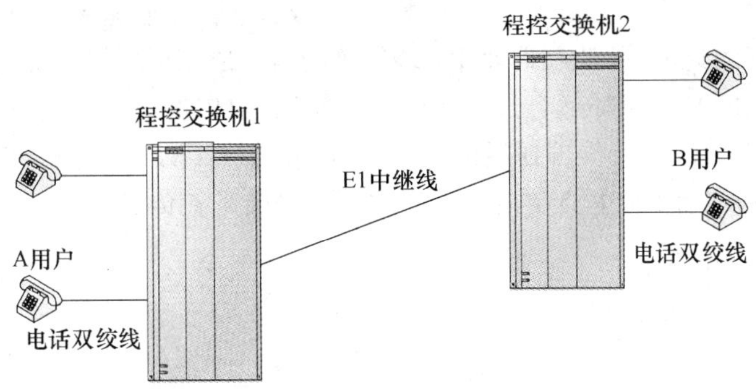

图 2-20　E1 线路传输语音

2. 传输数据

如果成帧的 E1 连接数据交换设备时，还可以作为 CE1 接口使用。这时可以将除 TS_0 时隙外的全部时隙任意分成若干组，每组时隙捆绑以后作为一个接口使用，其逻辑特性与同步串口相同，支持 PPP、帧中继、LAPB 和 X.25 等数据链路层协议，支持 IP 和 IPX 等网络协议。

当使用不成帧的 E1 连接数据分组交换设备时，它相当于一个不分时隙、数据带宽为 2 Mbit/s的接口，其逻辑特性与同步串口相同，支持 PPP、帧中继、LAPB 和 X.25 等数据链路层协议，支持 IP 和 IPX 等网络协议，如图 2-21 所示。

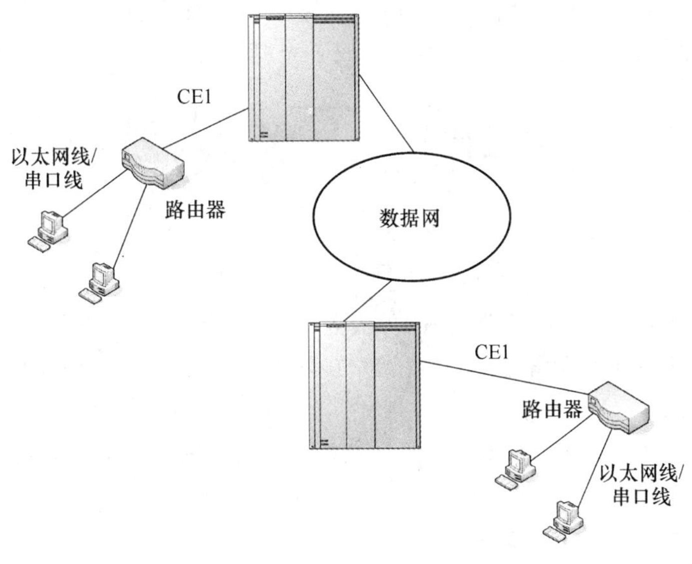

图 2-21　E1 线路传输数据

2.4　SDH 和 xPON

传统上使用的同轴电缆可以传输 2 Mbit/s 以上的信号，但是它的无中继传输距离只有 900～1800 m，使用 xDSL 技术的铜线实现无中继传输距离可以达到 5 km 左右。光纤传输技术的使用使无中继传输距离得到了延长，一般的单模光纤可以达到40 km以上，海底光缆的光纤传输距离更长。不仅使通信中继距离得到了延长，在传输速率方面，光纤传输技术可以提供比铜线更高的速率，因此在需要更高速率的场合，光纤是理想的传输介质。

不是所有波长的光信号都适合长距离传输，为了有效传送信号，需要选择相应波长的光信号。图2-22给出了波长与传输损耗的关系，可以看出在1 310 nm、1 550 nm这两个窗口，损耗比较低，在实际使用中，主要使用这两个波长的光信号来传送信息。

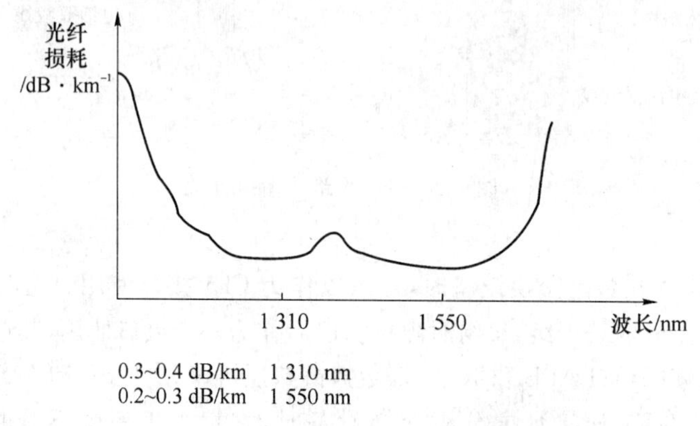

图2-22　波长的传输损耗示意图

光纤由三部分组成，最中心是高折射率玻璃芯（芯径为10 μm、50 μm或62.5 μm），中间部分为低折射率硅玻璃包层（直径125 μm），最外层为加强用的树脂涂敷层。而由多条光纤，中心为铜加强芯，在外围由敷层包裹就构成了光缆。图2-23为光纤、光缆示意图。

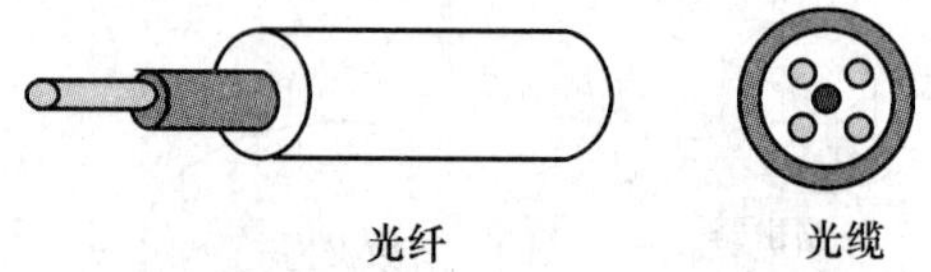

图2-23　光纤与光缆结构示意图

光纤分为单模光纤与多模光纤两种，单模光纤的芯径为10 μm以下，只能传输一种模式的光，模间色散小，适合远距离通信。芯径为50 μm以上的是多模光纤，模间色散大，传输距离比较近，只有几百米到几千米左右。

光纤上的传输技术有SDH、xPON等。在电信运营商的骨干光传输网络和本地传输网上，主要使用SDH技术来传输传统电信业务、IP业务、ATM业务等。在用户接入网上，目前主要使用xPON技术来实现宽带接入。

下面先介绍一下SDH技术。

2.4.1　SDH标准

同步数字系列（SDH，Synchronous Digital Hierarchy）是由CCITT（现ITU-T）制定的传输体系标准，它得益于同步光网络（SONET，Synchronous Optical NETwork）这套传送标准，CCITT将SONET修改后重新命名SDH，使之成为同时适用于光纤、微波、卫星传送的通用技术体制。SONET主要用于北美和日本，而SDH主要用于中国和欧洲。

SDH 标准定义了一套可进行同步信息传输、复用、分插和交叉连接的标准化数字信号的结构等级，实现了数字传输体制上的世界性标准，同时还可容纳各种新的数字业务信号(如 ATM 信元、FDDI 信号等)。它具有全世界统一的网络节点接口(NNI)，并对各网络单元的光接口有严格的规范要求，从而使得任何网络单元在光路上得以互通，实现了横向兼容性。SDH 技术具有良好的网络自愈保护功能，非常适合传输电路交换的传统话音业务，电信运营商骨干传输网普遍采用的都是 SDH/SONET 技术。

SDH 具有统一的速率标准。SDH 信号是以同步传送模块(STM-*N*)的形式传输的。目前已经规范的 *N* 值为 0、1、4、16、64、256，除了 STM-0 外，STM-*N* 的速率都为 155 520 kbit/s 的 *N* 倍。表 2-1 列出了 G. 707 所规范的标准速率值。

表 2-1　SDH 等级速率

SDH 等级	标准速率/kbit·s^{-1}
STM-0	51 840
STM-1	155 520
STM-4	622 080
STM-16	2 488 320
STM-64	9 953 280
STM-256	39 813 120

2.4.2　SDH 的组成设备

SDH 网络一般包括终端复用器(TM)、分插复用器(ADM)、再生中继器(REG)和数字交叉连接(DXC)4 种设备。

TM 用于 SDH 网络的终端结点，它的作用是将 1.5 Mbit/s、2 Mbit/s、…、45 Mbit/s 等低速的信号复用到线路端口的高速信号 STM-*N* 中，或者从 STM-*N* 的高速信号中分出低速信号，提供 STM-1(即 155 Mbit/s)的线路端口，还提供众多的低速接口。

ADM 用于 SDH 网络的转接站点处，如链的中间节点或环上节点，ADM 设备有两个 STM-1 的线路端口和多个低速接口。公务接口可用于在传输设备间传送 64 kbit/s 话音信号，告警接口用于线路的维护。

图 2-24 是 SDH 终端复用器、分插复用器的接口功能示意图。

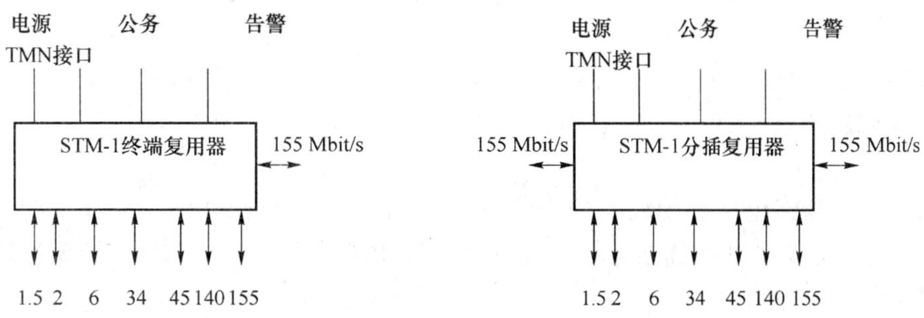

图 2-24　SDH 终端复用器与分插复用器的接口功能

REG 有两种，一种是纯光的 REG，主要进行光功率的放大来延长光信号的传输距离；另一种是用于脉冲再生整形的电 REG，这种 REG 是通过光电转换，将电信号进行抽样、判决，再生信号，消除线路上噪声，然后进行电光转换将信号传送出去，如图 2-25 所示。

DXC 设备主要完成 STM-*N* 信号的交叉连接功能，它有多个线路端口，相当于一个交叉矩阵，可以实现各个信号的交叉连接。在光纤上进行同步数字传输、复用和交叉连接等功能，如图 2-26 所示。

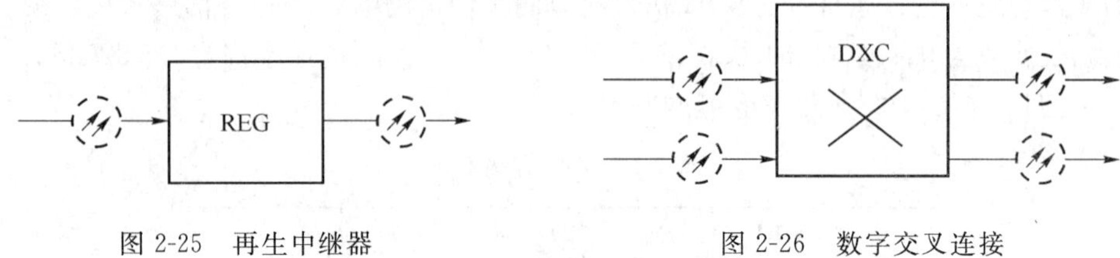

图 2-25　再生中继器　　　　图 2-26　数字交叉连接

2.4.3　SDH 的帧结构

SDH 的帧结构是块状的，以字节为基础。由纵向 9 和横向 270*N* 字节组成。每帧 125 μs，每秒 8 000 帧。帧结构中安排了丰富的开销比特，使网络的运行、管理、维护（OAM）能力大大加强，图 2-27 为 SDH 的帧结构。

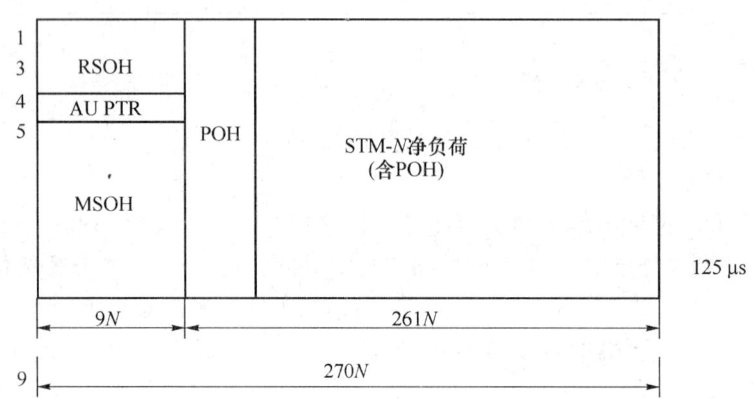

图 2-27　SDH 的帧结构

SDH 的帧包括三个主要区域：段开销、信息净荷、管理单元指针（AU PTR）。

① 段开销

它是传输 STM 帧为保证信息正常灵活传送所必需的附加字节，其主要是维护管理字节，例如误码监视、帧定位、公务通信和自动保护倒换字节等，共有 9×8＝72 B 作为段开销使用。

SDH 的段开销包括再生段开销（RSOH）、复用段开销（MSOH）和通道开销（POH）。其中 RSOH 既可以在再生器接入，又可以在终端复用器接入；而 MSOH 将透明地通过再生器，只在复用段终结处终结。

② 信息净荷

净荷区域是存放各种信息业务数据的地方，其中还包括少量的用于通道性能监视、管理和控制的通道开销(POH)。POH 通常作为信息净负荷的一部分与信息码流一起在网络中传输。比如 STM-1 的净荷共有 261×9=2 349 B。

③ 管理单元指针

用来指示净荷的第一个字节在 STM-*N* 帧内的准确位置,调整指针就是调整净荷的封包以及 STM-*N* 帧之间的频率和相位,以便接收端可以正确地分解出支路信号。采用指针方式是 SDH 的创新,可以使之在准同步环境中完成复用同步和 STM-*N* 信号的帧定位,消除了 PDH 系统中滑动缓存器引起的延时和性能损伤。对 STM-1 来说有 9 个字节,它可以在 PDH 环境中完成复用同步和帧定位功能。

(1) SDH 的开销字段

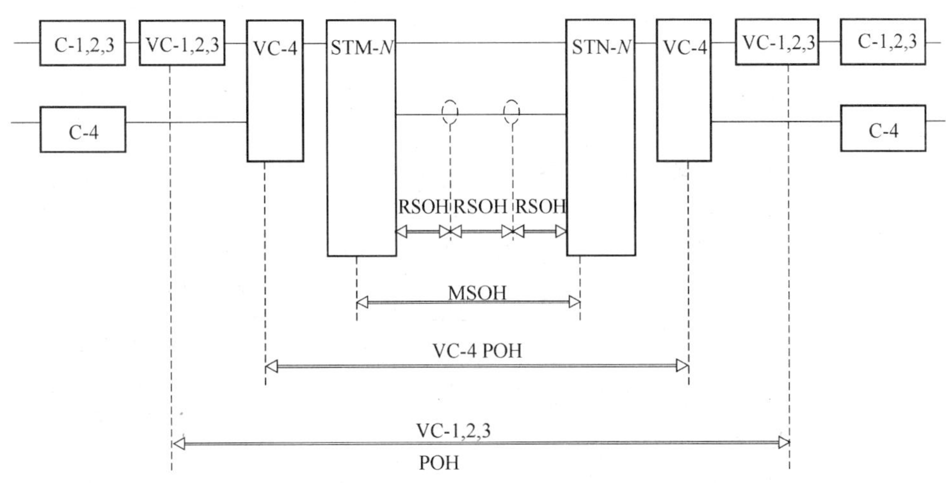

图 2-28 SDH 的开销类型

SDH 帧结构中的开销字段可以分为 RSOH、MSOH 和通道开销(POH)3 种,POH 承载在相应的容器中,从图 2-28 中可以看出 RSOH、MSOH、POH 各自的作用范围。

SDH 的再生段层完成光传输和信号的再生,SDH 网络中的网元都具备这一层的功能,再生器(REG)是本层的一部分,它只负责信号的再生。

SDH 的复用段层完成信号的复用,比如低速信号到高速信号的复用、高速信号到低速信号的解复用。终端复用器、分插复用器、数字交叉连接设备都要完成复用段层的功能。

SDH 的通道层负责端到端的连接,比如一个 VC-4 的高阶通道或者 VC-12 的低阶通道,终结一个连接的两端复用器都要完成通道层的功能。

在传送信息时,复用器会对从支路上收来的信号添加 POH,然后将各支路信号复用起来再加上复用段开销,最后再加上再生段开销。开销中包括维护管理信息,比如误码监视、保护倒换等,有了这些保证信息正常灵活传送所必需的附加字节后,就可以将 STM 帧传送出去了。

(2) SDH 的虚容器

SDH 网络可以传输多种速率的信号,一路信号在支路接口上可以方便地提取、插入,这些信号都放到了一个称为虚容器(VC)的结构中。

VC 是 SDH 网中用以支持通道层连接的一种信息结构,它是由信息净负荷和 POH 组成的一矩形块状帧结构。VC 分为低阶 VC 和高阶 VC,它的包封速率与 SDH 网同步,VC

可作为一个独立实体在通道中任一点取出、插入，以便进行同步复用和交叉连接处理。

在理想情况下，网络中各网元都由统一的高精度基准时钟定时，但实际网络中可能出现一些时钟偏差，SDH 采用了指针调整技术，来保证帧边界和映射在其中的净荷的位置保持一个固定的关系。管理单元指针(AU PTR)用来指向高阶虚容器在净荷中的位置，一个高阶虚容器可以直接承载信号(比如 VC-3 直接承载 34 Mbit/s 的信号)，也可以携带低阶虚容器，而低阶虚容器还有自身的指针来指向低阶虚容器的位置。图 2-29 给出了 SDH 中通过指针索引容器的方法。

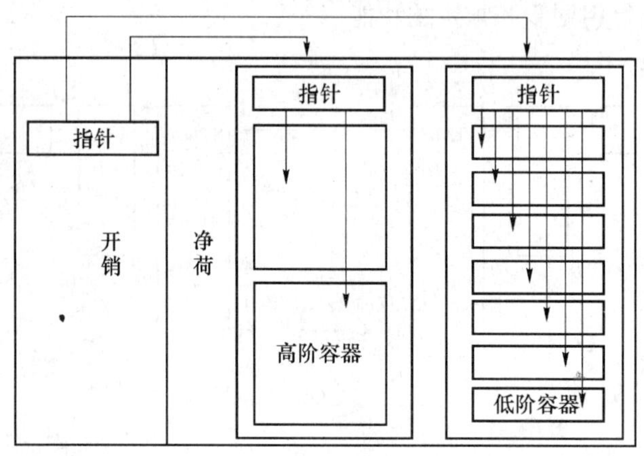

图 2-29　SDH 的容器索引示意图

(3) SDH 的复用原理

在 SDH 网络边界处要通过映射(Mapping)把支路信号适配装入相应虚容器。映射的目的是为了使信号能与相应的 VC 包封同步，以使 VC 成为能独立进行传送、复用和交叉连接的实体，对于高次群信号，经异步映射就可装入相应的 VC 中。异步映射不要求信号与网络同步，只通过以后的各级 TU 指针、AU 指针处理将 PDH 信号接入 SDH 中。对于基群信号可采用异步映射和同步映射，同步映射要求信号先经过一个一帧长度的滑动缓冲器，以使信号和网络同步。同步映射的好处是信号在 VC 净负荷中的位置是固定的，无需 TU 指针，减少了处理过程，并使 TU、TUG 的所有字节都可用于传送信号，提高了传输效率。代价是加入了时延和滑动损伤。

如图 2-30 所示，设标称速率为 139.264 Mbit/s 的 PDH 准同步信号进入 C-4 容器，经速率适配处理以后，C-4 的输出速率为 149.760 Mbit/s，加上每帧 9 个字节的通道开销(576 kbit/s)，便构成了 VC-4(150.336 Mbit/s)。它与 AU-4 的净荷容量一样，但速率可能不一致，要进行调整。管理单元指针 AU PTR 的作用就是指明 VC-4 相对 AU-4 的相位。它占有 9 个字节，相当于容量为 576 kbit/s。得到的单个 AU-4 直接进入管理单元组(AUG)，再由 N 个 AUG 加上段开销构成 STM-N 信号。当 $N=1$ 时，一个 AUG 加上容量为 4.608 Mbit/s 的段开销以后，就构成了标称速率为 155.520 Mbit/s 的信号。

SDH 采用同步复用方式和灵活的复用映射结构，使低阶信号和高阶信号的复用/解复用一次到位，大大简化了设备的处理过程，省去了大量的有关电路单元、跳线电缆和电接口数量，从而简化了运营和维护，改善了网络的业务透明性。先进的分插复用器(ADM)、数字交叉连接(DXC)等设备，使组网能力和自愈能力大大增强，同时也降低了网络的维护管理费用。

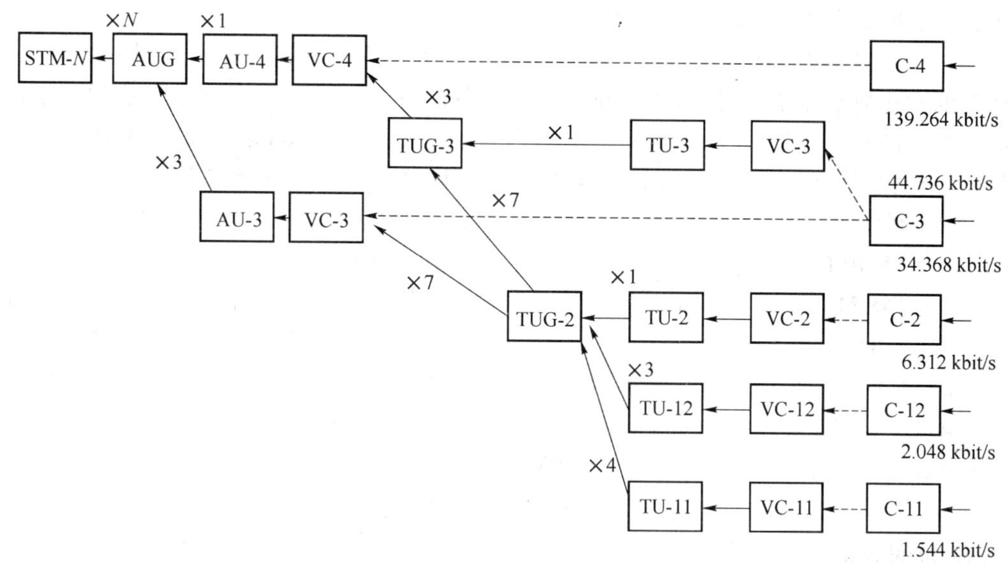

图 2-30　SDH 的复用和映射示意图

2.4.4 SDH 相关技术

1. 虚级联

SDH 最初是为传统电信业务设计的，具有固定和严格的速率等级，这些速率等级与目前大量使用的以太网速率等级完全不匹配，使用 SDH 来传送以太网业务时会造成极大的资源浪费，比如传送一个 10 Mbit/s 的以太网业务需要使用一个 VC-3 来承载，带宽利用率只有 20%左右。

为了解决这个问题，可以使用一种称为级联的技术，即将相邻的多个虚容器合并为一个更大的虚容器，以承载速率为单个 VC 速率 x 倍的数据业务。这样就可以使用连续的由 5 个 VC-12 组成一个 VC-12-5c 级联组，用于承载一个速率为 10 Mbit/s 的以太网业务，此时带宽利用率提高到 92%，远远好于使用 VC-3。但是由于级联必须在同一个 STM-N 中使用连续相邻的虚容器，提供一个新的级联通道时可能不得不对原网络中的交叉连接进行调整，以获得足够多的连续空闲虚容器，这是一个复杂和麻烦的工作，是运营商进行快速业务提供的障碍。

虚级联相比较于级联更加灵活，它可以将分布在不同 STM-N 中的虚容器（这些虚容器甚至可以在不同的路由上）组成一个 VC-n-xv 虚级联组，以提供一个满足要求的通道。在业务的发送端，数据包按照字节拆分的方式映射到不同的 VC-n 中送达接收端，在接收端根据高阶通道开销/低阶通道开销字节组成的虚级联控制帧的标识，对各虚容器进行缓存和延时补偿，以恢复出原来的数据，虚级联能更好地利用容器，它比连续级联能更好地利用 SDH 的链路带宽，提高了传送效率，避免了带宽的浪费。虚级联的实现最重要的是参与虚级联的 VC 容器序列号的传送，以保证收端能够将业务信号的 VC 重新进行排序重组。

2. 链路容量调整机制(LCAS)

虚级联技术规定了如何把不同的 VC 级联起来以提供一定的传输带宽，但是实际传送中数据业务流的带宽需求可能是动态的。另外，VCG 中各 VC 是经过不同的路由到达接收端的，当其中某个路由出现故障时，需要保障整个 VCG 不至于由于某一个成员的失效而不可用。这些问题需要LCAS技术来解决。

LCAS在虚级联的源和宿适配功能之间提供一种无损伤的改变线路容量的控制机制,用来改变同步数字体系/光传送网(SDH/OTN)中采用虚级联方式构成的容器的容量。当虚级联组中的一个成员失效,采用LCAS可以自动地暂时改变业务的承载带宽或将失效链路移出,当网络修复完成后,自动增加容量,将业务恢复到最初的配置带宽。

LCAS利用SDH预留的开销字节来传递控制信息,控制信息包括固定、增加、正常、VC结束、空闲和不使用6种,通过控制信息的传送来动态地调整VC的个数,适应以太网业务带宽的需求。LCAS可以将有效净负荷自动映射到可用的VC上,避免了复杂的人工电路交叉连接配置,提高了带宽指配速度,对业务无损伤,而且在系统出现故障时,可以自动动态调整系统带宽,无需人工介入,在一个或几个VC通路出现故障时,数据传输也能够保持正常。因此,LCAS提供了端到端的动态带宽调整机制,可以在保证QoS的前提下显著提高网络利用率。

3. PoS/EoS

在SDH网络上传送IP数据包,也称为Packet Over SDH(PoS)技术,这是传统的SDH承载IP包的方式,主要采用的是PPP封装。

随着以太网技术的大量应用,出现了在SDH上直接传送以太网包(EoS, Ethernet over SDH)的需求。简单而言,EoS技术是把以太网MAC帧去掉前导码和帧起始定界符,通过封装协议填写剩余的区域,然后映射到SDH的VC通过虚级联中进行传输,这是在发送端的操作;在接收端,先从VC虚级联中提取并解析封装协议帧,然后添加前导码和帧起始定界符,还原成以太网帧。

对于后来出现的EoS技术,目前主要使用LAPS、GFP两种方式。采用EoS,延伸了以太网的传输距离,简化了网络结构,既利用了现有骨干传输资源,也保留了以太网的优点。

2.4.5 SDH的应用

在图2-31中,通过数字交叉连接DXC、终端复用器TM和分插复用器ADM,构建了两个环型传输网络,这两个环网的连接通过DXC实现,TM设备提供了多种速率的用户接口。

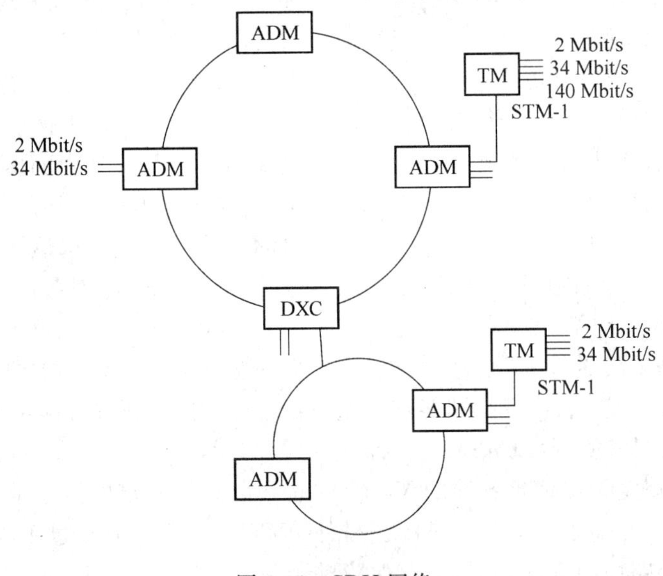

图2-31 SDH网络

2.4.6　xPON 简介

xDSL 可以通过铜双绞线提供较高的速率，但用户日益增长的带宽需求只有在接入网中使用光纤才能得到满足。如图 2-32 所示，光接入网（OAN）就是局端本地交换模块与用户之间采用光纤通信或部分光纤通信的系统。

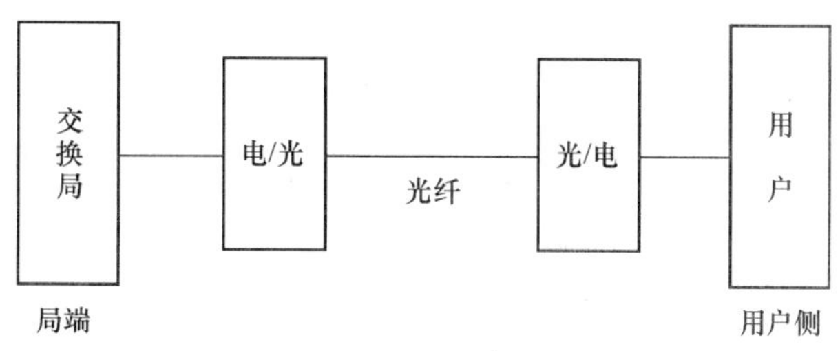

图 2-32　光接入网（OAN）

按照用户与局端交换模块之间的接入线路上是否需要有源设备，可以分为有源光网络（AON，Active Optical Network）和无源光网络（PON，Passive Optical Network）。前者采用电复用器分路，后者采用光分路器分路。

AON 采用有源的电复用器分路，传输距离远、传输容量大、用户信息隔离度好、易于扩展带宽。但是成本高，需要机房、供电和维护，前面介绍的 SDH 和 PDH 就是 AON 的代表。

PON 采用无源光功率分配器（光分路器）将信息送至各用户端。由于采用了光功率分配器，使功率降低，适于短距离使用，传输距离较长或用户较多时，可采用光纤放大器（EDFA）来增加功率。PON 减少了铜缆的维护费用，并降低故障率，组网灵活、设备简单、维护方便，可以实现混合接入网，但对光器件要求较高，且需要较为复杂的多址接入协议。

PON 主要有基于 ATM 的 PON（APON）、基于以太网的 PON（EPON）和吉比特以太网（GPON），这些 PON 统称为 xPON。目前 xPON 技术是用户宽带接入的主要方式。

1. PON 参考配置

图 2-33 给出了 PON 光纤接入网的参考配置，光接入网的基本功能块包括光线路终端（OLT）、光配线网（ODN）、光网络单元（ONU）及适配功能（AF）。

OLT 的作用是提供光接入网与 SNI（业务节点接口）的接口，并经一个或多个 ODN 与用户侧的 ONU 通信。它分离交换与非交换业务，管理来自光接入网络的信令和监控信息，为 ONU 与自己提供维护功能。OLT 是最重要的设备，上联交换设备（如程控交换机和分组交换机等），它可以直接与本地交换机一起放置在交换局端，也可以设置在远端。物理上可以是独立设备，也可以是插到路由器上的 OLT 接口卡。

ODN 在 OLT 与 ONU 之间提供光传输，完成光信号功率的分配。ODN 是由光分路器（OBD）、光连接器、单模光纤、光纤接头等无源光器件组成的无源光配线网。ODN 可以连接多个 ONU，可以 1∶N 的分路，通常的分路比是 1∶16、1∶32 甚至 1∶64、1∶128。

ONU 的作用是为光接入网提供 UNI（业务节点接口）的接口。ONU 的网络端是光接口，而其用户端是电接口，因此 ONU 需具备光/电和电/光转换功能。通常 ONU 具有对话音的数/模和模/数转换功能、数据的复用功能、信令处理和维护管理功能，提供 RJ11、以太网、E1 等多种用户端口，可以接入多种用户终端。ONU 通常部署在距离用户较近的地方，其位置具有很大的灵活性，按照ONU在用户接入网中所处的位置不同，可以将光接入网划分为3种基本不同的应用类型，即光纤到路边（FTTC，Fiber-To-The-Curb）、光纤到楼（FTTB）以及光纤到办公室（FTTO）和光纤到家（FTTH）。

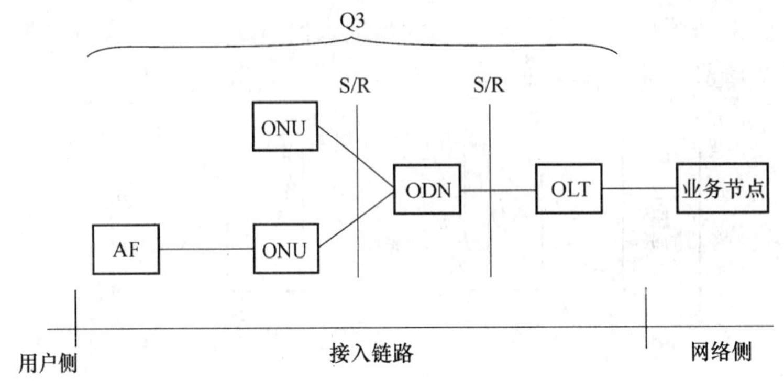

图2-33　PON的系统结构

AF为ONU和用户设备提供适配功能，来连接相应的用户设备。比如一些ONU不能直接提供RJ11的电话接口，可以通过外置的集成接入设备（IAD）来连接用户话机。

2. PON接入网的拓扑结构

（1）单星型结构

当ONU与OLT之间按点到点配置，即用户侧的ONU直接经过一根或一对光纤与局端OLT相连，中间没有光分路器（OBD）时就构成了所谓的单星型结构，如图2-34所示。在这种配置下，由于不存在光分路器引入的损耗，因此传输距离远大于点到多点配置，网络覆盖范围大，各用户侧的ONU使用独立的光纤通道，保密性高且互不影响，用户容量大，适合于大客户的接入，缺点是光纤无法共享，成本高。

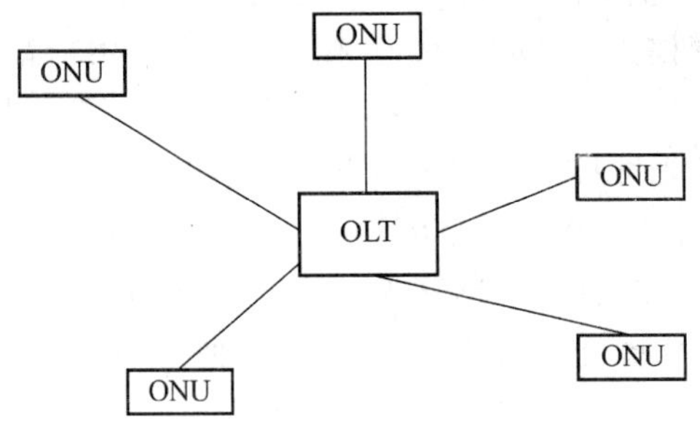

图2-34　单星型结构

（2）树型结构

树型结构也称为多星型结构，如图2-35所示。在这种配置下，OLT利用一系列级联的光分路器（OBD）对下行信号进行分路，传给多个ONU，而ONU的上行信号经由这些分路器合并在一起送给OLT。这种结构由于多个ONU通过分路器（OBD）共享同一个光源的功率，限制了传输距离，同时由于下行信号的传播特性，使得用户保密性差，需要考虑加密措施，但多个ONU可以共享一部分光纤通路，降低了接入网的成本。

通常OBD分为均匀分光和非均匀分光两种。均匀分光OBD指的是每个支路的光功率分配均匀相等，比如 1∶2 的均匀分光分路器，每个支路为 50％的功率。非均匀分光 OBD 指的是每个支路的功率不相等，比如 1∶2 的非均匀分光分路器，第一个支路功率可以为 10％，第二个支路功率为 90％。

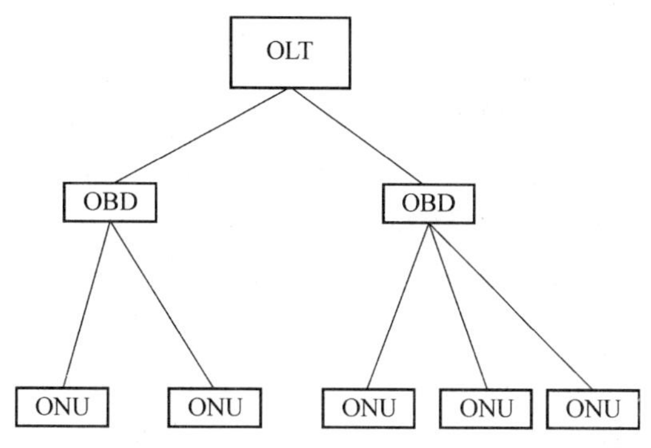

图 2-35　树型结构

（3）总线型结构

总线型结构也是点到多点配置的基本结构，它是以光纤作为公共总线（母线），各 ONU 通过一系列串联的非均匀分路器（OBD）与总线直接连接所构成的网络结构，如图 2-36 所示。光分路器从总线上分出 OLT 发送的光信号，将每个 ONU 发送的光信号插入到总线上。这种结构的特点是共享主干光纤，节省线路投资，增删节点容易，彼此干扰较小，但缺点是损耗累积，ONU 光接收机的动态范围要求较高，对主干光纤的依赖性太强。适合于沿街道、公路线形分布的用户环境。

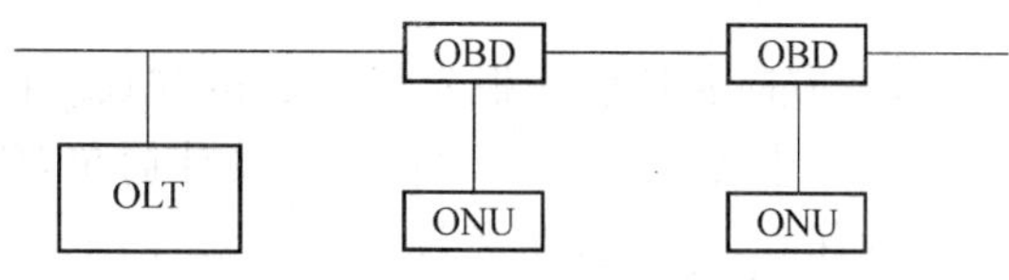

图 2-36　总线型结构

（4）环型结构

环型结构是总线型结构的特例，相当于总线型结构头尾连接的闭合环，如图 2-37 所示。在这种结构中，每个分路器（OBD）可以从两个方向连接 OLT，可靠性高于总线型结构。

从 PON 的这 4 种拓扑结构可以看出，其中树型和总线型结构是两种基本结构，单星型是树型结构的特例，而环型是总线型结构的特例。在实际选择 PON 的拓扑结构时，需要考虑多种因素，包括用户的分布拓扑、OLT 和 ONU 之间的距离、不同业务的光通道、光功率预算值、波长分配、升级的需要、可靠性、操作管理和维护、ONU 供电、安全性和光缆的容量等等。没有一种单一的拓扑结构可以适用于所有情况，需要综合全面地考虑。

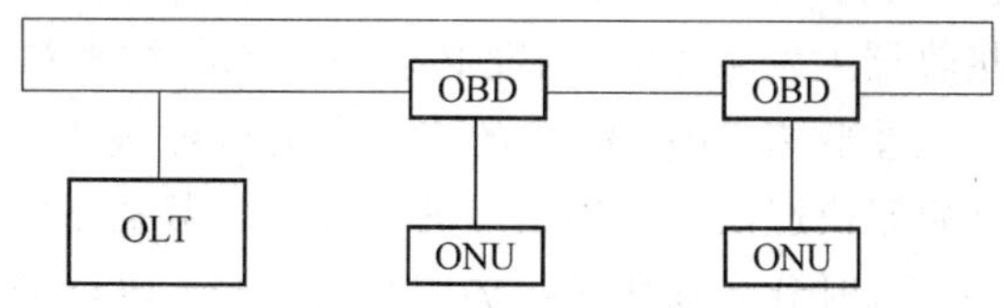

图 2-37　环型结构

3. PON 的双向传输复用技术

双向传输复用技术指的是 OLT 与 ONU 两个方向的传输技术，下面简单介绍一下双向传输复用主要的几种方式。

(1) 时间压缩复用(TCM)

时间压缩复用也称为“乒乓法”，这种方法在 N-ISDN 等技术中早已运用，主要原理就是给两个方向的信息传输分配不同的时间片。在 PON 系统中，通过时间片的切换，使得两个方向的信号轮流使用同一根光纤。由于在同一时刻只能有一个方向上传输信号，因此称为半双工的方式，而后面介绍的 WDM、SCM 则属于全双工的方式。

(2) 波分复用(WDM)

WDM 技术主要运用于骨干光网络，即不同波长的信号在同一光纤上无干扰地独立传输。在 PON 系统中，上下行信号可以调制在两个不同的波长上，实现双向的复用传输，这种方式属于异波长双工。在实际网络配置中，有时不止两个波长，更多的波长可用于不同的业务信号传输。由于 WDM 的器件成本较高，如果传输距离不太长时就不够经济。

(3) 副载波复用(SCM)

利用 SCM 实现双向传输的原理很简单，它将基带信号首先调制到吉赫兹(GHz)的副载波频段上，再把副载波调制到太赫兹(THz)的光载波上。上下行信道具有不同的副载波频率，占据光载波附近光谱的不同部分，从而保证各信道上信号互不干扰。副载波信道的复用和解复用是在电域而不是在光域进行的，因此，副载波复用中几个信道能够共用一个价格昂贵的光器件，降低了设备成本。当然，这种模拟频分方式也带有一切模拟方式所不可避免的缺点。

(4) 空分复用(SDM)

SDM 就是双向通信的每一方向各使用一根光纤的通信方式。在 SDM 方式下，两个方向的信号在两根完全独立的光纤中传输，互不影响，系统设计简单，传输性能最佳。但需要一对光纤才能完成双向传输的任务，当传输距离较长时不够经济，适用于 OLT 和 ONU 之间传输距离较近的场合。

4. PON 的上行数据接入传输技术

前面讲过的技术在拓扑结构上基本都是点到点方式，PON 系统的拓扑结构大多采用点到多点的方式。通常，从 OLT 到 ONU 的下行信号传输较为简单。大多采用时分复用(TDM)等方式将送给各个 ONU 的信号复用后送至馈线光纤，经过 OBD 分路后，以广播的方式传送到各 ONU。而 ONU 到 OLT 的上行信号传送较为复杂，下面重点介绍一下几种上行接入传输技术。

(1) TDMA

时分多址(TDMA)技术允许各 ONU 共享同一波长的传输通道，每个 ONU 只在允许的时间间隙才能发送数据，由于各 ONU 到 OLT 之间的距离不等，为了避免多个 ONU 设备发送的数据在 OLT 接收器上发生冲突，因此必须引入测距技术和突发控制技术。同时，为了保证 OLT 能够正确地接收来自各 ONU 的突发数据信号，还需要引入实现快速光检测的突发光接收器件，以及能够快速恢复时钟信号的突发时钟数据恢复器件。

虽然从技术和成本上看，时分多址技术优势明显，是目前 PON 系统上行接入较为合理的解决方案，但需要解决许多关键技术，如 ONU 的测距与延时补偿、快速比特同步、动态带宽分配、基线漂移、突发模式光收发模块的设计等。

(2) CDMA

码分多址(CDMA)技术为每个 ONU 分配一个码字,上行的用户数据通过该码字进行调制,通过分路器合路后送给 OLT,OLT 使用同样的码字进行解调。这种方式下,不需要复杂的上行控制协议和时钟同步技术,码分多址技术对用户数量没有限制,而且保密性好,用户接入方式也很灵活,但随着用户数量的增加会加大信道间干扰,而且线路上的信号速率要比实际业务速率高得多,物理器件的复杂性高,传输效率较低。

(3) WDMA

波分多址(WDMA)技术为每个 ONU 分配一个独享的波长,上行的数据调制在该 ONU 的波长上。虽然各 ONU 到 OLT 之间的距离不等,但由于波长之间严格正交,因此不需要引入复杂的上行控制协议和时钟同步技术,这种方式还可以避免时分多址(TDMA)技术中 ONU 的测距、快速比特同步等诸多技术难点。

随着技术的进步,波分复用光器件的成本,尤其是无源光器件成本已经大幅度下降,这使得波分多址技术成为 PON 系统上行接入技术的重要发展方向之一。

(4) SCMA

上行方向采用副载波多址接入(SCMA)方式,即各个 ONU 的上行信号调制在不同的副载波频段,然后再去调制光信号。这种方式下,无需 TDMA 方式所必不可少的复杂的延时调整电路,传输延时较小,各信道相互独立,电路较简单。但由于距离因素,可能会使接收到的功率相差较大,产生较为严重的相邻信道干扰。

2.4.7 EPON

APON 是在 20 世纪 90 年代开发制定的,主要结合了当时看好的 ATM 技术,在 PON 上实现基于 ATM 信元的传输,即 ATM Based PON (APON)。APON 利用 ATM 的集中和统计复用特性,结合无源分路器对光纤和光线路终端的共享作用,提供了从窄带到宽带等各种业务,具有支持多业务多比特率的能力:不仅支持可变速率业务,也支持时延要求较小的业务。但随着 ATM 技术的衰落,APON 的研发和应用也逐渐沉寂,现在主要的 PON 技术是 EPON 和 GPON。

EPON 是由 IEEE 的 EFM(Ethernetin FirstMile,以太网在最初一英里)工作小组最早提出的,它在很大程度上继承了 ITU-T 和 FSAN(全业务接入组)对 APON 的建议,采用符合 IEEE 802.3 协议的以太网帧来承载业务信息。EPON 融合了 PON 和以太网的优点,与现有的以太网兼容,标准宽松,成本更低且易于升级,以太网携带 IP 业务,与 APON 相比无需协议转换,极大地减少了传输开销。

作为一种 PON 接入系统,EPON 是由局端 OLT(光线路终端)、ONU(光网络单元)以及 ODN(光分配网络)等单元构成的点到多点系统。EPON 的上下行信息速率均为 1 Gbit/s,其物理层编码方式为 8 B/10 B 码,线路码速率为 1.25 Gbit/s,系统采用单纤波分复用技术,IEEE 802.3ah 规范的 EPON 技术的上下行波长是 1 310 nm 和 1 490 nm,在一根光纤上实现了全双工通信,使用一根主干光纤和一个 OLT,传输距离可达 20 km。在 ONU 侧通过光分路器分送给最多 32 个用户,降低 OLT 和主干光纤的成本。系统增加一个 1 550 nm 电视广播波长后,就可以提供语音、数据和电视的综合业务。

EPON 系统拓扑多为点到多点的树型分支结构，从 OLT 到 ONU 的下行方向采用 TDM 连续比特流进行传输广播，每一个 ONU 将接收到所有下行信息，根据其 MAC 地址决定取舍，不同 ONU 用户需要进行加密来共享带宽。从 ONU 到 OLT 的上行方向采用时分复用(TDMA)以突发模式共享带宽。EPON 在 PON 的传输机制上，通过新增加的 MAC 控制命令来控制各个 ONU 与 OLT 之间突发性数据通信，通过接入控制机制实现各个 ONU 有序接入，各个 ONU 在相应的时隙内发送数据报，不会发生碰撞，不需要 CSMA/CD，充分利用了上行的 1 Gbit/s 带宽。

1. EPON 的协议栈

从图 2-38 EPON 的拓扑结构上可以看出，它采用树型和树型分支的拓扑结构。从 OLT 到 ONU 的下行方向，OLT 发送的信号经过 1∶*N* 的分路器或级联分路器到达 ONU，可以采用广播的形式实现。从 ONU 到 OLT 的上行方向，各个 ONU 都要给 OLT 发送数据，如果不采取控制措施，就会导致发送冲突，而 EPON 的拓扑结构不同于普通以太网总线环境，冲突不可能在发送端检测到，这就需要使用点到多点(P2MP)的多点 MAC 控制协议(MPCP)来解决这个问题。MPCP 在 OLT 和 ONU 之间规定了一种控制机制，由 MPCP 来协调数据的有效发送和接收。MPCP 提供两种 GATE 操作模式：初始化模式和普通模式。初始化模式用来检测新连接的 ONU，测量环路延时。普通模式给所有已经初始化的 ONU 分配传输带宽。

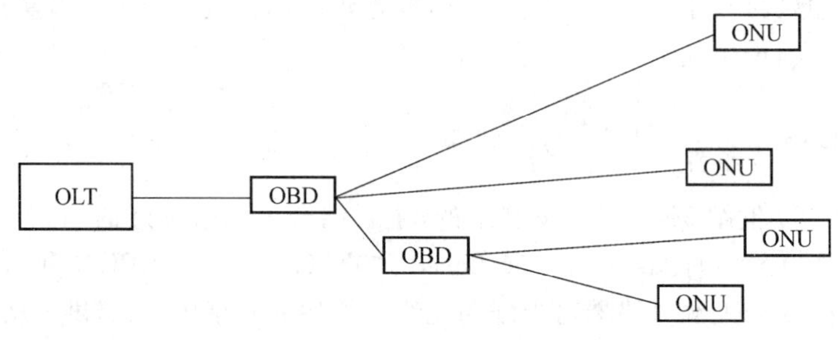

图 2-38　EPON 的拓扑结构

在多点 MAC 控制协议下，OLT 通过授权信号来分配不同 ONU 的发送时间，ONU 在获得授权信号后才能发送数据，授权信号指出了该 ONU 可以发送数据的时间窗口。

图 2-39 给出了 EPON 系统的协议栈。从图中可以看出 MPCP 在 OSI 第 2 层链路层中的位置。在 ONU 中有一个 MAC 实例，而 OLT 中有多个 MAC 实例，所有 MAC 实例使用同一个物理层，EPON 系统中的每个 ONU 的 MAC 实例在 OLT 都有对应一个 MAC 实例，使得每个 ONU 和 OLT 之间都可以有一个专用的点到点仿真线路，除此之外，还有一个 MAC 实例用于 OLT 与全部 ONU 在下行方向上传送信息，这主要利用了 EPON 系统的广播特性，这个实例被称为单复制广播。

MPCP 子层位于 MAC 子层上，MAC 收到的数据要先送给 MPCP 分析处理，通过 length/type 字段识别是否为 MAC 层的控制帧，如果是控制帧，则进行解码，依据相应的 OPCODE 调用发现、报告、授权等功能，如果是 MAC 层的用户数据帧，则送给上层 MAC 客户实例。

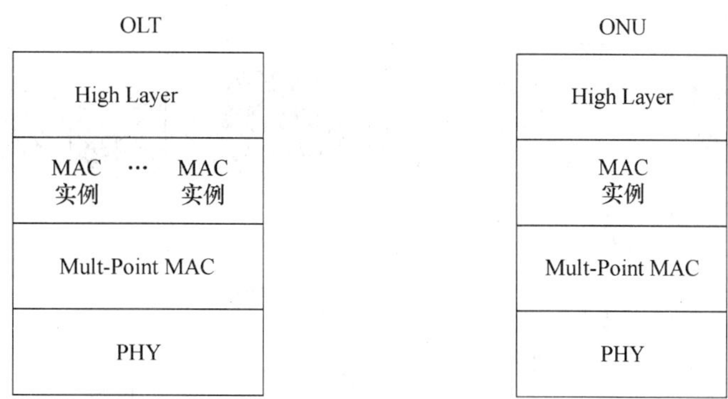

图 2-39 EPON 的协议栈

2. EPON 的帧结构

EPON 系统采用 WDM 技术,实现单纤双向传输。为了分离同一根光纤上多个用户的来去方向的信号,采用以下两种复用技术:下行数据流采用广播技术,上行数据流采用 TDMA 技术。图 2-40 表示了下行信息流和上行信息流的分布,可以看出,在下行方向上,OLT 发送的信息是连续的 TDM 数据流,各个 ONU 都会收到广播数据流,各 ONU 取出发给自己的信息。在上行方向上,由于 ONU 是在相应分配好的时隙进行的,不会有冲突,各个 ONU 发送的突发信息在光分路器(OBD)汇集后,在主干光纤上发送给 OLT。

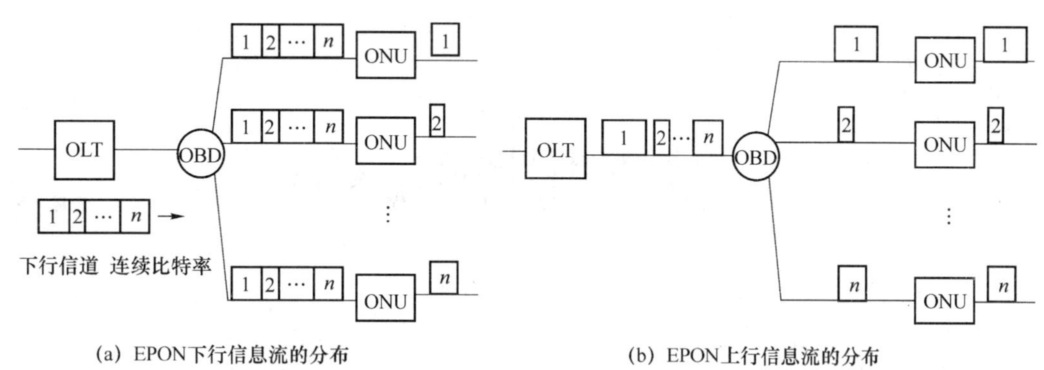

图 2-40 EPON 上下行信息流分布

ONU 的帧结构基于 IEEE 802.3 的帧格式,在 802.3ah 中有详细介绍。OLT 会在 ONU 注册成功后,ONU 给其分配一个唯一的逻辑链路标示符(LLID),这个 LLID 用于在发送分组时替代以太网前导符的最后两个字节,OLT 接收数据时比较 LLID 注册列表,ONU 接收数据时,仅接收符合自己的 LLID 的帧和广播帧。每个 ONU 在由 OLT 统一分配的时隙中发送数据帧,分配的时隙补偿了各个 ONU 距离的差距,避免了各个 ONU 之间的碰撞。

EPON 的下行帧的帧长为 2 ms,帧结构如图 2-41 所示。它由一个被分割成固定长度帧的连续信息流组成,其传输速率为 1.25 Gbit/s,每帧包含一个同步标示和多个可变长度的数据包(时隙)。同步标示符的长度为 1 B,它含有时钟信息,用于 ONU 与 OLT 的同步,可变长度的数据包按照 IEEE 802.3 的帧结构组成,包含信头、可变长度净负荷、误码检测域,每个 ONU 分配一个数据包。

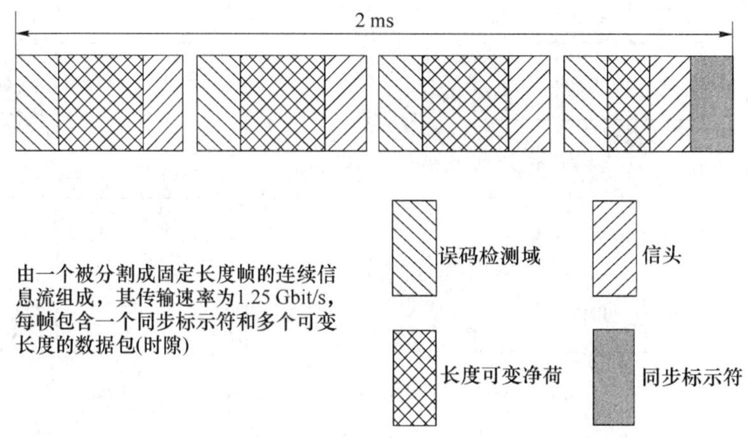

图 2-41　EPON 下行帧结构

上行帧的帧长与下行帧一样为 2 ms，帧结构如图 2-42 所示。每帧有一个帧头，标示帧的开始，每帧包含若干长度可变的时隙，每个时隙分配给一个 ONU，各个 ONU 发送的上行数据包，以 TDM 方式复合成一个连续的数据流，通过光分路器耦合送入光纤传送。在上行方向上采用 TDMA 技术将各个时隙分配给每个 ONU，每个 ONU 的信号在经过不同距离的光纤传输后，进入光分配器的主干光纤，通过测距补偿避免了发生相互碰撞干扰。

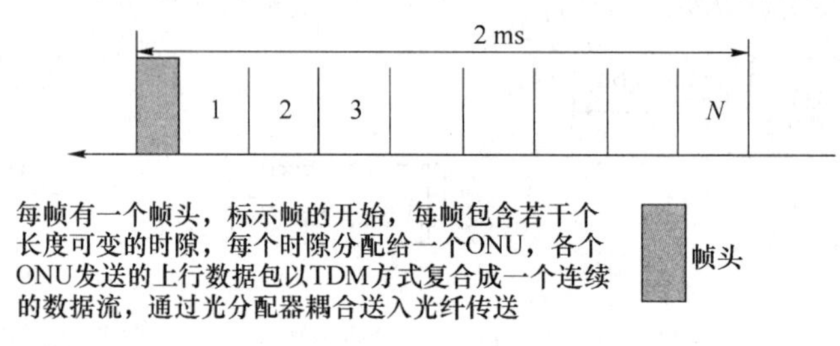

图 2-42　EPON 上行帧结构

3. EPON 的关键技术

由于使用了与 APON 类似的突发模式，EPON 系统在物理层传输上也需要解决如下的问题，比如，测距、突发同步、大功率范围光接收、带宽控制、实时业务传输质量和安全性等。EPON 根据 802.3 以太网协议，传送的是可变长度的数据包，最长可为 1 518 B，这会对一些问题的解决有所影响，如实时业务传输质量。以太网技术的固有机制，不提供端到端的包延时、包丢失率和带宽控制能力，很难保证服务质量。EPON 解决这个问题的方法是通过对不同的业务提供不同的优先权等级或带宽预留技术。

下面主要描述一下 EPON 的带宽分配控制。

多点控制协议(MPCP)是 MAC 子层内的一种功能。MPCP 利用消息、状态机和定时器来控制向 P2MP 网络拓扑的接入。在 P2MP 网络拓扑中的每一光网络单元(ONU)都有一个 MPCP 协议实例，它与 OLT 中的 MPCP 协议实例进行通信。

图 2-43 列出了 MPCP 控制帧的格式，其中 OPCODE 包括了发现注册、授权等 MPCP 的相关控制功能。除了用于以太网流量控制 PAUSE 控制帧以外，还有 5 种类型的 MPCP 帧，分别是：

- GATE 消息，由 OLT 发出，允许接收到 GATE 帧的 ONU 立即或者在指定的时间窗口发送数据；
- REPORT 消息，用于向 OLT 报告 ONU 的状态，包括该 ONU 同步于哪一个时间戳，以及是否有数据需要发送；
- REGISTER_REQ 消息，用于 ONU 在发现注册处理过程中请求注册；
- REGISTER 消息，当 OLT 收到 REGISTER_REQ，回送 REGISTER 消息来通知 ONU 已经识别到注册请求；
- REGISTER_ACK 消息，当 ONU 收到 REGISTER 消息后，发送 REGISTER_ACK 消息给 OLT 表示注册确认。

MPCP 功能包括下面 3 个处理过程：发现处理、报告处理和门控处理。发现处理主要负责 ONU 向 OLT 的注册/注销功能，报告处理主要负责 ONU 上行带宽请求的传送，门控处理主要负责多路复用的传送。

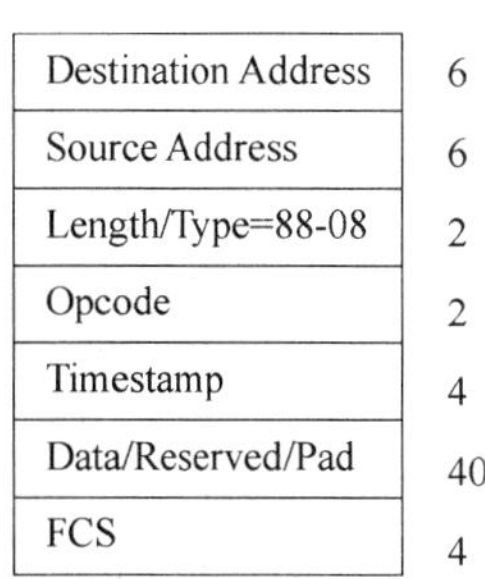

图 2-43　MPCP 的帧格式

(1) 发现处理

新入网的 ONU 和重新注册的 ONU 都可以通过发现处理过程来接入 EPON 系统。局端的 OLT 通过下行广播信道将可用于注册的时间窗口信息通知各 ONU，这个信息是周期性发送的，这个注册的时间窗口信息包括开始发送时间和窗口的大小。

需要注册的 ONU 收到该广播信息后，就可以利用这个机会来发送 REGISTER_REQ 消息给 OLT，REGISTER_REQ 中包括 ONU 的 MAC 地址。由于可能有多个 ONU 会同时发起注册，ONU 会使用竞争算法来减少冲突，比如随机等待一段时间才开始发送。REGISTER_REQ 消息的宽度没有注册时间窗口大，这样的话，OLT 可能会在注册时间窗口内收到多个 REGISTER_REQ 消息。当 OLT 收到 REGISTER_REQ 消息时，它会给该 ONU 分配一个逻辑链路标示符 LLID，并将 LLID 与 MAC 绑定，LLID 会替换以太网数据包的部分前导码。

OLT 随后会给该 ONU 发送 REGISTER 消息，其中携带逻辑链路标示符(LLID)和要求的同步时间。接着 OLT 会发送 GATE 消息给该 ONU，使得 ONU 有机会能回送 REGISTER_ACK 消息给 OLT，完成注册过程。

图 2-44 给出了注册的消息交互过程。

(2) 报告处理

报告处理用于 ONU 向 OLT 报告该 ONU 设备内的数据缓存排队情况，向 OLT 传送上行的带宽请求，即便没有上行的带宽请求，ONU 也要周期性地发送 Report 消息，这样保证了 OLT 中 Watchdog Timer 不会超时，实际上起到了 OLT 与 ONU 之间的心跳保活的作用。Report 消息中的时间戳字段还可以用于 RTT 时间的计算。

(3) 门控处理

GATE 消息的作用是向 ONU 发送授权信号，只有获得了授权信号后，ONU 才能发送 Discovery 消息或普通的数据。一条 GATE 消息中最多可以携带 4 个授权信号。授权信号 GRANT 中包括可以发送上行数据的时间和窗口宽度。

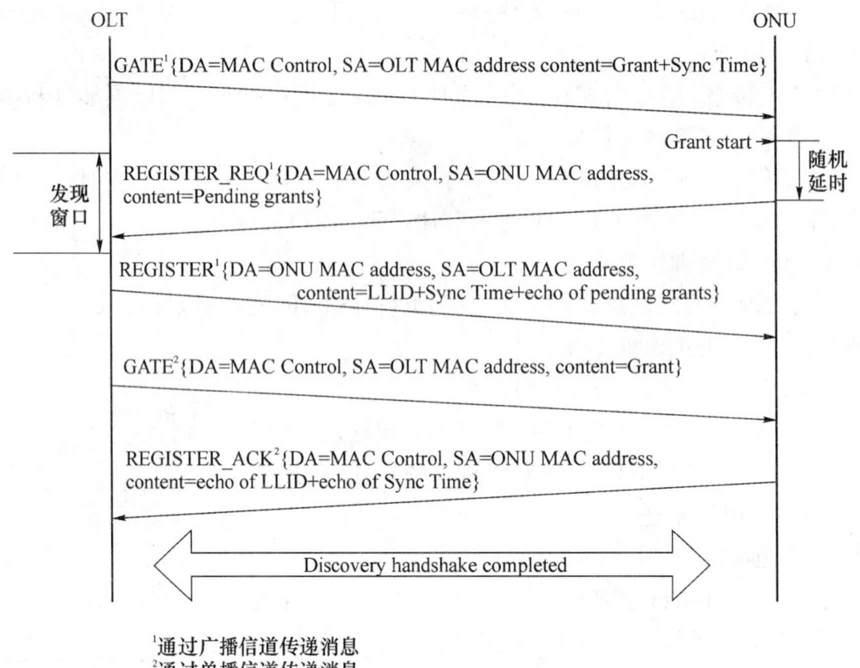

图 2-44　MPCP 注册过程

EPON 的关键优点是极大地简化了传统的多层重叠网络结构，消除了 ATM 和 SDH 层，从而降低了系统初始成本和运行成本。采用成熟的以太网技术甚至芯片，硬件实现简单，成本低，符合全网分组化大趋势。并且提供了一些安全机制，诸如 VLAN、支持 VPN 乃至加密算法等。

而 EPON 的主要缺点，首先是由于 IEEE 802.3ah 只定义了 MAC 层和物理层，而 MAC 层以上的标准没有规定，由设备制造商自行开发，造成了设备互操作性差。其次，EPON 采用 8B/10B 的线路编码，系统的总效率较低，除了线路编码 20％的带宽损失，加上其他的额外开销，可用负荷仅 50％左右。

2.5　蜂窝移动通信技术

目前我们使用的移动通信网络是一种无线蜂窝通信系统，蜂窝通信区别于原来的大区制通信，提高了信道利用率，可以容纳更多的用户。相邻小区使用不同的信道，蜂窝是不同小区的形象比喻，这种技术经历了第一代模拟移动通信技术、第二代数字移动通信技术、第三代移动通信技术的发展过程。其中第一代技术的产品是以模拟大哥大为代表，第二代则是 GSM 和 IS-95 CDMA 技术，第三代就是常说的 3G 技术，它的代表是 CDMA2000、WCDMA 和 TD-SCDMA。

GSM 全名为 Global System for Mobile Communications，中文为全球移动通信系统，它是一种起源于欧洲的移动通信技术标准，属于第二代移动通信技术，是目前世界上应用最为广泛的移动通信技术。本节以 GSM 技术为例来介绍一下蜂窝移动通信技术，包括它的网络组成部分、空中接口的无线信道和 GSM 网络数据业务，同时对由 GSM 发展而来的 GPRS 技术进行介绍。

2.5.1　GSM 网络组成

GSM 系统由 3 个子系统组成，分别是基站子系统(BSS)、网络交换子系统(NSS)和操作与支持子系统(OSS)。GSM 系统组成如图 2-45 所示。

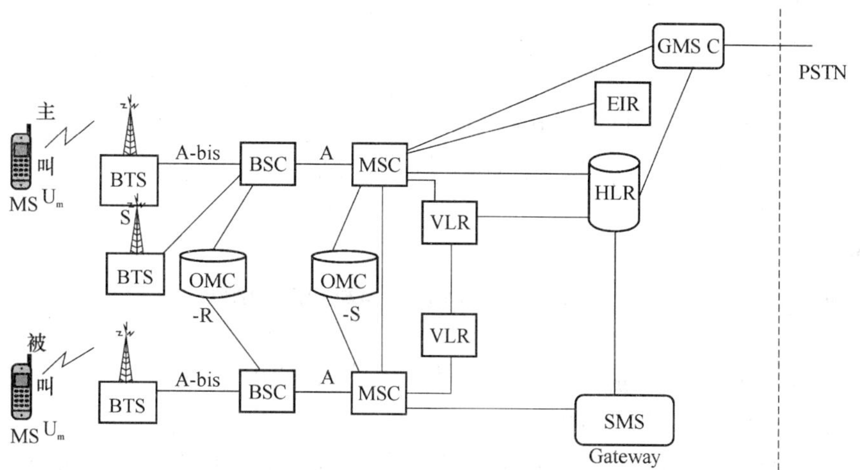

图 2-45　GSM 组成结构示意图

1. NSS

NSS 由移动交换中心(MSC)、拜访位置寄存器(VLR)、归属位置寄存器(HLR)、鉴权中心(AUC)和设备识别寄存器(EIR)组成。

(1) MSC

MSC 是一种程控交换设备，与 PSTN 固定电话网程控交换机不同的是 MSC 具备更多的七号信令处理能力和移动通信处理能力。MSC 与 HLR、VLR 相互配合提供移动用户的位置登记、越区切换、自动漫游等网络功能，为移动用户提供各类承载业务和补充业务。

GMSC 是部署在关口局的 MSC，通过 GMSC 可以实现 PLMN 移动用户和 PSTN 固定网络用户之间互通。

(2) VLR

MSC 与固定电话网的程控交换机的不同之一就是用户数据与交换机的分离。GSM 移动通信系统的用户数据不存储在 MSC 中，而是经由 VLR 来获得。

每个 MSC 都会有一个 VLR 与其配套工作，VLR 是一个动态数据库，当移动用户进入本 MSC 服务区时，VLR 会向该移动用户所属的 HLR 获取相关用户数据，并将移动用户的最新位置信息告知 HLR；当移动用户离开本 MSC 的服务区进入另一个 MSC 的服务区时，移动用户会在新的 VLR 进行位置登记，并在原来的 VLR 中删除该移动用户的数据。

(3) HLR

HLR 是 GSM 系统中最重要的数据库，在这个数据库存储的用户信息有：用户识别号码、用户类型、访问能力、补充业务等。此外，还存储了有关 MS 的最新位置信息，通过这个位置信息可以使 GSM 系统能随时随地找到 MS。

(4) AUC

AUC 是归属位置寄存器的一个功能单元，它存储着用户鉴权信息和加密密钥，保证移动用户通信安全，防止未授权用户进入系统。

(5) EIR

GSM 系统的移动台终端是机卡分离的，SIM 卡标示用户的身份，而移动终端这个裸机的信息可以经由 EIR 来管理，在 EIR 这个数据库中，可以记录相应的黑白名单，对用户使用的手机进行鉴别。通过黑白名单，可以对丢失的移动终端进行限制，使其无法进入网络使用。

2. BSS

BSS 主要是由基站控制器(BSC)和基站收发信机(BTS)组成，移动台(MS)通常被认为是 BSS 的一部分。

一个 MSC 可以连接多个 BSC，这个接口为 A 接口，使用 E1 数字中继来传输。BSC 负责无线资源的管理，对 BTS 进行控制。

一个 BSC 可以连接多个 BTS，这个接口为 Abis 接口。每个 BTS 工作在一组无线信道上，一个 BTS 无线信号的覆盖区域构成了一个蜂窝小区，根据信号的覆盖区域，蜂窝小区可以是全向小区(比如 360°)或定向小区(比如 120°)。为了避免信号干扰，本小区的无线信号工作频段与用于相邻各小区的工作频段不同。

MS 属于基站子系统的一部分，它是 GSM 系统中移动用户使用的设备，它包括：手持台、便携台和车载台，移动台通过无线空中接口与 BTS 连接。MS 另外一个重要组成部分是用户识别卡(SIM，Subscriber Identity Module)。SIM 卡是一种存储装置，可存储用户识别码，为用户提供服务的网络以及其他特定用户信息等。

基站子系统与网络交换子系统之间通过 A 接口进行连接，各子系统可以分别经由不同的设备制造商来提供。

3. OSS

OSS 为操作维护中心和网络管理中心。这个子系统负责全网的通信质量及运行的管理，记录和收集全网运行中的各种数据，比如各基站信道频点配置、通话次数、短信次数等。

为了对基站子系统与网络交换子系统进行方便管理，OSS 分为 OMC-R 和 OMC-S 两部分，其中 OMC-R 负责基站子系统的管理，OMC-S 负责网络交换子系统的管理。

2.5.2 无线信道

GSM 手机终端进行传输使用的是无线信道。

移动台(MS)与系统的连接是通过 BTS 的无线信道来完成的。从 MS 到 BTS 方向为上行链路，BTS 到 MS 为下行链路。图 2-46 以 GSM900 系统为例进行了说明。无线信道的工作带宽为 25 MHz，载频间隔为 200 kHz，整个系统工作频段可分为 125 对载频，每个 200 kHz的载频按照时分方式划分了 8 个时隙，分别对应 8 个物理信道。

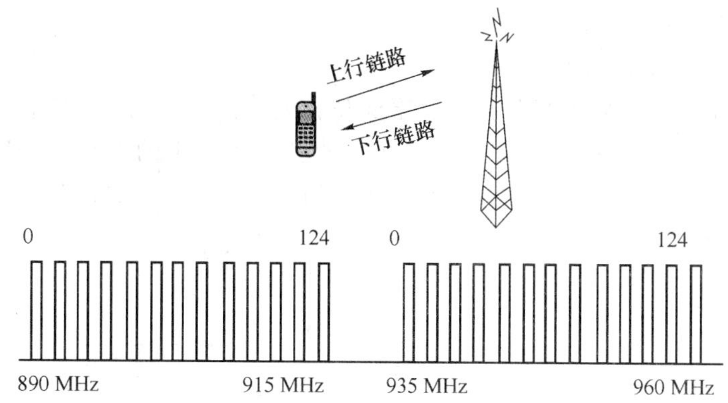

图 2-46　GSM 900 MHz 的无线信道划分示意图

根据 MS 与 BTS 之间传送信息的功能划分，系统定义了不同的逻辑信道，逻辑信道是映射在物理信道上的。

1. 物理信道

在 TDMA 中，每个载频被定义为一个 TDMA 帧，相当于 FDMA 系统中的一个频道，每帧包括 8 个时隙（$TS_0 \sim TS_7$），多个 TDMA 帧又组成了复帧、超帧、超高帧，GSM 的相关文档对 TDMA 帧结构进行了详细说明，这里只进行简单描述。

图 2-47 给出了 GSM 的 TDMA 帧结构简图。从图 2-47 中可以看出在一个时隙上要传输信息时使用的信息格式，这个信息格式称为突发脉冲序列（Burst）。GSM 共有 5 种类型：普通突发脉冲序列（NB）、频率校正突发脉冲序列（FB）、同步突发脉冲序列（SB）、接入突发脉冲序列（AB）、空闲突发脉冲序列（DB）。下面对普通突发脉冲序列进行说明。

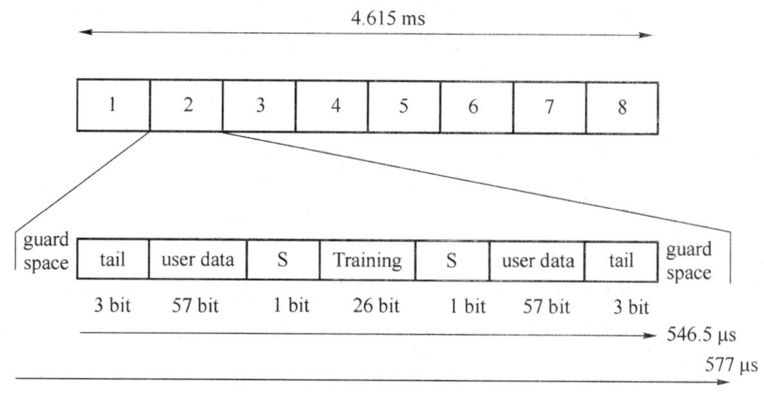

图 2-47　GSM 的帧结构示意图

普通突发脉冲序列（NB）用于携带 TCH 及除 RACH、SCH 和 FCCH 以外的控制信道上的信息。“guard space”保护间隔，8.25 个比特（相当于大约 30 ms），是一个空白空间。由于每载频最多 8 个用户，因此必须保证各自时隙发射时不相互重叠。尽管使用了时间调整方案，但来自不同移动台的突发脉冲序列彼此间仍会有小的滑动，因此 8.25 个比特的保护可使发射机在 GSM 建议许可范围内上下波动。“TAIL”三比特总是 000，帮助均衡器判断起始位和中止位。“57 个加密比特”是客户数据或话音，再加“1”个比特用作借用标志。借用标志是表示此突发脉冲序列是否被 FACCH 信令借用。“26 个训练比特”是一串已知比特，用于供均衡器产生信道模型。

2. 逻辑信道

逻辑信道是按照在不同物理信道时隙上的位置划分的。从功能上来讲，GSM 逻辑信道可以分为业务信道（TCH）和控制信道（CCH）。业务信道携带的是用户的数字化语音或数据；控制信道在移动站和基站之间传输信令和同步信息。图 2-48 表示了不同的逻辑信道。

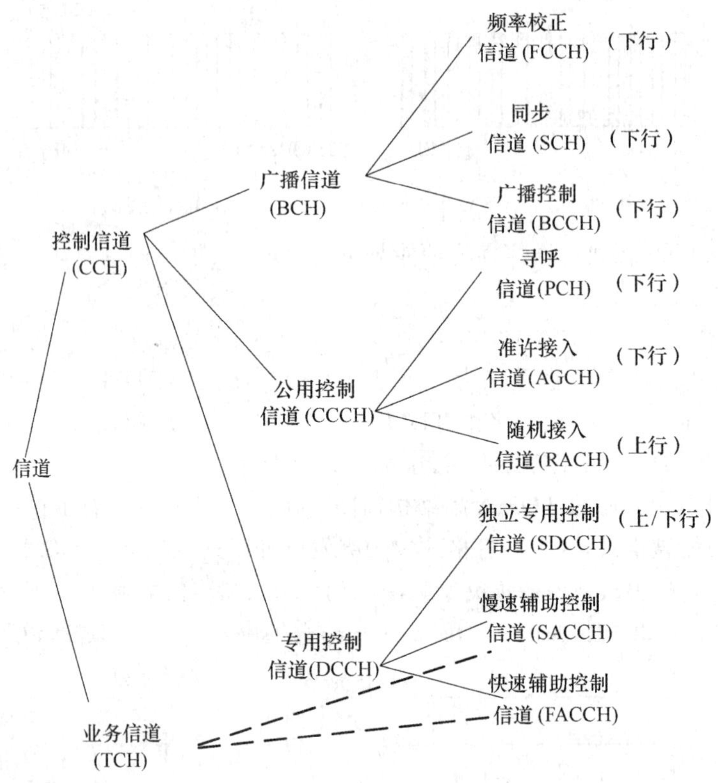

图 2-48　逻辑信道分类

(1) 业务信道（TCH）

GSM 的业务信道携带用户数字化语音或数据信息，可分为全速率或半速率两种类型。全速率传输时，用户数据包含在每帧的一个时隙内；而半速率传输时，用户数据映射到同一时隙上，但是采用隔帧传送的方式，因此，两个半速率的用户可以共享同一个时隙，但是每隔一帧交替发送。

① 话音业务信道

话音业务信道分为全速率话音业务信道（TCH/FS）和半速率话音业务信道（TCH/HS），两者信道编码后的速率分别为 22.8 kbit/s 和 11.4 kbit/s。对于全速率话音编码，话音帧长 20 ms，每帧含 260 bit 话音信息，提供的净速率为 13 kbit/s，半速率话音采样速率是全速率话音的一半，因此可以提供约为 6.5 kbit/s 的话音编码。

② 数据业务信道

数据业务经纠错编码之后，在全速率或半速率信道上传输速率分别为 22.8 kbit/s 和 11.4 kbit/s。通过不同的速率适配和信道编码，用户可使用下列几种不同的数据业务：

9.6 kbit/s全速率数据业务信道(TCH/F9.6)、4.8 kbit/s 全速率数据业务信道(TCH/F4.8)、4.8 kbit/s 半速率数据业务信道(TCH/H4.8)、小于或等于 2.4 kbit/s 全速率数据业务信道(TCH/F2.4)、小于或等于 2.4 kbit/s 半速率数据业务信道(TCH/H2.4)。

(2) 控制信道(CCH)

控制信道是用于传送信令和同步信号的,主要有 3 种控制信道:广播信道(BCH,Broadcast Channel)、公共控制信道(CCCH,Common Control Channel)、专用控制信道(DCCH,Dedicated Control Channel)。

每个信道均由几个逻辑信道组成,这些逻辑信道按时间分布,来提供必要的控制功能。BCH 和 CCCH 的前向控制信道分配在指定频点的专用时隙中,它们一般只在控制信道复帧(51 个帧组成)的指定帧的 TS_0 时隙中发送,这个频点称之为广播信道。其他 7 个时隙 TS_1～TS_7 可用来支持 7 个全速率的用户。在广播信道中,第 51 帧不包含 BCH/CCCH 前向链路数据,是一个空闲帧。在反向链路上,CCCH 可以接收从移动台传来的包含 TS_0 中的任何一帧中的信息。而 DCCH 可以在每一帧的每一个时隙上传输。下面简单介绍 3 种控制信道的组成。

① 广播信道(BCH)

BCH 是一种点到多点的单向控制信道,用于基站 BTS 向移动台 MS 广播公用的信息,传输的内容主要是移动台入网和呼叫建立所需要的有关信息,其中又分为:

- 频率校正信道(FCCH),传输供移动台校正其工作频率的信息;
- 同步信道(SCH),传输供移动台进行同步和对基站进行识别的信息,也就是说基站识别码是在同步信道上传输的;
- 广播控制信道(BCCH),传输系统公用控制信息,例如公共控制信道(CCCH)号码以及是否与独立专用控制信道(SDCCH)相组合等信息。

② 公用控制信道(CCCH)

CCCH 是一种双向控制信道,用于传送呼叫建立前的控制信令,其中又分为:

- 寻呼信道(PCH),一个下行信道,用于传输基站寻呼移动台的信息;
- 随机接入信道(RACH),一个上行信道,用于移动台随机发出的接入请求,即请求分配一个独立专用控制信道(SDCCH),RACH 信道是一种 ALOHA 信道,同一基站下的移动台通过竞争获得该信道;
- 准许接入信道(AGCH),一个下行信道,用于基站对移动台的接入请求作出应答,即分配一个独立专用控制信道。

③ 专用控制信道(DCCH)

DCCH 是一种点对点的双向控制信道,其用途是在呼叫建立接续阶段以及在通信进行中,在移动台和基站之间传输必需的控制信息,其中又分为:

- 独立专用控制信道(SDCCH),用于信令消息的传递,如位置更新、鉴权、呼叫接续、短消息等信令均在此信道上传输;
- 慢速辅助控制信道(SACCH),在移动台和基站之间,需要周期性地传输一些信息,例如移动台要不断地报告正在服务的基站和邻近基站的信号强度,以实现"移动台辅助切换功能",此外,基站对移动台的功率调整、时间调整命令也在此信道上传输,因此 SACCH 是双向点对点控制信道,它可与一个业务信道或一个独立专用控制信道联用，SACCH 安排在业务信道时，以 SACCH/T 表示，安排在控制信道时，以 SACCH/C 表示；

- 快速辅助控制信道(FACCH)，传送与 SDCCH 相同的信息，只有在没有分配 SDCCH 的情况下，才使用这种控制信道，使用时需要中断业务信息，把 FACCH 插入业务信道中，每次占用的时间很短，约 18.5 ms。

2.5.3 GSM 数据业务

GSM 系统可以提供语音业务和数据业务，这里介绍一下数据业务。GSM 移动数据业务分为电路型数据业务和分组型数据业务。

1. 电路型数据业务

在 GSM 第一阶段即提出了电路型数据业务的实现方式，GSM 网络在用户侧和网络侧(MSC 和固定网间)分别设置了终端适配功能(TAF)和互联功能(IWF)，用于用户信息流的速率适配和信令适配，这样可减少 GSM 网络内部传输设备数量。数据业务传输对误码率的要求通常比话音业务高，GSM 网络为数据业务提供了以下两种传输模式，以满足不同时延和误码率要求的用户需求。

(1) 透明模式(T 模式)

透明模式下信息流通过无线信道时仅由无线信道传输方案提供的前向纠错机制完成纠错，TAF 和 IWF 间的路径可看成为同步电路，两者之间有固定的吞吐量和传输时延，但误码率不定，采用 T 模式在传输速率较低情况下能得到较好的传输效果。

(2) 非透明模式(NT 模式)

除了由无线信道传输方案提供的前向纠错机制外，该模式在 TAF 和 IWF 间使用了差错重发机制，当另一端未能正确收到本端发送的信息时，本端能重发该信息，在 NT 模式下，TAF 和 IWF 间的信息传输可看成为分组数据流，其吞吐量和传输时延随无线信道传输质量情况而变化，但残余误码率要大大优于 T 模式。作为一种分组传送方式，NT 模式涉及两个关键技术：一个是 TAF 和 IWF 间的无线链路规程协议(RLP)，它负责信息的差错检查和重发；另一个是信息的流量控制。

在 GSM 系统中的纠错方式是被设计成能在有限的覆盖范围内工作，并且能在 GSM 系统所能承受的最坏的状况下工作，这意味着很大一部分的 GSM 传输量被用于纠错码。为了提高数据速率，ETSI 于 1997 年 2 月批准采用高速电路交换数据(HSCSD)技术，HSCSD 技术采用一种新的信道编码方案，能根据无线连接的不同情况提供不同级别的纠错方式，通过截短校验比特将一个时隙内的速率从 9.6 kbit/s 增加到 14.4 kbit/s。HSCSD 还能使多个时隙结合在一起，从而最高达到 57.6 kbit/s。提供 HSCSD 方式主要是进行软件升级，不需更新的网络硬件。

2. 分组型数据业务——GPRS

与电路型业务不同，GPRS 技术是采用分组交换和分组传输来提供数据业务的。可以应用在 PLMN 内部或应用在 GPRS 网与外部互联分组数据网(IP、X.25)之间的分组数据传送，GPRS 能提供到现有数据业务的无缝连接。

使用 GPRS 时，动态分配无线信道资源，一个用户可分配多个时隙，一个时隙也可多个用户共享，用户可一直与网络保持连接，但仅当传输数据时才占用无线信道资源。理论上，GPRS

网络能够提供的最大传输速率是采用 CS4 编码方式，8 个时隙共用达到 171.2 kbit/s。但在实际使用中，蜂窝小区中定义的分组时隙数一般不会大于 8，以最大 4 个 TS 为例，(1+3)个 TS 的配置方式是指 1 个时隙是静态分配给分组时隙，3 个时隙作为混合方式的分配，完成分组或话音业务的传送。

3. 增强数据率改进——EDGE

为了进一步向第三代移动通信系统演进，GSM 系统引入了 EDGE 技术。EDGE 技术不需要对网络硬件和软件进行大的改动，它是在 HSCSD 和 GPRS 的基础上，采用 8PSK 调制方式，可将每时隙速率提高到 48 kbit/s，EDGE 同时还允许集中多达 8 个时隙，从而使总带宽达到 384 kbit/s。

2.5.4　GPRS 网络组成

GPRS 是以 GSM 系统为基础发展而来的，采用分组交换来提供数据承载和传输业务的技术。GPRS 技术使得 GSM 系统能够以效率更高的分组方式提供数据业务。

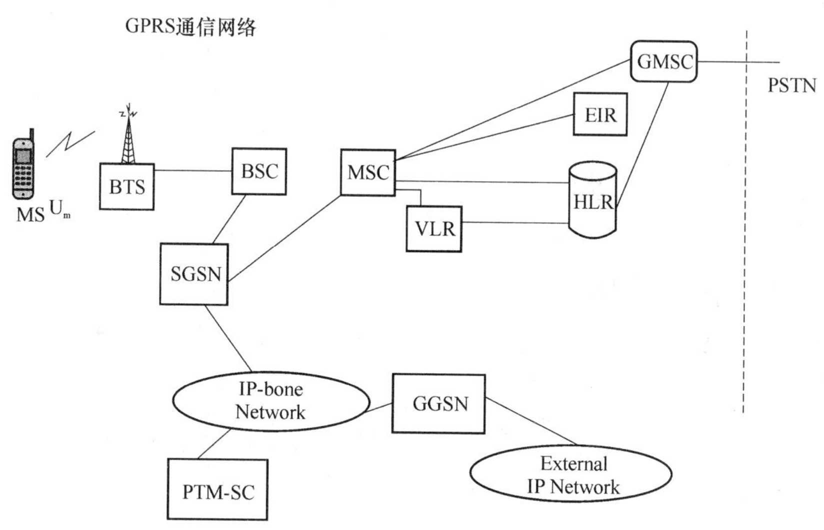

图 2-49　GPRS 的网络结构图

图 2-49 是 GPRS 的网络结构图。GPRS 网在 GSM 电话网的基础上增加了以下功能实体：服务 GPRS 支持节点(SGSN，Serving GPRS Support Node)、网关 GPRS 支持节点(GGSN，Gateway GSN)、点对多点服务中心(PTMSC，Point to Multipoint Server Center)。新增的功能实体主要功能如下。

- GGSN：主要是起网关作用，它可以和多种不同的数据网络连接，如 ISDN、X.25 和 IP 等。GGSN 进行协议转换，从而实现 GPRS 分组数据网与 IP 或 X.25 网络的互联互通。
- SGSN：与 BSC 连接，负责 MS 和 SGSN 之间的协议转换，即骨干网使用的 IP 协议转换成 SNDCP 和 LLC 协议，并提供 MS 鉴权和登记功能。
- PTMSC：负责提供点对多点业务，可根据某个业务请求者的要求，把信息送给多个用户。分为点对多点多信道广播业务(PTM-M)、点对多点群呼业务(PTM-G)、IP

广播业务(IP-M)。

除此以外,GSM 网络系统要进行软件更新以支持新的 MAP 信令和 GPRS 信令等,增加新的移动性管理程序,GPRS 可以共用 GSM 基站,但基站要进行软件更新,移动台要采用新的 GPRS 移动台,还要通过路由器实现 GPRS 骨干网互联。GPRS 网上增加了一些接口,主要包括:SGSN-BSS 间的 Gb 接口、SGSN-GGSN 间的 Gn 接口、SGSN-MSC/VLR 间的 Gs 接口、SGSN-HLR 间的 Gr 接口和 GGSN-外部数据网之间的 Gi 接口。

2.5.5 GPRS 数据传输

如图 2-50 所示,在 GPRS 网络中,当 BSC 收到信息后,由 BSC 判断收到的请求是 GSM 业务还是 GPRS 业务,如果是 GSM 业务,就直接转到 MSC 去执行相应的业务,如果是 GPRS 业务,再由分组控制单元转到相应的业务上去。由 MS 发出的 PDU 通过 SNDCP/LLC 协议传输到 SGSN,SGSN 通过 GPRS 内部骨干网,采用 GTP 协议,将 PDU 以隧道方式路由传输到 GGSN,由 GGSN 互联 PSPDN 网,将 PDU 最终转发给用户。

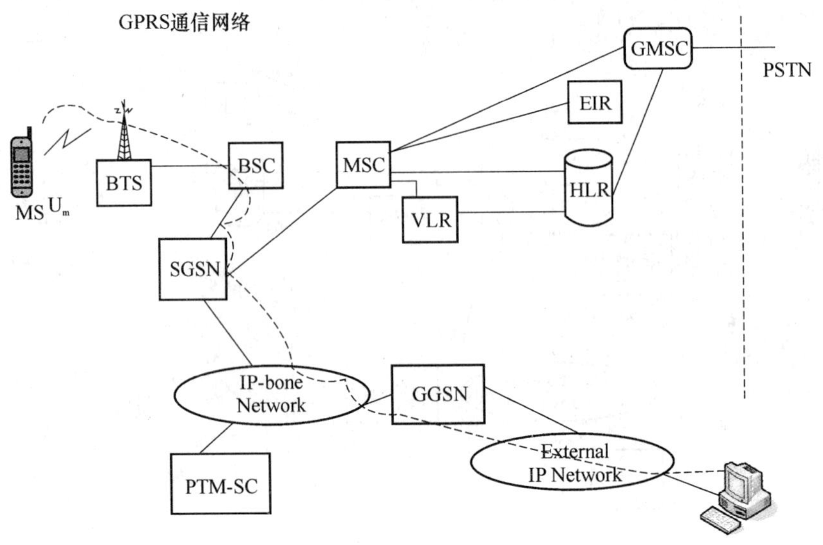

图 2-50 GPRS 数据传输示意图

第3章　承载技术

在 TCP/IP 协议体系中，IP 层的主要任务是网络互联，它将各种各样异构的网络通过 IP 协议连接起来，这种把两个及两个以上的网络相互连接起来构成的系统就叫做互联网络(Internetwork)，简称为互联网(Internet)。IP 层以下的网络在 TCP/IP 协议体系中被称为子网或网络接口，这些物理网络完成实际数据的传输，IP 利用这些网络提供的通道完成报文传输，同时隐藏了这些不同物理网络的细节。在本书中将这些 IP 层以下的网络称为承载网络，这样称呼是因为它们完成了实际的通信工作，即承载了 IP 的报文。本章对主要的承载网络技术进行介绍。

3.1　承载技术简介

TCP/IP 可以使用任何现有的网络作为它的承载网络，而不管这种网络采用的传输方式、提供的传输速度以及传输的可靠性、延时和服务质量如何，只要它能提供连通性，TCP/IP 就能使用它提供的通道，这种能力使得 TCP/IP 快速扩展到世界的各个角落。可以说，一方面由于 TCP/IP 才得以使得那些原来各自独立互不兼容的网络联成一片，极大地发挥了这些网络的潜力；另一方面正是那些网络的存在，才为 TCP/IP 协议体系的发展提供了广阔的空间，因特网才发展到今天的这种全球规模。

最早的承载网络主要是公共交换电话网络(PSTN，Public Swithced Telephone Network)，通过调制解调器将数字信号转换为模拟语音信号通过 PSTN 传输。随着通信技术的发展，网络向高速化发展，承载网络也在发生变化，正向着误码率更低、速度更高、协议更简化发展，其标志就是在局域网和城域网中协议简单的以太网的占有量越来越大，在广域网中大量采用在光纤上使用 PPP 承载 IP，其他的有线网络技术正在逐步消亡。

IP 是通过在子网中建立隧道的方式传输 IP 报文的，这个过程称为 IP 报文的封装(Encapulation)，在不同的网络中 IP 的封装技术基本相同，都是将 IP 报文放在子网的数据净荷中传输，如果子网的 MTU 小于要传输的 IP 报文，IP 报文会分在多个子网报文中传输，分开传输的 IP 报文在目的端会重新组合成原来的 IP 报文。

除 IP 报文的封装外，还需要进行 IP 地址到子网地址的转换，即获得与 IP 地址相对应的子网地址。地址转换的技术与子网的拓扑结构相关。

不管承载网络采用何种技术，其拓扑结构可分成三大类，即点到点网络、广播网络和非广播多路访问网络(NBMA)。

(1) 点到点网络

点到点网络是最简单的网络拓扑,实际上就是由一根通信电缆(准确地说是一个双工或半双工通信信道)连接两台网络设备(主机或路由器)构成的网络。这种网络的通信方式就是"你发我收、我发你收"的方式,不存在寻址的问题,因此,网络设备也不需要地址。直连的电缆、拨通的电话、在固定频率上的一对无线电台等都可以组成点到点网络。另外有时在其他网络中的逻辑通道(不是物理的,而是通过软件等手段构成的,比如帧中继的永久虚电路)也可以构成点到点网络。

在点到点网络上,子网没有地址,不需要地址转换的功能,只需要按照协议的规定将 IP 报文封装到子网的数据净荷中。

(2) 广播网络

广播网络是另一种简单的网络,虽然比点到点网络复杂一点,但也非常简单,其特点就是"我发大家收",即任何一个设备发送报文在网络中的其他设备都能收到,就像无线电广播电台一样,所以这种网络被称为广播网络。以太网就是最常见的广播网络,大部分局域网都是广播网络。广播网络中的报文发送方式有 3 种:广播、单播和多播。广播是网络本身的特点,即一个设备发送报文大家都能收到;单播和多播是靠地址机制和接收设备实现的。首先每个网络设备都必须有一个唯一的身份标示——地址,例如以太网的地址是 48 bit 的二进制数。接收端的网络设备通过报文中的目的地址有选择地接收报文,也就是说,若在收到的报文中目的地址和自己的地址相同就接收,否则就丢弃,这样就实现了单播;若在收到的报文中目的地址是自己希望接收的某个多播地址就接收,否则就丢弃,这样就实现了多播。因此在广播网络中必须给设备分配地址,这样才能实现单播和多播。为了可以同时使用广播、单播和多播的传输方式,在编制地址时把某个特定的地址当作广播地址,所有的网络设备都必须接收目的地址是广播地址的报文,通常把全是 1 的地址当作广播地址使用;把某些特定的地址当做多播地址,如在以太网中,MAC 地址的最高字节的最低位就是 I/G 标志位,当它的值为 0 时,就可以认为这个地址实际上是设备的 MAC 地址,它可以出现在 MAC 报头的源地址部分,当它的值为 1 时,就可以认为这个地址表示以太网中的广播地址或组播地址。网络设备接收目的地址是自己的报文、目的地址是广播地址的报文以及目的地址是自己所在多播组的报文。

广播网络的 IP 封装除将 IP 报文封装到子网的数据净荷中外,还需要解决 IP 地址到子网地址的转换。一般地,在广播网络中采用一种叫做地址解析协议(ARP)的技术来解决 IP 地址到子网地址的转换。ARP 利用了子网的广播特性,关于 ARP 的详细工作原理,可以参考第 4.2 节。

(3) 非广播多路访问网络(NBMA 网络)

非广播多路访问网络简称非广播网络,是一种既不同于广播网络也不同于点到点网络的网络,实际上除广播网络和点到点网络之外的其他网络都可以看成是 NBMA 网络。NBMA 网络是由一些点到点电路连接的网络设备组成的网络,NBMA 网络中两台主机之间可能没有直达电路,需要其他主机(或交换机)进行转接。大多数广域网都是 NBMA 网络。

常用的 NBMA 网络有帧中继、ATM、X.25 网络和电话网等,如图 3-1 所示。通常 NBMA 网络中的设备可以分成主机和转接设备(交换机)两类,交换机负责在各主机间完成转接工作。从结构上就可以看出 NBMA 和广播网络一样,网络中的设备必须是有地址的,否则就无法完成主机的定位。

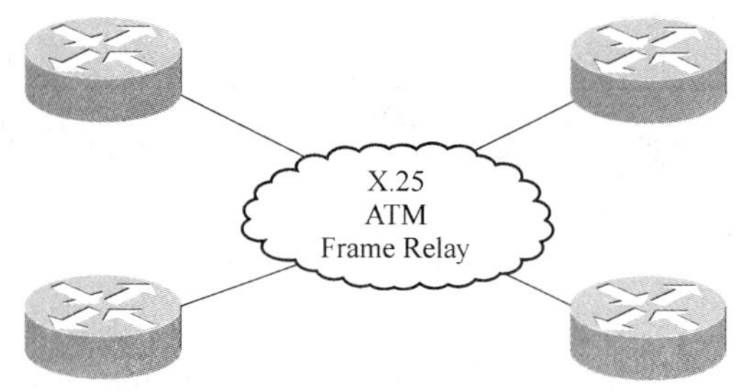

图 3-1　非广播多路访问网络

目前在 NBMA 网络中没有特别完美的地址转换方法，一般采用查表、地址解析服务器等方法。

本章的第 3.2～3.4 节将深入介绍点到点网络目前具有代表性的 CISCO HDLC 和 PPP 协议。在广播类型的承载网络中最有代表性的就是以太网技术，本章第 3.5 节、3.6 节将对以太网及无线局域网(WLAN)进行介绍。至于 NBMA 网络在实际应用中越来越少，即便是通过 NBMA 方式的广域互联各个机构的应用中，通常也是利用网络中的点到点逻辑通道(比如 DDN 网中的 E1 电路、帧中继中的 PVC 或 MSTP 等)进行互联，限于篇幅就不再介绍了。

3.2　CISCO HDLC

ISO 的 HDLC 协议来源于 IBM 的 SDLC 协议集，它是最早出现的同步数据链路协议，在计算机网络的发展史上具有重要的地位。由于网络技术的发展，今天已经很少有地方需要使用完整的 HDLC 协议了，但是 HDLC 所发明的很多技术还在各种网络协议中使用，比如 HDLC 的成帧技术、HDLC 的帧格式等还在大量使用，而且短期内还不会被其他的技术取代。在这里我们不介绍 ISO 的完整的 HDLC 协议，而是介绍目前仍有较多应用的 CISCO HDLC。通过 CISCO HDLC 可以帮助我们了解在点到点的子网上如何封装 IP 报文。

CISCO 的 HDLC 基于 ISO 标准，但 CISCO 作了简化和修改，只使用标准 HDLC 协议的 UI 帧使其成为专有的协议，图 3-2 给出了 ISO HDLC UI 帧和 CISCO HDLC 帧的对比，可以看到它们的主要差别是 CISCO HDLC 有一个专有字段：类型，通过这一字段可以实现在单一链路上承载多个高层协议。也可以说 CISCO HDLC 实际上只是利用修改过的 HDLC UI 帧的帧格式封装 IP 报文，除此以外与 HDLC 没有任何关系。实际上，CISCO 只支持自己的 HDLC 实现，而不是 ISO 实现。这是一种最简单的同步点到点网络(另一种协议 SLIP 是最简单的点到点网络协议，但它是异步的，而且已经被 PPP 取代，很少使用了)。简单地说 CISCO 的 HDLC 就是将 IP 报文封装在 HDLC 的 UI 帧中，其他的 HDLC 帧都不使用。因此，这种协议也称为 CISCO HDLC 封装。

由于没有使用链路状态帧，因此，无法知道链路的通断状态，为了解决这个问题 CISCO 设计了一个协议称为链路管理接口(LMI)，它的工作原理非常简单：定时向对方发送 LMI 报文，报文中含有序号，如果接收方在规定的时间内收到 LMI 报文并且序号是连续增长的，

标志	地址	控制	数据	帧校验	标志

(a) ISO的HDLC UI帧

标志	地址	控制	类型	数据	帧校验	标志

(b) CISCO的HDLC帧

图 3-2 ISO HDLC UI 帧与 CISCO HDLC 帧的比较

就说明链路是好的。图 3-3 是 LMI 的格式,一共有两种,格式 2 中含有时间标志。

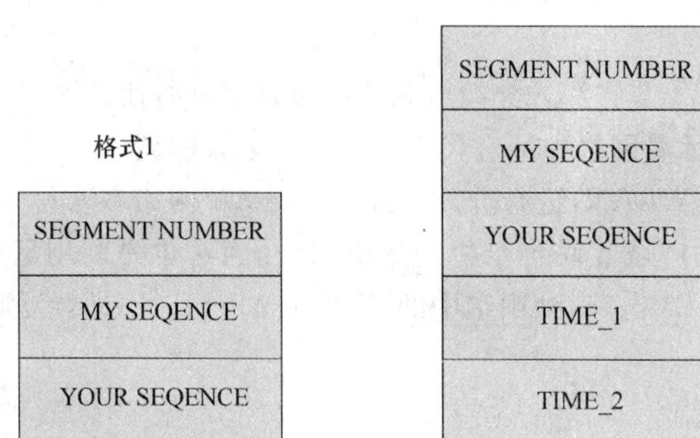

图 3-3 LMI 的帧格式

图 3-4 是一个 CISCO 路由器上 HDLC 链路的配置实例,两台路由器 Router1 和 Router2 通过串口电缆直接连接在一起。

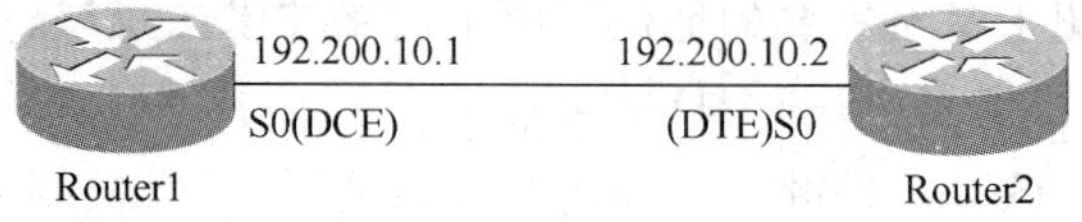

图 3-4 HDLC 链路的配置实例图

两台路由器的设置如下:

```
Router1:
interface Serial0
 ip address 192.200.10.1 255.255.255.0
 clockrate 64000
Router2:
interface Serial0
 ip address 192.200.10.2 255.255.255.0
!
```

这两台路由器是背靠背相连的,中间没有网络和调制解调器,Router1 使用了 CISCO 的交叉电缆仿真网络侧(DCE)(交叉电缆是一种特殊的连接线,一般用在近距离连接设备进行测试时使用),需要设置线路时钟,因此它比 Router2 多一条命令 clockrate 64000。CISCO 路由器默认情况下数据链路层采用 HDLC 封装,所以不需要专门配置 HDLC 协议的封装,只有在将数据链路层协议更改为其他协议后又需重设为 HDLC 时，才需要重新配置。配置如下：

```
Router(onfig)# interface serial [slot_#/] port_#
Router(config-if )# encapsulation hdlc
```

协议配置完成后，链路管理协议（LMI）就会开始工作，LMI 通过交换数据报文确认链路工作正常后，相应的接口（在图 3-4 的网络中是 S0）就会开始工作（interface Up）。CISCO 的 HDLC 虽然是 CISCO 的专有协议，但由于协议简单，实现容易，也为大多数路由器支持。

3.3　PPP

3.3.1　PPP 概述

CISCO HDLC 虽然简单，实现容易，但是功能也非常有限，只能用在同步线路上，承载 IP 协议，实现简单的功能。PPP 协议也是为点对点之间的数据传输提供的封装方法，可以支持 IP、IPX 和 AppleTalk 等多种网络层协议，替代了原来的链路层协议 SLIP。它既支持异步的物理线路传输，也支持同步的 HDLC（面向位的同步数据块的传送）和 SDH 等物理线路传输。PPP 支持链路的配置、链路质量检测、许可认证、分组报头压缩和网络层协议的复用等功能。此外，PPP 协议还支持多种配置参数选项的协商，比如 IP 地址的动态分配和管理等。

为了适应多种物理层和网络层，PPP 划分了链路控制协议（LCP，Link Control Protocol）子层和网络控制协议（NCP，Network Control Protocol）子层来完成不同功能。在通信双方建立起一个物理连接之后，PPP 首先通过发送 LCP 报文来配置和测试链路，建立起 LCP 连接。链路层激活后，可以进行认证，这个过程是可选的。最后要通过发送相应的 NCP 报文建立相应的网络子层连接。比如通过 IPCP 建立支持 IP 协议的连接，通过 IPXCP 建立支持 IPX 协议的连接等。图 3-5 为 PPP 的子层结构图。

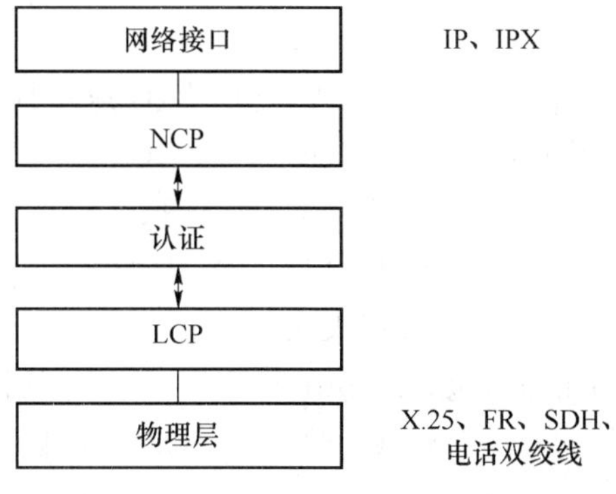

图 3-5　PPP 子层结构图

3.3.2 PPP 的封装帧格式

PPP 协议工作在数据链路层，它的数据封装帧格式不仅提供帧定界和检错功能，还提供了协议标识，使得不同网络层协议可以同时在同一链路上传输。PPP 可以工作在不同的物理层，同步线路、异步线路和以太网等，这样就形成了 PPP 的多种封装帧格式。

1. 同步线路上 PPP 封装

PPP 工作在同步线路时，使用 HDLC 的 UI 帧。图 3-6 是 PPP over HDLC 的封装帧格式，实际上就是在 HDLC 的 UI 帧的 INFO 部分扩展了一个“协议字段”。

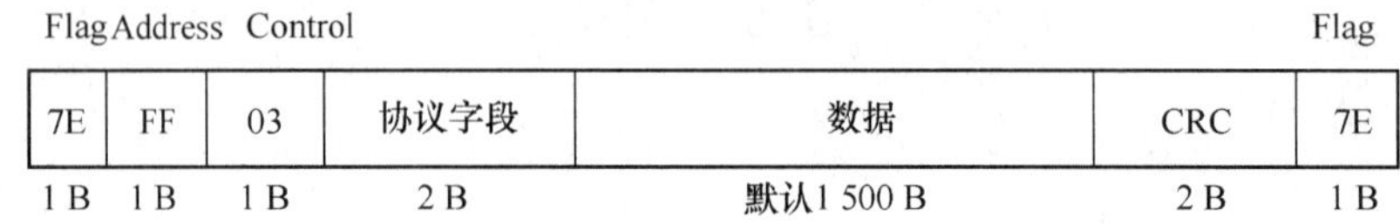

图 3-6 PPPover hdlc 的封装格式图

① Flag：标志字段，表示帧的起始或结束，由二进制序列 01111110 构成，即 0x7E。如果它正好出现在其他字段中，则需要根据 HDLC 协议的规定进行转义。

② Address：地址字段，由二进制序列 11111111 构成，是广播地址。因为点对点链路不像广播或多点访问的网络，通过点对点的链路就可以唯一标识对方，所以使用 PPP 协议互联的通信设备无需知道对方的数据链路层地址，该字节无任何意义，但为了和大量的 HDLC 物理层收发器(Transceiver)兼容，必须保留该字段，按照 PPP 协议的规定该字节填充为全 1 的广播地址。

③ Control：控制字段，由二进制序列 00000011 构成，PPP 使用 UI 无编号帧传输用户数据。如在高噪声的环境下(比如无线网络)，也可以将 LCP 绑定在 LAPB 之上来实现可靠传输，RFC1663 对此作了说明，但在实践中很少采用。由于在默认情况下，地址字段和控制字段所填内容为固定值，所以 PPP 的 LCP 提供了必要的压缩协议，可以节省这两个字节的传输。

④ Protocol：协议字段，用来识别 PPP 帧的 Information 字段所封装的协议。下面列出了协议字段的几种典型取值：

- 0xc021，信息域中承载的是链路控制协议(LCP)的数据报文；
- 0xc023，信息域中承载的是 PAP 协议的认证报文；
- 0xc223，信息域中承载的是 CHAP 协议的认证报文；
- 0x8021，信息域中承载的是网络控制协议(NCP)的数据报文；
- 0x0021，信息域中承载的是 IP 数据报文。

⑤ Information：净载荷字段，包含 Protocol 字段中指定的协议数据报，净载荷是变长的，PPP 两路两端的主机会协商一个允许的最大值。如果在线路建立过程中没有进行 LCP 协商该长度，则使用默认长度 1 500 B。

⑥ FCS(CRC)：帧校验序列(FCS)字段，用于对 PPP 数据帧传输的正确性进行检测。通常该字段为 2 B，但通过协商也可以是 4 B。通过 FCS 字段 PPP 可以发现错误的帧，但不具有自动纠错的能力，需要靠高层协议(通常是 TCP)通过重发 IP 报文来纠错。

因 PPP 协议是面向字符的，所以 UI 帧的长度是整数字节。在同步线路上 PPP 直接使用了 HDLC 的 UI 帧，也使用了 HDLC 的透明传输方式“0 比特插入和删除算法”。

2. 异步线路上的 PPP 封装

PPP 协议在异步线路上传输时使用的帧与同步传输是一样的，差别在于成帧和透明传输使用的方法。

在同步线路上，PPP 使用了 HDLC 的面向比特成帧和透明传输方法。因为起止式异步传输是面向字符的，PPP 协议在异步线路上不能采用 HDLC 所使用面向比特的首位标志成帧算法，即使用 0x7E 作为帧的首位标志，也不能使用“0 比特插入和删除算法”实现透明传输。

异步 PPP 使用的成帧方式是面向字符的首尾标志字符算法，也使用字符 0x7E 作为帧首尾标志字符，注意这里的 0x7E 与 HDLC 的 0x7E 是不一样的，HDLC 中的是一个比特流模式即“01111110”，没有字符边界，只要数据比特流中出现了这个模式就是帧的开始或结束，而在异步线路上就是字符 0x7E。

在异步线路上 PPP 使用字符填充算法来实现透明传输。PPP 对信息字段中的所有 0x7D、0x7E 和所用控制字符进行转义，具体的做法是将信息字段中出现的 0x7E 字节转换成 0x7D 和 0x5E 两个字节，0x7D 转换成 0x7D 和 0x5D。若信息字段中出现 ASCII 码的控制字符（小于 0x20 的字符），则在该字符前面要加入一个 0x7D 字节，并且这个字符加上 0x20。这样做的目的是防止线路上的设备（比如调制解调器）将这些表面上的 ASCII 码控制字符被错误地解释为控制字符。实际上，ASCII 码的控制字符的转义是可以协商的，LCP 在开始建立链路时会协商需要转义的字符，通常为了保险会将所有的控制字符都进行转义。图 3-7 是异步 PPP 传输帧的示意图。

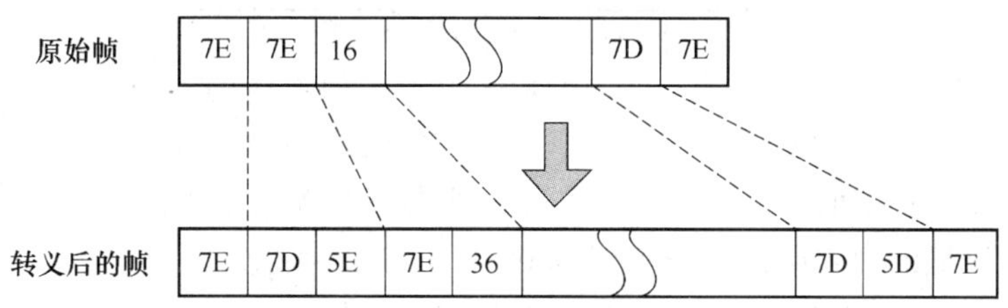

图 3-7　异步 PPP 的帧传输

3. 以太网上的 PPP 封装

随着 xDSL 技术、宽带接入技术的广泛应用，PPP 协议已被广泛用于以太网上，这就是 PPPoE。PPP 在以太网上被用来提供点到点的连接。出现这种情况的原因是由于 xDSL 通常提供一个以太网的接口用来实现用户接入，但是对于运营商来说，广播网络无法实现接入控制和 QoS 等功能，在这种情况下通过在以太网之上使用 PPP 协议可以实现这些机制。

图 3-8 给出了 PPPoE 的帧格式，左侧是以太网的帧，在其净荷部分封装着 PPPoE 的数据。

由于以太网是广播网络，在建立起点到点的连接以前，PPPoE 要有一个找到对端的过程，这时客户端会通过广播来搜索接入服务器，找到服务器后会和服务器建立点到点的连接。PPPoE 在这两个阶段，以太网帧的类型域的值是不同的，在发现阶段时，以太网的类型域填充为 0x8863，在会话阶段时，以太网的类型域填充为 0x8864。

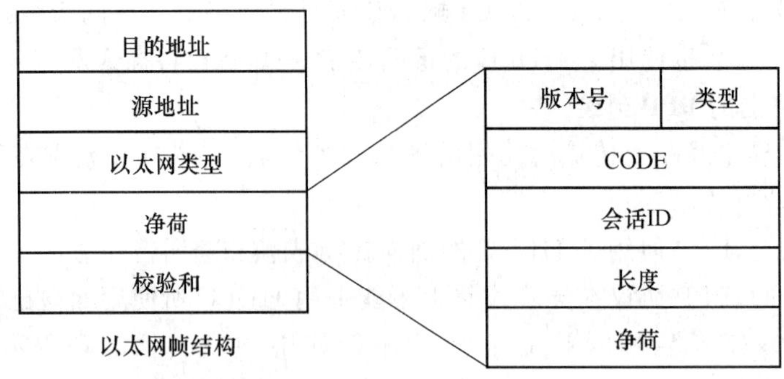

图 3-8　PPPoE 封装格式

PPPoE 数据报文最开始的 4 位为版本域，RFC2516 协议中规定这个域的内容填充为 0x01。紧接在版本域后的 4 位是类型域，RFC2516 协议中规定这个域的内容填充为 0x01。代码域占用 1 个字节，对于 PPPoE 的不同阶段这个域的内容也是不一样的，见表 3-1。

表 3-1　PPPoE 代码域设置

类型	代码域的值
PADI	0x09
PADO	0x07
PADR	0x19
PADS	0x65
PADT	0xa7
PPP Session Stage	0x00

会话 ID 占用 2 个字节，这个字段是用来区分不同的连接的。PPP 是单链路的，不提供复用线路的功能。但是，在以太网上接入服务器需要和多个 PC 建立 PPP 连接，该字段是用来在以太网上实现复用的。字段值是宽带接入服务器分配给 PC 的，当 PC 还未获得分配的会话 ID 时，则该域的内容必须填充为 0x0000，一旦 PC 主机分配到会话 ID 后，后续的所有 PPPoE 数据报文中该域必须填充那个唯一的会话 ID 值。

长度域为 2 B，是用来指示 PPPoE 数据报文中净荷的长度。

PPPoE 净荷域，在不同阶段该域的数据内容会有很大的不同。在 PPPoE 的发现阶段，该域会填充一些 Tag(标记)，而在 PPPoE 的会话阶段，该域则携带的是 PPP 的报文，如 LCP、NCP、IP 等。

3.3.3　PPP 的 LCP 子层

1. LCP 报文

链路控制协议(LCP，Link Control Protocol)位于物理层之上，负责设备之间链路的创建、维护和终止。LCP 数据报文被封装在 PPP 信息字段中，该 PPP 协议字段表示类型为十六进制 0xC021(链路控制协议)。表 3-2 为 LCP 的协议结构。

表 3-2　LCP 协议结构

8 bit	16 bit	32 bit	变长
Code	Identifier	Length	Data

① Code 域表示 LCP 数据报文类型，类型及含义说明如下：

- 1 — Configure-Request，列出建议的选项和值；
- 2 — Configure-Ack，所有的选项均接受；
- 3 — Configure-Nak，有些选项没有被接受；
- 4 — Configure-Reject，有些选项是不可协商的；
- 5 — Terminate-Request，请求关闭线路；
- 6 — Terminate-Ack，线路关闭；
- 7 — Code-Reject，接收到了未知的请求；
- 8 — Protocol-Reject，被请求了未知的协议；
- 9 — Echo-Request，请送回该帧；
- 10 — Echo-Reply，这是送回的帧；
- 11 — Discard-Request，只需丢弃该帧（用于测试）。

② Identifier 是一个向上增长的数，每个发出的 Request 报文都有一个不同的 Identifier，和它对应的 Ack 报文应该有相同的 Identifier，Identifier 不同步的 Ack 报文应该丢弃。

③ Length 是 LCP 数据报文长度，包括 Code、Identifier、Length 和 Data 字段。

④ Data 是可变长字段，可能包括一个或多个配置参数选项。

按照 LCP 各报文的的功能又可将其具体细化为以下三类。

(1) 链路配置报文

链路配置报文用于建立和配置链路（Configure-Request、Configure-Ack、Configure-Nak 和 Configure-Reject）。

链路配置报文是用来协商链路的配置参数选项的，这种报文的数据域要携带许多配置参数选项。通常需要建立链路时，双方都需要发送 Configure-Request 报文并携带希望协商的配置参数选项，这些内容包含在 LCP 配置请求报文 Configure-Request 中，这些参数包括：

- Maximum-Receive-Unit（最大-接收-单元）；
- Authentication-Protocol（鉴权-协议）；
- Quality-Protocol（质量-协议）；
- Magic-Number（魔数）；
- Protocol-Field-Compression（协议-域-压缩）；
- Address-and-Control-Field-Compression（地址-和-控制域-压缩）等。

下面将对部分重要的配置参数进行介绍。当接收方收到 Configure-Request 报文时，会进行协商处理，在 Configure-Ack、Configure-Nak 和 Configure-Reject 这 3 种类型的报文中选择一种来响应对方的请求报文。如果接收到的 Configure-Request 报文中所有配置参数都能识别，并且认可所有配置参数值时，接收方生成一个 Configure-Ack 报文，并将 Configure-Request 请求报文中的配置参数放置在 Configure-Ack 报文的数据域内，把 Configure-Ack 发送给对方。如果 Configure-Request 报文中所有配置参数都能识别，但是对部分配置参数值不认可的话，接收方生成一个 Configure-Nak 报文，并将自己希望的配置参数值放置在 Configure-Nak 中，把 Configure-Nak 发送给对方。收到 Configure-Nak 的一方，如果能够接受新的配置参数值，则再次发送带有新配置参数值的 Configure-Request 报文。如果 Configure-Request 报文中有部分配置参数不能识别，接收方生成一个 Configure-Reject 报文，将不能识别的配置参数放置其中，发送给对方，收到 Configure-Reject 报文后，应去掉不能识别的配置参数，重新发送 Configure-Request 报文继续协商。

(2) 链路中止报文

链路中止报文用于断开链路(Terminate-Request 和 Terminate-Ack)。

通信双方如果想关闭一个点对点的连接，可以通过发送 Terminate-Request 报文给对方，接收方收到 Terminate-Request 报文后，应回送 Terminate-Ack 报文。发送方收到 Terminate-Ack，就拆除连接，断开链路。

(3) 链路维护报文

链路维护报文用于管理和测试链路(Code-Reject、Protocol-Reject、Echo-Request、Echo-Reply、Discard-Request)。维护报文各自有不同的功能。当通信一方收到不能识别的报文类型时，应回送 Code-Reject 给对方。如果收到的 PPP 报文中协议字段不能识别，应回送 Protocol-Reject 给对方。Echo-Request、Echo-Reply 报文主要用来检测双向链路上是否存在自环。Discard-Request 报文主要调试、执行测试，远端设备收到该消息后丢弃即可。

2. LCP 配置选项

如前文所述 LCP 协议在对链路配置过程中需要进行一些可选配置参数选项的协商，本部分将对其中较为重要的几个参数做相应的说明。关于一些更具体的细节和未涉及的配置参数选项，请参考 PPP 的 RFC 文档(RFC1661)。

(1) Maximum-Receive-Unit(最大接收单元)

这个配置参数选项主要是 Config-Request 报文的发送端告诉接收端，本端接收到的 PPP 数据帧的数据域的最大值。通常情况下这个参数选项使用默认值(1 500 B)，因此在 Config-Request 报文中双方都不会携带这个配置参数选项。当在某些特殊应用中，可能会使用到小于 1 500 B 或大于 1 500 B 的情况，这时在 Config-Request 报文中就会携带要协商的 MRU 配置参数选项值。

(2) Magic-Number(魔数)

魔数是在 LCP 的 Config-Request 报文中被协商的，且可被一些其他类型的 LCP 数据报文所使用，如前面已经说过的 Echo-Request、Echo-Reply 和 Quality-Protocol 报文等。对于 PPP 协议本身它是不要求协商魔数的，若双方未协商魔数而某些 LCP 的数据报文需要使用魔数时，那么只能是将魔数的内容填充为全 0，但魔数在目前所有的设备当中都是需要进行协商的，它被放在 Config-Request 的配置选项参数中进行发送，而且需要由自身的通信设备独立产生，协议为了避免双方可能产生同样的魔数，从而导致通信出现不必要的麻烦，因此要求由设备采用一些随机方法产生一个独一无二的魔数。一般来说魔数的选择会采用设备的系列号、网络硬件地址或时钟。双方产生相同魔数的可能性不能说是没有，但应尽量避免，通常这种情况是发生在相同厂商的设备进行互联时，因为一个厂商所生产的设备产生魔数的方法是一样的。

魔数的作用是用来帮助检测链路是否存在环路，采用电话拨号方式连接的线路经常会发生由于 Modem 操作的问题导致的环路。因此 PPP 协议设置了环路检测功能。环路检测是这样工作的，当接收端收到一个 Config-Request 报文时，会将此报文与上一次所发送的 Config-Request 进行比较，如果两个报文中所含的魔数不一致的话，表明链路不存在环路。但如果一致的话，接收端认为链路可能存在环路，需要进一步确认，此时会发送一个 Config-Nak 报文，并在该报文中携带一个重新产生的魔数，而且在未接收到任何新的 Config-Request 或 Config-Nak 报文之前，不再发送任何新的 Config-Request 报文。这时我们假设可能会有以下两种情况发生。

➢ 链路不存在环路，只是由于对方在产生的魔数与本端的偶然一致。当 Config-Nak 被对端接收到后，对端应该发送一个 Config-Request 报文（此报文中的魔数为 Config-Nak 报文中的），当本端接收到新的 Config-Request 报文后，与本端发送的魔数比较，由于本端已经在发送的 Config-Nak 报文中产生了一个不同的魔数，此时接收到的 Config-Request 报文中的魔数与上次本端发出的 Config-Request 报文中的魔数不一样，所以本端可断定链路不存在环路。
➢ 链路存在环路，此时 Config-Nak 报文会返回到发送该报文的一端。这时比较这个 Config-Nak 报文与上一次发出去的 Config-Nak 报文的魔数，会发现两个报文的魔数是一样的，因此链路存在环路的可能性又增大了。同时收到一个 Config-Nak 报文时，又会发送一个 Config-Request 报文（该报文中的魔数与 Config-Nak 中的一致），这样在这条链路上就会不断地出现 Config-Request、Config-Nak 报文，因此这样周而复始下去，接收端就会认为 PPP 链路存在环路的可能性在不断增加，当达到一定数量级时，就可认为此链路存在环路。

(3) Authentication-Protocol（鉴权-协议）

PPP 协议也提供了可选的认证配置参数选项，默认情况下点对点通信的两端是不进行认证的。PPP 支持两种认证协议：PAP（Password Authentication Protocol）和 CHAP（Challenge Hand Authentication Protocol），在本章的后面部分将会对认证协议进行专门说明。

在 LCP 的 Config-Request 报文中不可一次携带多种认证配置选项，必须二者择其一（PAP/CHAP），选择最希望的那一种，一般是在 PPP 设备互联的设备上进行配置的，但一般设备会默认支持一个默认的认证方式（PAP 是大部分设备所默认的认证方式）。当对端收到该配置请求报文后，如果支持配置参数选项中的认证方式，则回应一个 Config-Ack 报文；否则回应一个 Config-Nak 报文，并附带上自己希望双方采用的认证方式。当对方接收到 Config-Ack 报文后就可以开始进行认证了，而如果收到的是 Config-Nak 报文，则根据自身是否支持 Config-Nak 报文中的认证方式来回应对方，如果支持则回应一个新的 Config-Request（并携带上 Config-Nak 报文中所希望使用的认证协议），否则将回应一个 Config-Reject 报文，那么双方就无法通过认证，从而不可能建立起 PPP 链路。

3.3.4 PPP 的 NCP 子层

网络控制协议（NCP，Network Control Protocol）主要完成点对点通信设备之间网络子层所需参数的配置，主要功能是网络层地址协商。PPP 的网络控制协议可以支持多种网络层控制协议，对不同的网络层协议 PPP 都有相应的网络控制子层相对应。常用的有支持 TCP/IP 网络使用的网络控制协议(IPCP)、支持 SPX/IPX 网络使用的 IPXCP 网络控制协议等，最为常用的是 IPCP 协议。

IPCP 采用与链路控制协议(LCP)相同的数据报文格式。用 Code 域来标识 Configure-Request、Configure-Ack、Configure-Nak、Configure-Reject、Terminate-Request、Terminate-Ack 和 Code-Reject 一共 7 种报文类型。通过报文的交换来完成网络层协议参数的协商。协商地址时，无论是静态分配还是动态分配，通常只用到 Configure-Request、Configure-Ack、Configure-Nak 和 Configure-Reject 这 4 个报文。下面简单介绍一下静态分配和动态分配。

静态分配，即点对点通信的两端设备是事先配置好 IP 地址的，两端分别通过 Configure-Request 报文将自己的 IP 地址告知对方，接收方则通过 Configure-Ack 进行回应。图 3-9 为静态协商分配的过程，可以看出，静态分配地址的过程比较简单，只需要 Configure-Request、Configure-Ack 进行交互即可，每次连接建立后 IP 地址都保持不变。

动态分配，即一端要向另一端动态申请地址，每次获得的地址都是新分配的。申请地址的一端首先发送 Configure-Request 报文，但报文中的 IP 地址值为全 0，当具有地址分配权的接收方收到 Configure-Request 后，发现地址值为全 0，则用 Configure-Nak 报文进行回应，同时在该报文中填写上新分配的 IP 地址值；发送方收到 Configure-Nak 后，取出新的 IP 地址值，将地址值填写到 Configure-Request 报文中，发送给接收方，等待接收方的 Configure-Ack 报文，完成本端的分配过程。随后具有地址分配权的一端通过 Configure-Request 报文将自己的地址告诉给对方。图 3-10 表示了动态分配地址的过程。

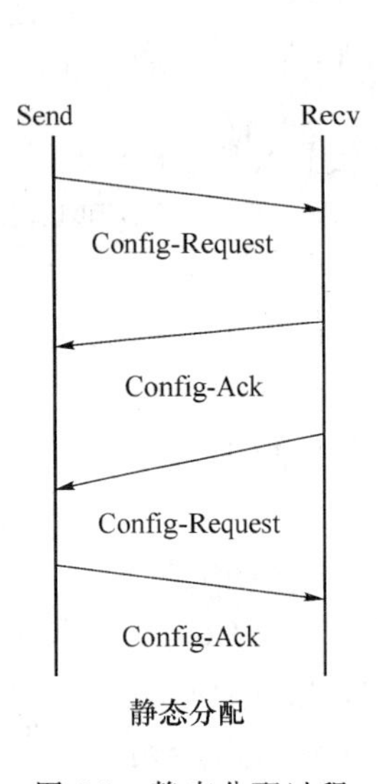

图 3-9　静态分配过程

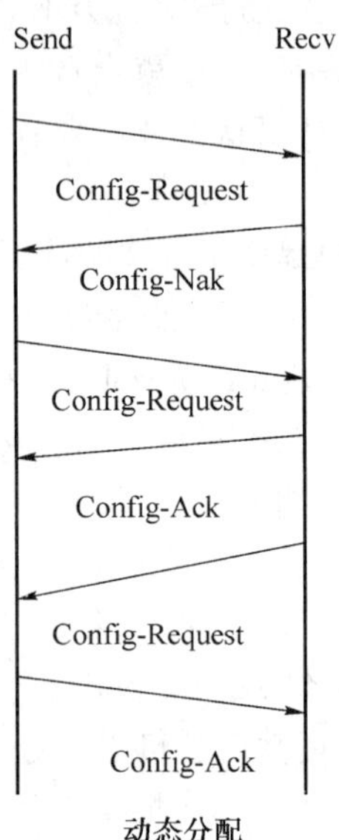

图 3-10　动态分配过程

3.3.5 认证协议

1. PAP 认证

口令认证协议(PAP，Password Authentication Protocol)是一种两次握手的认证协议，

它采用明文方式在网络上传输用户名和口令。在链路建立阶段,依据设备上的配置情况,如果是使用 PAP 认证,则验证请求方在发送 Config-Request 报文时会携带认证配置参数选项,而对于被请求验证方则不需要,它只需要在收到配置请求报文后根据自身的情况给对端返回相应的报文。PAP 认证的过程如图 3-11 所示。

当通信设备的两端在收到对方返回的 Config-Ack 报文时,就从各自的链路建立阶段进入到认证阶段,那么作为被验证方此时需要向验证方发送 PAP 认证的请求报文,该请求报文携带了用户名和密码,当验证方收到该认证请求报文后,则会根据报文中的实际内容查找本地的数据库,如果该数据库中有与用户名和密码一致的选项时,则向对方返回一个认证请求响应,告诉对方认证已通过,反之,如果用户名与密码不符,则向对方返回验证不通过的响应报文。如果双方都配置为验证方,则需要双方的两个单向验证过程都完成后方可进入到网络层协议阶段,否则在一定次数的认证失败后,则会从当前状态返回链路不可用状态。

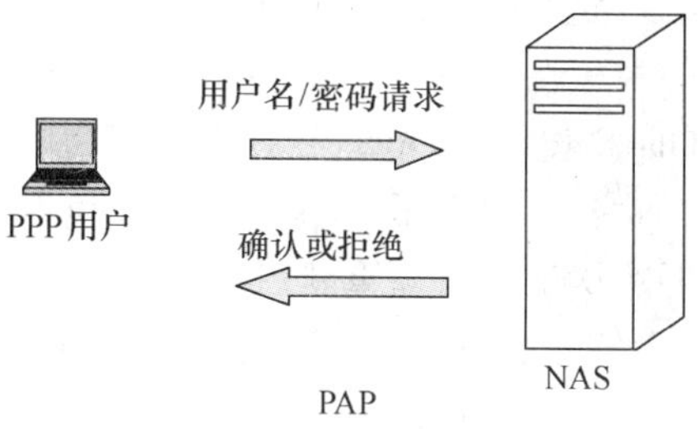

图 3-11　PAP 认证过程

PAP 认证采用的是明码方式,可能在线路上被截获用户名和口令,安全性较差,对于安全没有保证可能被监听的线路或安全要求高的应用,应采用 CHAP 认证。

2. CHAP 认证

挑战握手认证协议(CHAP,Challenge Handshake Authentication Protocol)是一种三次握手认证协议,它在网络上传输用户名,但不传输口令。CHAP 认证的过程如图 3-12 所示。

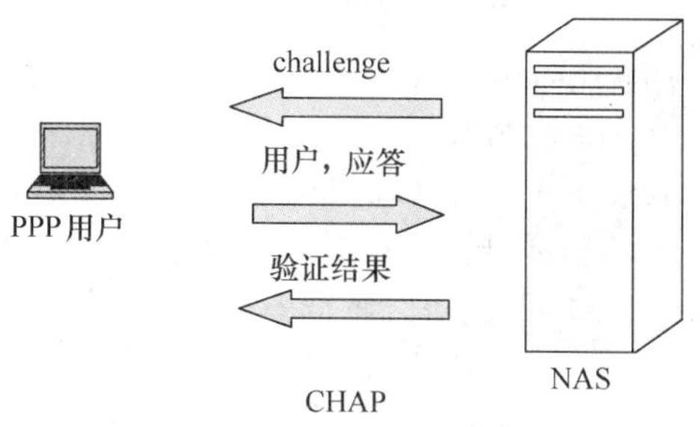

图 3-12　CHAP 认证过程

LCP 连接建立成功后,由接入服务器发起认证过程。认证服务器先向接入方发送一个 challenge 报文,报文中包括接入服务器的标识和一个随机数。认证方收到 challenge 报文后,根据 challenge 报文中的服务器标识找到自己在这个服务器上的用户名和对应的密码。然后根据 challenge 报文中的随机数和自己在这个服务器上的密码用 MD5 算法生成一个应答,并将应答和自己的用户名送回接入服务器。接入服务器收到此应答后,根据收到的用户名查出用户口令，然后用 challenge 报文中的随机数和该用户口令计算 MD5 的结果，与收到的的应答比较，如果两者相同，则返回 Ack 表示认证通过，否则返回 Reject 响应，表示认证不通过。

CHAP 通过使用递增的标识符和可变的 challenge 报文提供了防止回送攻击的保护。同时还可使用重复验证缩短对于任一个独立攻击的暴露时间。认证服务器可以控制认证的频率和时间。这种验证方法依靠只有认证服务器和用户知道的口令，而这个口令无需在链路上传播。在链路两端均可预知一个相同的口令的场景中最适合使用 CHAP 算法。

CHAP 算法要求口令的长度必须至少为一个字节，最好是选择哈希算法的哈希值长度(对于 MD5 是 16 B)。这样保证了足够大的范围使得口令提供了防止穷尽搜索攻击的保护措施。challenge 值应该符合两个标准：唯一性和不可预测性。即每一个 challenge 值应该是唯一的，因为使用与相同口令联系的 challenge 值的副本可以让攻击者利用以前一个截获的响应包响应新的这个 challenge。由于希望可以使用相同的口令在不同区域中验证服务器，challenge 应该具有全局和暂时的唯一性。每一个 challenge 值也应该是不可预测的，否则攻击者欺骗对端响应一个可预测的未来 challenge，然后用这个响应伪装成对端欺骗验证者。

PAP 采用明文的方式在网络上传输用户名、口令，容易泄露信息，并且只能在 PPP 链路建立后认证一次，如果要再次认证则必须重新启动 LCP 的链路建立过程。CHAP 采用随机数和 MD5 的方式进行认证，安全性更强，认证过程由接入服务器发起，并且可以在连接期间进行多次认证，进一步提高了可靠性。

3.3.6 PPP 数据压缩

为了进一步提高传输效率，PPP 还提供了数据压缩的可选项，虽然在链路的同一个方向上只能使用一种压缩算法，但考虑到速度、消耗、存储容量和其他的一些原因，链路的每个方向可能采用不同的压缩算法，或者只在一个方向上进行数据压缩。压缩控制协议(CCP，Compression Control Protocol)负责在 PPP 链路上的两端配置并协商采用哪种压缩算法，并且用可靠的方式来检测压缩和解压缩机制是否工作正常。

每个 CCP 报文被封装在 PPP 的信息域里，此时 PPP 协议域的内容为 00FD(表明是 CCP)，当单个链路的数据压缩算法用在到达同一个目的地的多重链路上时，PPP 协议域的内容为 80FB(表明是单链路压缩控制协议)。

代码域除包括 Configure-Request、Configure-Ack、Configure-Nak、Configure-Reject、Terminate-Request、Terminate-Ack 和 Code-Reject 之外，CCP 还定义了 Reset-Request 和 Reset-Ack，当压缩和解压缩机制不正常时，通过发送 Reset-Request 和 Reset-Ack 报文重置为初始状态。

CCP 的配置选项允许协商压缩算法和参数，在 CCP 中配置选项指定的算法是发送端能支持的，希望接收端能够提供一些可接受的算法，然后协商出一种大家都接受的压缩算法。但也有可能没有协商出任何压缩算法，如果这样将不采用任何压缩，链路在没有压缩的情况下继续运行。在任何压缩过的数据包被传送之前，PPP 必须处在网络层协议阶段，且 CCP 必须处在开始状态。一个或多个被压缩的数据包被封装在 PPP 的信息域里，此时 PPP 协议域的内容为 00FD(压缩的数据包)。

表 3-3 是已定义的一些压缩算法及其对应的 CCP 类型域编码，其中未利用的值 4～15

准备分配给不需要版权费用可免费得到的压缩算法。常用的 CISCO 路由器支持的压缩方法有以下几种。

表 3-3　CCP 压缩算法及对应类型域编码

CCP Option	压缩算法类型
0	OUI
1	Predictor type 1
2	Predictor type 2
3	Puddle Jumper
4～15	unassigned
16	Hewlett-Packard PPC
17	Stac Electronics LZS
18	Microsoft PPC
19	Gandalf FZA
20	V.42 bis compression
21	BSD LZW Compress
255	Reserved

① 预测压缩(Predictor):使用无损预测算法,可以复制原始数据位流,从而没有数据的衰减或丢失,Predictor 属于内存密集型算法,占用较多内存但不会占用过多 CPU 资源。

② 栈式存储算法(Stacker):一种基于 Lempel-Ziv(LZ)的压缩算法,需要先建立一个压缩字典的索引,然后通过该索引来预测数据流中出现的下一个字符。占用较多的 CPU 和较少的内存。

③ Microsoft 的点对点压缩(MPPC):让 CISCO 路由器能够与 Microsoft 客户端交换压缩后的数据。RFC2118 阐述了这一压缩方式,它使用一种基于 LZ 的压缩算法和 stacker 一样占用较多 CPU 和较少内存。

④ TCP 报头压缩:也叫 Van Jacobson 压缩,只用于压缩 TCP 报头。

3.3.7　PPP 链路的建立

为了在线路上传送 PPP 数据报文,首先需要建立 PPP 的点到点链路。以窄带 PSTN 网络拨号接入为例,图 3-13 表示了其网络结构示意图,用户侧的 Modem 需要通过 PSTN 拨通接入号码,建立起一条电路交换的 56 kbit/s 物理通路,然后启动 PPP 链路的建立。

为了建立点对点 PPP 链路,PPP 链路的每一端必须首先发送 LCP 包以便设定和测试数据链路。在链路建立过程中,LCP 所需的可选功能被选定之后,PPP 发送 NCP 包以便选择和设定一个或多个的网络层协议。一旦每个被选择的网络层协议都被设定好后,来自每个网络层协议的数据报就能在链路上发送了。链路将保持通信设定不变,直到有 LCP 和 NCP 数据包关闭链路或物理线路发生中断。

典型的 PPP 链路建立过程,可以分为 3 个阶段:链路建立阶段、认证阶段和网络层协商阶段。

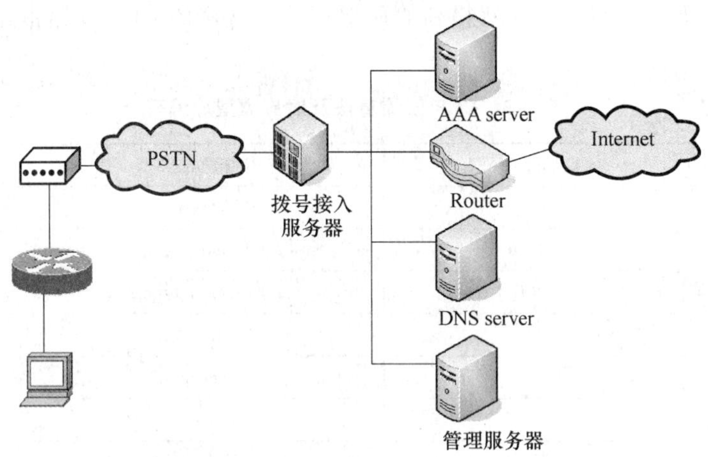

图 3-13　窄带 PSTN 拨号接入示意图

(1) 链路建立阶段

在这个阶段，当物理层检测到线路可用时，向链路层发送一个线路激活信号，PPP 两端的设备就开始发送 LCP Configure-Request 报文，并等待响应的 LCP Configure-Ack 报文，当链路层参数协商完毕后就进入了 LCP 开启状态。

在链路建立过程中可以使用认证，也可以不使用。当 LCP 报文中协商了要使用相关协议(PAP、CHAP)进行认证时，则进入认证阶段，否则直接进入网络层协商阶段。

(2) 认证阶段

本阶段进行口令验证协议(PAP)或挑战握手验证协议(CHAP)认证，在这个阶段，客户端将自己的身份发送给远端的接入认证服务器。通过安全验证可以避免第三方窃取数据或冒充远程客户的连接。

只有完成了认证，才能进入到网络层协议阶段。如果认证失败，则转到链路终止阶段。在本阶段，只有链路控制协议、认证协议和链路质量监视协议的报文是允许的，接收到的其他报文会被丢弃。

(3) 网络层协商阶段

PPP 调用在链路建立阶段所选定的各种网络控制协议(NCP)。通过 NCP 来协商 PPP 链路之上的网络层协议需要的参数，例如，在该阶段 IP 控制协议(IPCP)可以向拨入用户分配动态地址。

每种网络层协议(IP、IPX)都会通过各自相应的网络控制协议进行配置，每个 NCP 协议可在任何时间打开和关闭。当一个 NCP 的状态机变成 Opened 状态时，PPP 就可以开始在链路上承载网络层的数据报文了。

这样，经过 3 个阶段一条完整的 PPP 链路就建立起来了。

在 CDMA 的 PPP 拨号上网的环境中，路由器的配置如下：

```
chat-script cdma "" at ok atd\t timeout 10 connect \c      拨号脚本
interface fastethernet 0/0
  ip address 13.1.20.1 255.0.0.0                           以太网的 IP 地址
  ip nat inside
```

```
!
interface serial 1/0                                    串口
  physical-layer async
  encapsulation ppp
  ip address negotiated                                 需要协商 IP 地址
  ip mtu 1425
  ip nat outside
  dialer in-band
  dialer string #777                                    CDMA 上网号码#777
  dialer-group 1
  ppp chap hostname card                                CHAP 认证主机名 card
  ppp chap password 7 PZERw9mLCGDf                      CHAP 密码
  line inact-timer 0
  line flowcontrol NONE
  line speed 230400
  line script dialer cdma                               使用拨号脚本 cdma
  line auto-dial
  async mode dedicated
!
ip route 0.0.0.0 0.0.0.0 serial 1/0
ip nat pool p1 0.0.0.0 0.0.0.0 prefix-length 32
ip nat inside source list 1 pool p1 overload
!
access-list 1 permit any
dialer-list 1 protocol ip permit
!
```

PPP 的工作过程如下：

```
    #Line serial1/0 Dial(#777)              拨号#777,CDMA 上网号码
    PPP serial1/0: Line_deact_ind
    % serial1/0 Dial success                拨号成功
    PPP serial1/0: Line_act_ind
                                                 发送 LCP Config REQ
    PPP serial1/0: O LCP CONFREQ(1) id 0 MAX_RECEIVE_UNIT (4) 0x05 0x91
    PPP serial1/0: sending CONFREQ,type = 1 (CI_MRU),value = 0x05 0x91
        MAGICNUMBER (6) 0x3F 0x7A 0xEB 0xA3
    PPP serial1/0: sending CONFREQ,type = 5 (CI_MAGICNUMBER),value = 0x3F
    0x7A 0xEB 0xA3
        ACCM (6) 0x00 0x0A 0x00 0x00
    PPP serial1/0: sending CONFREQ,type = 2 (CI_ACCM),value = 0x00
```

```
0x0A 0x00 0x00
    PPP serial1/0: config ACK received state = 6   收到 Config ACK
    PPP serial1/0: I LCP CONACK(2) id 0
    PPP serial1/0: I LCP CONFREQ(1) id 2           收到对方的 Config REQ
    PPP serial1/0: config received REQ state = 7
        MAX_RECEIVE_UNIT (6) 0x05 0xA8
        ACCM (6) 0x00 0x00 0x00 0x00
        AUTHTYPE (5) 0xC2 0x23                     要求 CHAP 认证
        algrithm 0x05                              CHAP 认证算法是 MD5
        MAGICNUMBER (6) 0x6A 0xF4 0x2F 0xC4
        PFC (2)
        ACFC (2)
    PPP serial1/0: O LCP CONFACK(2) id 2           应答 LCP Config REQ
    PPP serial1/0: O linkup                        LCP OK
    PPP serial1/0: I CHAP CHALLENGE(1) id 3        收到 CHAP 的 Challenge
    PPP: CHAP name = 63 61 72 64,pass = 63 61 72 64, 用户名 card,口令 card
        challenge = 1d 1e 47 03 7d 99 59 75 25 cb 53 b1 0c 50 72 42
    PPP serial1/0: O CHAP RESPONSE(2) id 3         发送响应
    PPP serial1/0: I CHAP SUCCESS(3) id 3          认证成功
    PPP serial1/0: O IPCP CONFREQ(1) id 1          发送 IPCP Config REQ
        Address (6) 0x00 0x00 0x00 0x00            没有地址
    PPP serial1/0: sending CONFREQ,type = 3 (IP_ADDRESS),Address = 0.0.0.0
    PPP serial1/0: I IPCP CONFREQ(1) id 4
    PPP serial1/0: config received REQ state = 6   收到 IPCP Config REQ
        Address (6) 0x73 0xA8 0x40 0x4E            地址 115.168.64.78
    PPP serial1/0: Negotiate IP Address: her address 115.168.64.78
    PPP serial1/0: O IPCP CONFREJ(4) id 4          拒绝了网络端的某些选项
    PPP serial1/0: I CCP CONFREQ(14) id 5          网络端协商链路层压缩算法
    PPP serial1/0: O LCP PROTOCOLREJ(8) id 3       拒绝使用压缩
    PPP serial1/0: I IPCP CONFNAK(3) id 1          收到 IPCP Config NAK,分配地址
    PPP serial1/0: config received NAK state = 6
        Address (6) 0x73 0xAA 0xED 0x99
    PPP serial1/0: O IPCP CONFREQ(1) id 4          重新发送 IPCP Config REQ
        Address (6) 0x73 0xAA 0xED 0x99            用新得到地址 115.170.237.152
    PPP serial1/0: sending CONFREQ,type = 3 (IP_ADDRESS),Address =
                                                       115.170.237.153
    PPP serial1/0: I IPCP CONFREQ(1) id 6          收到对方的新的 IPCP Config REQ
    PPP serial1/0: config received REQ state = 6   地址 115.168.64.78
        Address (6) 0x73 0xA8 0x40 0x4E
```

```
PPP serial1/0: Negotiate IP Address: her address 115.168.64.78
    PPP serial1/0: O IPCP CONFACK(2) id 6      协商成功，发送 IPCP Config ACK
    PPP serial1/0: config send ACK state = 6
    PPP serial1/0: I IPCP CONFACK(2) id 4
    PPP serial1/0: config received ACK state = 8
    #Line serial1/0 Protocol Up                 IP 协议启动
    PPP serial1/0: RT Install host route 115.168.64.78     增加一条主机路由
```

拨号成功后路由器上的路由表如下：

```
Codes: A--all O--ospf S--static R--rip C--connected E--egp T--tunnel
       o--cdp D--EIGRP, EX--EIGRP external, O--OSPF, IA--OSPF inter area
       N1--OSPF NSSA external type 1, N2--OSPF NSSA external type 2
       E1--OSPF external type 1, E2--OSPF external type 2
       [Distance/Metric] g<Group#>

S     0.0.0.0/0 [2/0] via(0) 0.0.0.0 serial1/0* act
C     115.168.64.78/32 [1/0] via(0) 115.170.237.153 serial1/0* act
```

图 3-14 是一个 PPP 建立连接的实例。

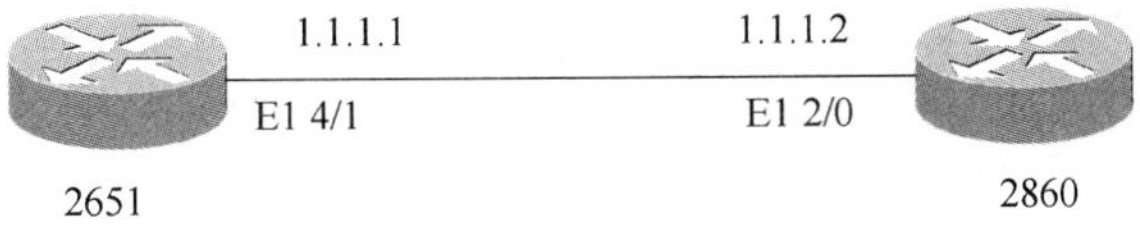

图 3-14　PPP 建立连接实例

路由器 2651 的配置如下：

```
    controller E1 4/1
      e1 0   unframed
    !
    interface Serial4/1:0
      ip address 1.1.1.1 255.0.0.0
      encapsulation ppp
    !
    ip route 0.0.0.0 0.0.0.0 Serial4/1:0
```

路由器 2860 的配置如下：

```
    controller E1 2/0
      e1 0   unframed
    !
    interface Serial2/0:0
      ip address 1.1.1.2 255.0.0.0
      encapsulation ppp
    !
```

```
ip route 0.0.0.0 0.0.0.0 Serial2/0:0
```

两台路由器通过 E1 线路连接，下面是路由器 2860 的连接过程：

```
PPP: lcp_open                    LCP 开启
PPP Serial2/0:0: O LCP CONFREQ(1) id 8 MAGICNUMBER (6) 0x04 0x5C 0x5B 0x4D
                                        发送 LCP Config REQ
PPP Serial2/0:0: I LCP CONFREQ(1) id 9    收到 LCP Config REQ
PPP Serial2/0:0: O LCP CONFACK(2) id 9    发送 LCP Config ACK
PPP Serial2/0:0: I LCP CONACK(2) id 8     收到 LCP Config ACK
                                        LCP 连接建立
PPP Serial2/0:0: O IPCP CONFREQ(1) id 9   发送 IPCP Config REQ,地址 1.1.1.2
  Address (6) 0x01 0x01 0x01 0x02
PPP Serial2/0:0: I IPCP CONFREQ(1) id 10  收到 IPCP Config REQ,地址 1.1.1.1
  Address (6) 0x01 0x01 0x01 0x01
PPP Serial2/0:0: O IPCP CONFACK(2) id 10  发送 IPCP Config ACK
PPP Serial2/0:0: I IPCP CONFACK(2) id 9   收到 IPCP Config ACK
PPP Serial2/0:0: RT Install host route 1.1.1.1     加上到远端的主机路由
1.1.1.1
#Line Serial2/0:0 Protocol Up             线路建立成功
                                        线路维护报文
PPP Serial2/0:0: O LCP ECHOREQ(9) id 10 magic 0x04 0x5C 0x5B 0x4D
PPP Serial2/0:0: I LCP ECHOREP(10) id 10 magic 0x00 0x01 0x15 0xA6
```

路由表如下：

```
2860# sh ip ro
    Codes: C - connected, S - static, I - IGRP, R - RIP, M - mobile, B - BGP
      D - EIGRP, EX - EIGRP external, O - OSPF, IA - OSPF inter area
      N1 - OSPF NSSA external type 1, N2 - OSPF NSSA external type 2
      E1 - OSPF external type 1, E2 - OSPF external type 2, E - EGP
      i - IS-IS, L1 - IS-IS level-1, L2 - IS-IS level-2, ia - IS-IS inte
      * - candidate default, U - per-user static route, o - ODR
      P - periodic downloaded static route
      [Distance/Metric]

S     0.0.0.0/0 [1/0] is directly connected Serial2/0:0 *  active
C     1.0.0.0/8 [0/1] is directly connected Serial2/0:0 *  active
C     1.1.1.1/32 [1/0] is directly connected Serial2/0:0 *  active
C     13.0.0.0/8 [0/1] is directly connected Fastethernet0/0 *  active
              <Group 0> 4 routes displayed.
              All Group 4 routes displayed.
```

第一条是人工配置的静态路由，第二条是 1.0.0.0. 网段的路由，第三条是到 2651 的主机路由。

3.4 PPPoE

前面我们看到了 PPP 链路的建立过程，在链路建立的 3 个阶段之前，必须连接用户与接入服务器。这种通路可以是 PSTN 的电路，也可以是帧中继、X.25、ATM 等的虚电路，面向连接的特征使得这些通路都能标示出点到点的连接关系。

但是现在电信运营商大量使用以太网作为光纤网络的最后一公里接入，而以太网是无连接网络，也没有鉴权计费的能力，这就促使了 PPPoE 协议的产生，它提供了在以太网环境下 PC 主机和远端宽带接入服务器 BRAS 建立点到点的连接关系的一种方法，RFC2516 详细描述了 PPPoE 协议。

与 PPP 链路的建立方式相比，PPPoE 链路的建立要经过 PPPoE 的发现阶段（PPPoE Discovery Stage）和 PPPoE 的会话阶段（PPPoE Session Stage）。在这两个阶段中，发现阶段即 PC 主机在广播式的网络上搜寻宽带接入服务器 BRAS，并在多个可能的宽带接入服务器中确定其一，建立点到点关系的过程。会话阶段则是 PPP 的 LCP、认证、NCP 的会话过程，与 PPP 不同的是 PPPoE 的数据报文被封装成以太网的帧进行传送。

目前小区宽带 LAN 接入、ADSL 接入等技术都使用 PPPoE 技术，图 3-15 和图 3-16 给出了 PPPoE 的应用，两图中都用粗线条表示了 PPPoE 的连接。

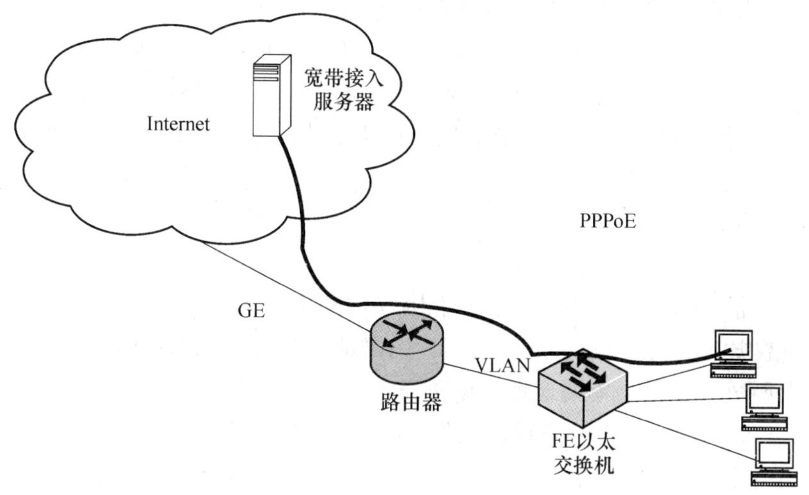

图 3-15　PPPoE 在小区 LAN 接入的应用

（1）发现阶段

发现阶段也称搜索阶段，这个阶段包括以下 4 个步骤。

- 用户主机首先主动发送广播包 PADI 寻找接入服务器。用户主机是以广播的方式发送这个报文，所以该报文的以太网目的地址域填充为全 1，而源地址域填充用户主机的 MAC 地址。
- 接入服务器收到 PADI 报文后回应 PADO。此时该报文所对应的以太网源地址填充

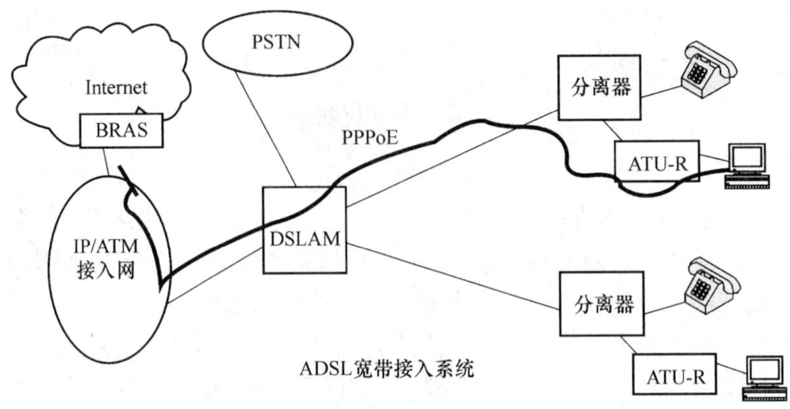

图 3-16　PPPoE 在 ADSL 电话线接入的应用

接入服务器的 MAC 地址,而以太网目的地址则填充从 PADI 中所获取的用户主机的 MAC 地址。在 PADO 报文中,代码域填充 0x07,会话 ID 填充 0x0000。这个过程是在广播式网络上确定关系的过程。可能会有多个接入服务器收到了 PADI 广播包,负责该用户接入的相应接入服务器会回应 PADO。

- 主机在回应 PADO 的接入服务器中选择一个合适的,并发送 PADR 单播的请求报文告知接入服务器。由于用户主机在收到 PADO 报文后,就获知了接入服务器的 MAC 地址,因此 PADR 报文的以太网源地址填充用户主机的 MAC 地址,而以太网目的地址填充为接入服务器的 MAC 地址。
- 接入服务器收到 PADR 包后开始为用户分配一个唯一的会话标识符(Session ID),启动 PPP 状态机以准备开始 PPP 会话,并发送一个携带该 Session ID 的会话确认包(PADS)。如果接入服务器不能满足用户所申请的服务,则会向用户发送一个 PADS 报文,其中携带一个服务名错误的标记,并且该 PADS 报文中的 Session ID 填充 0x0000。

(2) 会话阶段

会话阶段包括 LCP、认证、NCP 这 3 个协议的协商过程。一旦 PPPoE 进入到会话阶段,则 PPP 的数据报文就会被填充在 PPPoE 的净荷中被传送,这时 PC 主机和接入服务器所发送的以太网数据帧都是单播地址。该阶段以太网帧的协议域填充为 0x8864,代码域填充 0x00,整个会话的过程与点到点线路上的 PPP 会话过程一样。

PPPoE 还有包括一个 PADT(PPPoE Active Discovery Terminate)报文,它是用来终止一个 PPPoE 会话,可以在会话开始之后发送。PADT 报文中会携带一个会话 ID 来标识需要终止的会话。

以下是 ADSL 拨号上网的过程。

```
0012:PPPoE 开启按需连接.
0044:PPPoE 开启按需连接.
0047:发送 PADI,请求建立连接.
0047:PPPOE_TAG_SVC_NAME = null
0047:The first service name is accepted.
```

```
0047:接收 PADO,AC-Name = ME60ZJZ01,AC-MAC = 001882AB6E6D.
0047:发送 PADR.
0047:接收 PADS,Session-ID = 0xB2D,AC-MAC = 001882AB6E6D.
0047:LCP tx Req,MRU = 05C8;Magic = 00005D8E;
0047:LCP RX Req,MRU = 05D4;Auth = C023;Magic = 0500039B;
0047:LCP tx Ack,MRU = 05D4;Auth = C023;Magic = 0500039B;
0047:LCP RX Ack,MRU = 05C8;Magic = 00005D8E;
0047:PAP IDLE-> REQ.
0047:PAP tx Req.
0047:PAP:密码验证成功.
0047:IPCP tx Req,IP = 00000000;DNS1 = 00000000;DNS2 = 00000000;
0047:IPCP RX Req,IP = 6FC1B001;
0047:IPCP tx Ack,IP = 6FC1B001;
0048:IPCP tx Req,IP = 00000000;DNS1 = 00000000;DNS2 = 00000000;
0048:IPCP RX Nak,IP = 6FC1BE0A;DNS1 = CA6AC344;DNS2 = CA6A2E97;
0048:IPCP tx Req,IP = 6FC1BE0A;DNS1 = CA6AC344;DNS2 = CA6A2E97;
0048:IPCP RX Ack,IP = 6FC1BE0A;DNS1 = CA6AC344;DNS2 = CA6A2E97;
0048:PPP connection succeeded. 111.193.190.10.
```

3.5　以太网

以太网以其高度灵活,相对简单,易于实现的特点,成为当今最重要的一种局域网技术。虽然其他网络技术也曾经被认为可以取代以太网的地位,但是绝大多数的网络管理人员仍然将以太网作为首选的网络解决方案。

为了使以太网更加完善,解决所面临的各种问题和局限,一些业界主导厂商和标准制定组织不断对以太网规范做出修订和改进。也许,有的人会认为以太网的扩展性能相对较差,但是以太网所采用的传输机制仍然是目前网络数据传输的重要基础。

3.5.1　以太网的工作原理

以太网是由 Xeros 公司开发的一种基带局域网技术,一开始使用同轴电缆作为网络媒体,采用载波监听多路访问和冲突检测(CSMA/CD)算法作为媒体访问控制技术(MAC),数据传输速率达到 10Mbit/s。IEEE 802.3 规范则是基于最初的以太网技术于 1980 年制定。以太网版本 2.0 由 Digital Equipment Corporation、Intel、和 Xeros 三家公司联合开发,与 IEEE 802.3 规范相互兼容。

总线结构的以太网如图 3-17 所示。

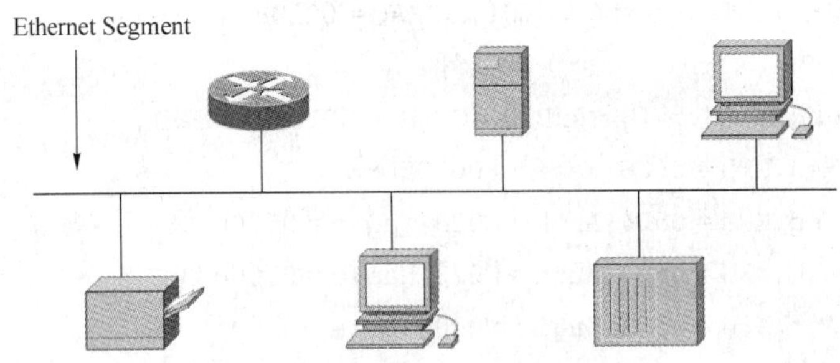

图 3-17 总线结构的以太网

以太网采用 CSMA/CD 媒体访问控制机制，任何工作站都可以在任何时间向网络发送数据报文。在发送数据之前，工作站首先需要侦听网络是否空闲，如果网络上没有任何数据传送，工作站就会把所要发送的信息投放到网络当中。否则，工作站只能等待网络下一次出现空闲的时候再进行数据的发送。

作为一种基于竞争机制的网络环境，以太网允许任何一台网络设备在网络空闲时发送信息。因为没有任何集中式的管理措施，所以非常有可能出现多台工作站同时检测到网络处于空闲状态，进而同时向网络发送数据的情况。这时，发出的信息会相互碰撞而导致损坏。工作站必须等待一段时间之后，重新发送数据。二进制后退算法用来决定发生碰撞后工作站应当在何时重新发送数据帧。发送数据帧的以太网工作站还要进行冲突检测，以尽快发现碰撞。

媒体访问控制子层（MAC）是以太网核心，它决定了以太网的主要网络性能。MAC 子层通常又分为帧的封装/解封和媒体访问控制两个功能。在讨论该子层的功能时，首先要了解以太网的帧结构，其帧结构如表 3-4 所示。

表 3-4 以太网帧结构

7	1	6	6	2	46～1 500	4
前导码	帧首定界符 (SFD)	目的地址 (DA)	源地址 (SA)	长度 (L)	逻辑链接层协议数据单元 (LLC PDU)	帧检验序列 (FCS)

① 前导码：包括了 7 B 的二进制“1”、“0”间隔的代码，即 1010…10 共 56 位。当帧在媒体上传输时，接收方就能建立起同步，因为在使用曼彻斯特编码情况下，这种“1”、“0”间隔的传输波形为一个周期性方波。

② 帧首定界符（SFD）：它是长度为 1 B 的 10101011 二进制序列，此码表示一帧的开始，以使接收器对帧的第一位定位。也就是说以太网的数据帧是由余下的 DA＋SA＋L＋LLC PDU＋FCS 组成。

③ 目的地址（DA）：它说明了帧要发往目的站的地址，以太网采用 6 B 的地址，可以是单播地址、组播地址或广播地址。当目的地址出现多址（组播地址）地址时，即代表该帧可以被一组站点同时接收，称为“组播”（Multicast）。当目的地址出现全地址（广播地址）时，即表示该帧被局域网上所有站点同时接收，称为“广播”（Broadcast），通常以 DA 的最高位来判断地址的类型，若最高位为“0”则表示单址，为“1”则表示多址或全地址，全地址时 DA 字段为全“1”代码。

④ 源地址(SA)：它说明发送该帧站点的地址，与 DA 一样占 6 B。

⑤ 长度(L)：共占两个字节，表示 LLC PDU 的字节数。这个字段在以太网协议中和 IEEE 802.3 的解释是不一样的，同时也被解释成数据的类型(TYPE)。但这不会产生误解，因为作为类型时，它的值一定大于 1 500。也就是说，如果值在 1 500 以下时表示数据的长度，大于 1 500 时表示数据的类型。

⑥ 数据链路层协议数据单元(LLC PDU)：它的范围处在 46～1 500 B 之间。最小 LLC PDU 长度 46 B 是一个限制，目的是要保证冲突检测正常工作，如果 LLC PDU 小于 46 B，则发送站的 MAC 子层会自动填充"0"代码补齐 46 B。

⑦ 帧检验序列(FCS)：它处在帧尾，共占 4 B，是 32 位冗余检验码(CRC)，检验除前导、SFD 和 FCS 以外的内容，即从 DA 开始至 DATA 完毕的 CRC 检验结果都反映在 FCS 中。

总线式以太网有一个最大的问题是一旦总线上任何一点出现故障，则整个网络都无法工作，解决问题的办法是使用集线器(HUB)，图 3-18 展示了使用 HUB 的以太网。网络的拓扑结构有了改变，由总线网络变成星型网络，只要 HUB 不出现故障，网络就可以正常工作，主机的故障可以被隔离。但是，网络的工作原理没有改变，依然采用 CSMA/CD 的方式进行媒体访问控制，只是碰撞不再发生在总线上而是在 HUB 的电路中。HUB 虽然解决了总线的故障问题，但是网络的吞吐量并没有增加，直到交换式以太网的出现，以太网的吞吐量才出现了突飞猛进的发展。

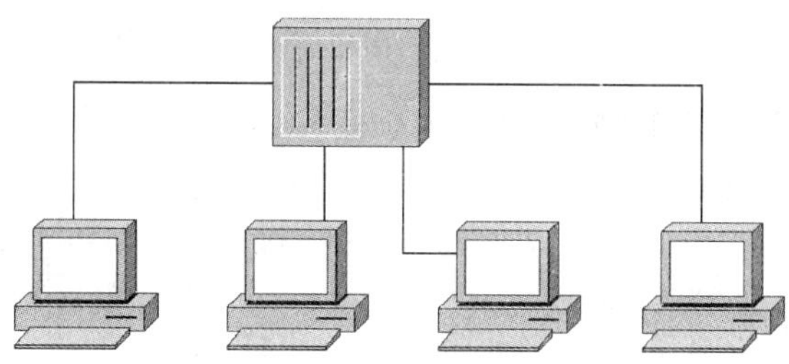

图 3-18　使用 HUB 的以太网

3.5.2　交换式以太网

在介绍交换式以太网之前，我们先看一下透明网桥。透明网桥是 IEEE 为了连接采用不同标准的局域网而设计的，它采用逆向学习、扩散和转发的策略，实现不同网络的连接。

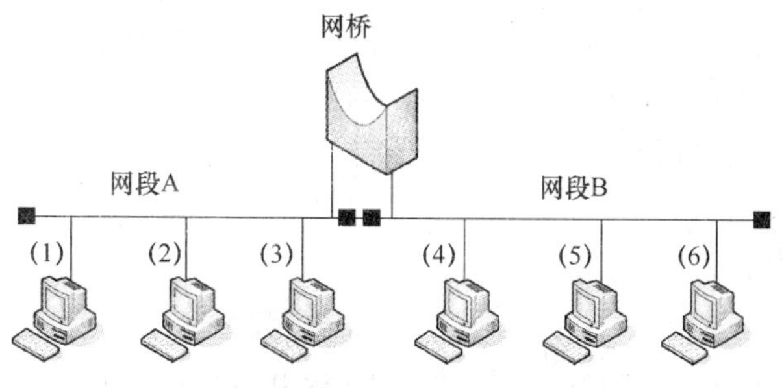

图 3-19　网桥互联网络

在图 3-19 所示网桥的连接示意图中，网桥接收到达所有端口的每一帧，当一帧到达时，网桥必须决定将其丢弃还是转发，如果要转发，则必须决定发往哪个端口，这是通过查询网桥中一张目的地址表而做出决定的。该表可列出每个可能的目的地，以及它属于哪一端口，如图 3-20 所示。在网桥刚开始工作时，地址表的内容为空。因此，网桥不知道任何目的地和端口的关系，需要采用扩散算法(Flooding algorithm)，把每个到来的、目的地不明的帧输出到所有端口，并在地址表中记录该帧的源地址与端口的对应关系。随着时间的推移，网桥中会逐步记录每个端口连接的主机的地址。一旦知道了目的地的端口，发往该处的帧就只发到该端口上，不再广播，这个获得地址的方法叫逆向学习法(Backward learning)。

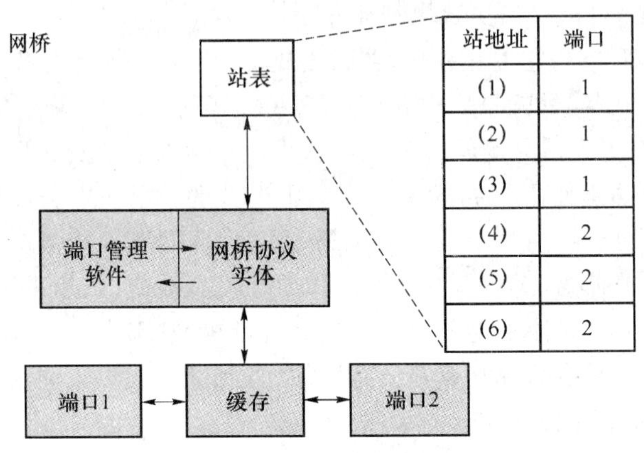

图 3-20　透明网桥的转发表

当网络中的设备加电、断电时，网络的拓扑结构会随之改变。为了处理动态拓扑问题，要对地址表中的地址项进行"老化"操作，当收到帧时要对源地址对应表项的生命计时器进行刷新(设为最大值)，然后开始递减，每当有新的帧到达时重新将对应标识的生命计时器设为最大值。当生命计时器减到 0，说明对应的主机长时间没有发送帧了，可能已经关机或网络已中断，将该地址从地址表中清除。因此，如果从 LAN 上取下一台计算机，并在别处重新连到 LAN 上，它即可重新开始正常工作而无需人工干预。这个算法同时也意味着，如果机器在长时间无动作，那么发给它的帧将不得不被广播，一直到它自己发送出一帧为止。

如果透明网桥的每个端口连接的都是以太网，而且不是一个网段只是一台主机，并且网桥的端口较多，它就成为一台以太网交换机，这时，以太网就发生了本质的变化。首先信道变成了点到点的方式(主机到交换机)，其次是数据交换方式发生了变化，由原来的共享信道的广播变成了计算机内的存储转发。这样，原来的半双工传输被全双工传输取代，报文冲突没有了，网络的吞吐量提高的瓶颈消除了。现在我们只要想办法提高传输速率和交换能力就可以不断地提高以太网的吞吐量。因此出现了 100 M 以太网、1 000 M 以太网、10 G 以太网等，但是其工作原理仍然和透明网桥一样。

3.5.3　虚拟局域网

1. 简介

如前文所述，以太网是一种基于 CSMA/CD 的共享通信介质的数据网络通信技术，当主机数目较多时会导致冲突严重、广播泛滥、性能显著下降甚至使网络不可用等问题。而且随着以太网的广泛应用，出现了一种新的需求，就是如何构建一个公司的内部网络，使得公司中不同的部门或项目组在使用公司的网络时互不干扰。通过交换机实现 LAN 互联虽然可以解决冲突(Collision)严重的问题，但仍然不能隔离广播报文。在这种情况下出现了虚拟局域网(VLAN，Virtual Local Area Network)技术，这种技术可以把一个统一的物理网络(公司的内部网络)上划分成多个逻辑的 LAN-VLAN，这些逻辑网段是互相隔离的，每个 VLAN 是一个广播域，VLAN 内的主机间通信就和在一个 LAN 内一样，而 VLAN 间则不能直接互通，这样，广播报文被限制在一个 VLAN 内，和独立的网络没有差别。此外还可以通过更改交换机的配置来灵活、动态地改变 VLAN 的划分。如图 3-21 中虽然 4 台主机都接在一台交换机上，但是 H_1、H_3 被划分在一个 VLAN 中，H_2、H_4 被划分在另一个 VLAN 中。H_1、H_3 能够互通，H_2、H_4 能够互通。但是 H_1、H_3 和 H_2、H_4 之间不能互通。也就是说整个物理网络被分成了两个部分，这两部分之间是互相隔离的。

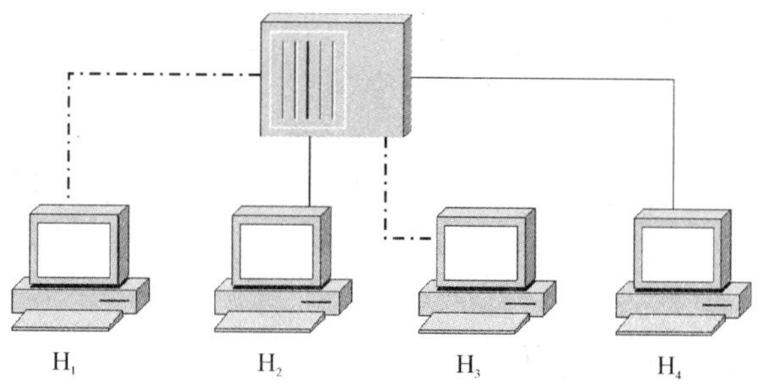

图 3-21　虚拟局域网

VLAN 的划分不受物理位置的限制：不在同一物理位置范围的主机可以属于同一个 VLAN；一个 VLAN 包含的用户可以连接在同一个交换机上，也可以跨越交换机。

VLAN 的优点可以归结为以下几点：

➢ 限制广播域，广播域被限制在一个 VLAN 内，节省了带宽，提高了网络处理能力；
➢ 增强局域网的安全性，VLAN 间的二层报文是相互隔离的，即一个 VLAN 内的用户不能和其他 VLAN 内的用户直接通信，如果不同 VLAN 要进行通信，则需通过路由器或三层交换机等三层设备；
➢ 灵活构建虚拟工作组，用 VLAN 可以划分不同的用户到不同的工作组，同一工作组的用户也不必局限于某一固定的物理范围，网络构建和维护更方便灵活。

2. VLAN 原理

要使网络设备能够分辨不同 VLAN 的报文，需要在报文中添加标识 VLAN 的字段。由于普通交换机工作在 OSI 模型的数据链路层，只能对报文的数据链路层封装进行识别。因此，如果添加识别字段，也需要添加到数据链路层封装中。IEEE 于 1999 年颁布了标准化 VLAN 实现方案的 IEEE 802.1Q 协议标准草案，对带有 VLAN 标识的报文结构进行了统一规定。IEEE 802.1Q 是一个中继标准。802.1Q 中继支持两种帧：标记的和未标记的。未标记的帧中不携带任何 VLAN 标识信息，实际上这就是一个普通的以太网帧。802.1Q 标记的方法就是修改原始的以太网帧，将一个称为标记字段的 4 B 字段插入原始的以太网帧中，并且原始帧的 FCS(检验和)也根据这些变化而重新计算，进行标记的目的是帮助其相连的交换机将帧置于相应的 VLAN 之中，如图 3-22 所示。IEEE 802.1Q 规范为标识 VLAN 信息建立了一种标准方法。

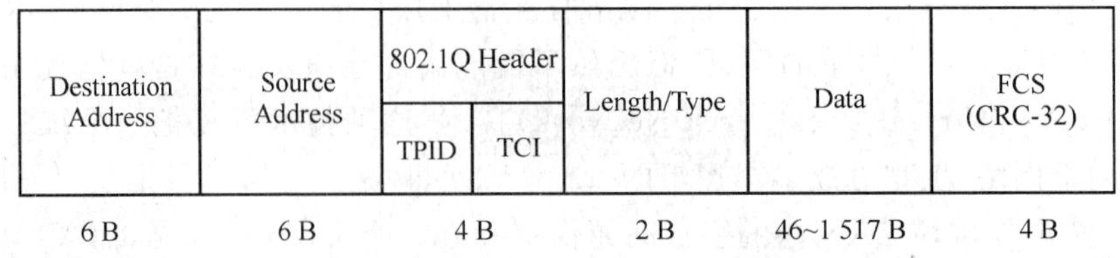

图 3-22　802.1Q 的 VLAN 标记在以太网帧中的位置

这 4 个字节的 802.1Q 标签头包含了两个字节的标签协议标识(TPID, Tag Protocol Identifier)和两个字节的标签控制信息(TCI, Tag Control Information),如图 3-23 所示。TPID 是 IEEE 定义的新的类型,用来判断本数据帧是否带有 VLAN Tag,长度为 16 bit,默认取值为 0x8100。

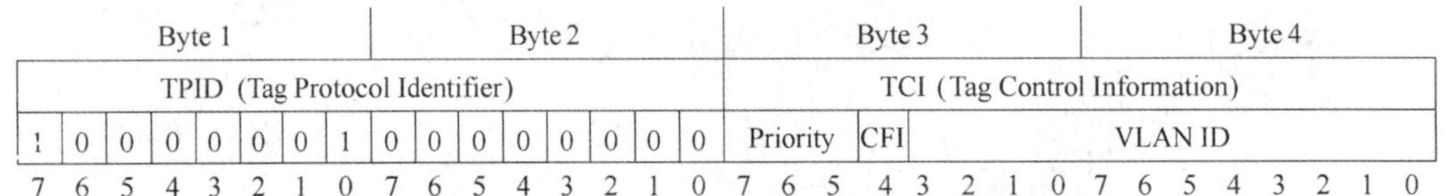

图 3-23　802.1Q 的 VLAN 标记

TCI 标签控制信息的详细内容如下。

- LAN Identified(VLAN ID):这是一个 12 位的域,指明 VLAN 的 ID 号,取值范围为 0～4 095。由于 0 和 4 095 为协议保留取值,所以 VLAN ID 的取值范围为 1～4 094。每个支持 802.1Q 协议的主机发送出来的数据包都会包含这个域,以指明自己属于哪一个 VLAN。
- Canonical Format Indicator(CFI):标识 MAC 地址在不同的传输介质中是否以标准格式进行封装,长度为 1 bit,取值为 0 表示 MAC 地址以标准格式进行封装,为 1 表示以非标准格式封装,默认取值为 0。
- Priority:这 3 位指明帧的优先级。一共有 8 种优先级,主要用于当交换机阻塞时,优先发送哪个数据包,实际上是 VLAN 的优先级。

3. VLAN 的划分策略

划分 VLAN 所依据的标准是多种多样的,主要有按端口、MAC 地址、协议、用户、IP 地址划分等策略。

(1) 按端口划分

将 VLAN 交换机上的物理端口分成若干组,每个组构成一个虚拟网。这种按网络端口来划分 VLAN 网络成员的配置过程简单明了。其主要缺点在于不允许用户移动,一旦用户移动到一个新的位置,网络管理员必须为新的端口修改配置。

(2) 按 MAC 地址划分

VLAN 工作基于主机的 MAC 地址,交换机把 MAC 地址分组,每个组构成一个虚拟局域网。从某种意义上说,这是一种基于用户的网络划分手段,因为 MAC 地址在主机上。这种方式的 VLAN 允许网络用户从一个物理位置移动到另一个物理位置时,自动保留其所属 VLAN 的成员身份,但这种方式要求网络管理员将每个用户都一一划分在某个 VLAN 中,在一个大规模的 VLAN 中,这样划分有些困难。

(3) 按网络协议划分

VLAN 按网络层协议来划分,可分为 IP、IPX、DECnet、AppleTalk、Banyan 等 VLAN 网络。这种按网络层协议来组成的 VLAN,可使广播域跨越多个 VLAN 交换机。这对于希望针对具体应用和服务来组织用户的网络管理员来说是非常具有吸引力的,而且,用户可以在网络内部自由移动,但其 VLAN 成员身份仍然保留不变。

(4) 按子网划分

基于 IP 子网的 VLAN,可按照 IPv4 和 IPv6 方式来划分 VLAN。其每个 VLAN 都是和一段独立的 IP 网段相对应的,将 IP 的广播组和 VLAN 的碰撞域一对一地结合起来。这种方式有利于在 VLAN 交换机内部实现路由,也有利于将动态主机配置(DHCP)技术结合起来,而且,用户可以移动工作站而不需要重新配置网络地址,便于网络管理。其主要缺点在于效率要比第二层差,因为查看三层 IP 地址比查看 MAC 地址所消耗的时间多。

(5) 按策略划分

基于策略组成的 VLAN 能实现多种分配方法,包括 VLAN 交换机端口、MAC 地址、IP 地址、网络层协议等。网络管理人员可根据自己的管理模式和本单位的需求来决定选择哪种类型的 VLAN。

(6) 按用户定义

非用户授权划分。基于用户定义、非用户授权来划分 VLAN,是指为了适应特别的 VLAN 网络、特别的网络用户的特别要求来定义和设计 VLAN,而且可以让非 VLAN 群体用户访问 VLAN,但是需要提供用户密码,得到 VLAN 管理的认证后才可以加入一个 VLAN。

接下来将以最常用的按端口划分 VLAN 和按 MAC 地址划分 VLAN 为例来介绍 VLAN 的配置。

4. 基于端口的 VLAN

基于端口划分 VLAN 是 VLAN 最简单、最有效的划分方法。它按照设备端口来定义 VLAN 成员,将指定端口加入到指定 VLAN 中之后,端口就可以转发指定 VLAN 的报文。根据端口在转发报文时对 Tag 标签的不同处理方式,可将端口的链路类型分为以下 3 种。

- 接入链路(Access Link):是用来将普通的不支持 VLAN 功能的主机或网络接入一个 VLAN 交换机的端口。简单地说,就是将普通以太网设备(如 HUB 等)接入 VLAN 交换机。
- 中继链路(Trunk Link):是只承载标记数据(即具有 VLAN ID 标签的数据包)的干线链路,只能支持那些理解 IEEE 802.1Q 帧格式的 VLAN 设备。中继链路最通常的用途就是连接两个 VLAN 交换机。
- 混合链路(Hybrid Link):是接入链路和中继链路混合所组成的链路,即连接 VLAN-aware 设备和 VLAN-unaware 设备的链路。这种链路可以同时承载标记数据和非标记数据。

中继链路和混合链路必须支持 IEEE 802.1Q 协议。如果端口与一个支持 802.1Q 的设备(如另一个交换机)相连,那么这些标签帧可以在交换机之间传送 VLAN 成员信息,这样 VLAN 就可以跨越多台交换机。但是,对于没有支持 802.1Q 设备相连的端口我们必须确保它们用于传输无标签帧,这一点非常重要。很多 PC 和打印机的 NIC(网络接口卡)并不支持 802.1Q,一旦它们收到一个标签帧,它们会因为读不懂标签而丢弃该帧。此外在 802.1Q 中,由于用于标签帧的最大合法以太网帧大小已由 1 518 B 增加到 1 522 B,这样也会使网卡和旧式交换机由于帧"尺寸过大"而丢弃标签帧。

目前仍有不少计算机并不支持 802.1Q,即我们计算机发送出去的数据包的以太网帧头还不包含这 4 个字节,同时也无法识别这 4 个字节,将来会有软件和硬件支持 802.1Q 协议的。对于交换机来说,如果它所连接的以太网段的所有主机都能识别和发送这种带 802.1Q 标签头的数据包,那么我们把这种端口称为 Tag Aware 端口;相反,只要该交换机端口所连接的以太网段有一台主机不支持这种以太网帧头,这个端口就被称为 Access 端口。

图 3-24 是一个基于端口进行 VLAN 划分的网络实例。

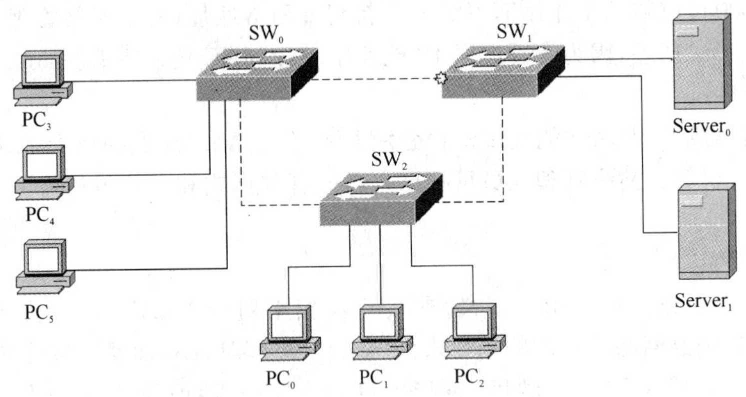

图 3-24　基于端口划分 VLAN 的实例

图 3-24 中,$VLAN_1$ 包括 $Server_0$、PC_0、PC_1、PC_3、PC_4。$VLAN_2$ 包括 $Server_1$、PC_5、PC_2。交换机配置成按端口划分 VLAN。

$VLAN_1$ 各台主机的配置如表 3-5 所示。

表 3-5　$VLAN_1$ 各主机配置

设备名称	IP 地址	连接交换机的端口
$Server_0$	10.1.1.1	Switch1 FastEthernet 0/4
PC_0	10.1.10.0	Switch2 FastEthernet 0/3
PC_1	10.1.10.1	Switch2 FastEthernet 0/4
PC_3	10.1.10.3	Switch0 FastEthernet 0/3
PC_4	10.1.10.4	Switch0 FastEthernet 0/4

$VLAN_1$ 对应的 IP 网段是 10.0.0.0/255.0.0.0,所以主机的地址都在 10.0.0.0 网段。其中 FastEthernet 0/4 的 FastEthernet 表示快速以太网端口(百兆以太网端口);"/"前面的 0 表示交换机上的第几个插槽,0 表示第一个插槽;"/"后面的 4 表示在这个插槽上所插扩展板上的第几个端口,4 表示第 4 个端口。因此,FastEthernet 0/4 表示第 1 个插槽上的第 4 个快速以太网端口。

$VLAN_2$ 各台主机的配置如表 3-6 所示。

表 3-6　$VLAN_2$ 各主机配置

设备名称	IP 地址	连接交换机的端口
$Server_1$	11.1.1.1	Switch1 FastEthernet 0/3
PC_2	11.1.10.2	Switch2 FastEthernet 0/5
PC_5	11.1.10.5	Switch0 FastEthernet 0/5

$VLAN_2$ 对应的 IP 网段是 11.0.0.0/255.0.0.0，所以主机的地址都在 11.0.0.0 网段。

$Switch_1$ 的配置如下：

```
interface FastEthernet0/1
  switchport mode trunk
!
interface FastEthernet0/2
  switchport mode trunk
!
interface FastEthernet0/3
  switchport access vlan 2
!
interface FastEthernet0/4
!
```

FastEthernet0/1、FastEthernet0/2 配置成 trunk 模式用于交换机互联，FastEthernet0/3 属于 $VLAN_2$，FastEthernet0/4 属于 $VLAN_1$（端口配置中默认属于 $VLAN_1$）。

$Switch_0$ 和 $Switch_2$ 的配置如下：

```
interface FastEthernet0/1
  switchport mode trunk
!
interface FastEthernet0/2
  switchport mode trunk
!
interface FastEthernet0/3
!
interface FastEthernet0/4
!
interface FastEthernet0/5
  switchport access vlan 2
!
```

在图 3-24 中三台交换机构成了一个环路，因此，具有一定的冗余能力，连接交换机的三条网线中任何一条中断不会影响网络的工作。但是当三条线路都正常时，由于有环路存在会形成广播风暴,这时需要依靠生成树协议阻塞某个端口才能正常工作,这部分内容将在3.5.4节以太网保护技术部分进行专门介绍。

5. 基于MAC的VLAN

基于MAC划分VLAN是VLAN的另一种划分方法。它按照报文的源MAC地址来定义VLAN成员,将指定报文加入该VLAN的tag后发送。该功能通常会和安全技术联合使用,以实现终端的安全、灵活接入。

如果端口采用基于MAC地址划分VLAN的机制,则当端口收到报文时,采用以下方法处理。

- 当收到的报文为untagged报文时,会以报文的源MAC为根据去匹配MAC-VLAN表项。如果匹配成功,则按照匹配到的VLAN ID和优先级进行转发;如果匹配失败,则按其他匹配原则进行匹配。
- 当收到的报文为tagged报文时,处理方式和基于端口的VLAN一样:如果端口允许携带该VLAN标记的报文通过,则正常转发;如果不允许,则丢弃该报文。

基于MAC地址的VLAN一般可以通过如下两种方式来进行配置。

- 通过命令行静态配置。用户通过命令行来配置MAC地址和VLAN的关联关系。
- 通过认证服务器来自动配置(即VLAN下发)。设备根据认证服务器提供的信息,动态创建MAC地址和VLAN的关联关系。如果用户下线,系统将自动删除该对应关系。

图3-25是一个基于MAC进行VLAN划分的网络实例。

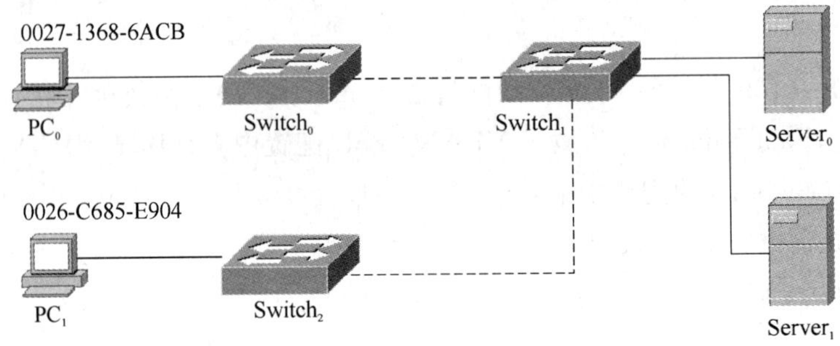

图3-25　基于MAC划分VLAN的实例

图3-25中,PC_0的MAC地址是0027-1368-6ACB,PC_1的MAC地址是0026-C685-E904,要求划分VLAN,使得PC_0、PC_1无论和$Switch_0$还是和$Switch_2$相连,PC_0和$Server_0$都属于$VLAN_1$,PC_1和$Server_1$都属于$VLAN_2$。

配置思路如下:

- 创建$VLAN_1$和$VLAN_2$;
- PC_0和PC_1的MAC地址分别和$VLAN_1$和$VLAN_2$关联;
- 配置$Switch_0$和$Switch_2$的上行端口为Trunk端口,并允许$VLAN_1$和$VLAN_2$的报文通过。

假设交换机$Switch_0$的上行端口为FastEthernet0/1,那么$Switch_0$配置如下:

```
vlan 1
!
vlan 2
!
mac-vlan mac-address 0027-1368-6ACB vlan1
mac-vlan mac-address 0026-C685-E904 vlan2
!
interface FastEthernet0/1
switchport mode hybrid
switchport hybrid vlan 1 2 untaged
!
mac-vlan enable
!
```

类似地，可对交换机 $Switch_2$ 进行配置。

3.5.4 以太网保护技术

1. 以太网保护技术简介

随着以太网的广泛应用以及承载的业务日益丰富，对以太网的承载能力的要求也越来越严格。要求以太网能够具有保护能力即自愈能力，也就是在节点设备和链路等出现故障时，可以不影响或者尽可能少的影响网络的正常使用及业务承载。保护功能包括故障检测和保护切换，其中保护切换又可细分为切换和恢复两个过程。切换是指故障发生后，网络通道从故障资源切换到保护资源的过程；恢复是指当故障资源修复后，网络通道从保护资源切换回到原故障资源的过程。目前主要的保护技术有以下几种。

- 链路聚合保护(IEEE 802.3ad)，一般只用于点到点之间的局部保护，如以太网交换机之间、交换机和路由器之间以及交换机与服务器主机之间。链路聚合保护又分为两种方式：链路层聚合和物理层聚合。前者是在两个设备之间存在多条链路，进而实现用户带宽灵活扩展、链路的快速保护及负载均衡，后者由 IEEE 802.3ad 定义，是位于以太网层次参考模型中 PHY 层和 MAC 层之间实现的功能，它定义了复杂的以太网帧的分片及重组功能，理论上提供了节点设备间多链路更快的保护及效率更高的负载均衡功能。
- 生成树保护(STP/RSTP/MSTP)，是普通以太网交换机的一项重要技术，由 IEEE 802.1d、IEEE 802.1w 和 IEEE 802.1s 分别定义了生成树协议、多生成树协议和快速生成树协议。主要功能一是在以太网中，创建一个以某台交换机的某个端口为根的生成树，避免环路；二是在以太网拓扑发生变化时，达到收敛保护的目的。
- 以太环网保护(EAPS/G.8032/ERP)，核心思想是基于标准 MAC 交换、改进的生成树算法、以太网故障检测机制以及简单的环网控制协议。通过环网控制协议将物理的环破解成逻辑的链，并利用改进的生成树协议和 MAC 交换完成保护切换。
- 线性保护(G.8031)，是 ITU-T 对基于 VLAN 的以太网技术定义的线性保护切换标准。在保护切换机制中，对工作资源都分配相应的保护资源，如路径和带宽等。相对于 IEEE 定义的生成树保护技术，G. 8031 定义的保护技术简单快速，以一种可预测的方式实现网络资源切换，更易于运营商有效地规划网络及明确网络的运行状态，实现电信级的运营。

接下来对应用最广的生成树保护技术进行详细介绍。

2. 生成树

在实际的网络环境中，物理环路可以提高网络的可靠性，当一条物理线路断掉的时候，另外一条线路仍然可以传输数据。但是，在交换的网络中，当交换机接收到一个目的地址未知的数据帧时，交换机会将这个数据帧广播出去，这样，在存在物理环路的交换网络中，就会产生双向的广播环，甚至产生广播风暴，导致交换机资源耗尽而宕机。这样就产生了一个矛盾，需要物理环路来提高网络的可靠性，而环路又有可能产生广播风暴。生成树协议（STP，Spanning Tree Protocol）就是用来解决这个矛盾的。STP 在逻辑上断开网络的环路，防止广播风暴产生，而一旦正在使用的线路出现故障，被逻辑上断开的线路又会恢复畅通，继续传输数据。

生成树协议的国际标准是 IEEE 802.1d。运行生成树算法的网桥/交换机在规定的间隔内通过网桥协议数据单元（BPDU）的组播帧与其他交换机交换配置信息，其工作的过程如下。

- 在同一个网络（广播域范围）内选举一台交换机为根桥（root bridge）。根桥的选举是通过比较 Bridge ID 的大小完成的。协议规定，Bridge ID 值最小的交换机成为根桥，根桥只有一个，如果优先级相同再比较 MAC 地址。网络管理员可以通过控制 Bridge ID 的大小来指定哪台交换机作为根桥。
- 在每个非根桥交换机上选举一个根端口（Root Port）。选举原则是比较各端口到达根桥的路径开销值（Path Cost），代价最小的端口为根端口。路径开销值由 BPDU 数据帧携带，表示 BPDU 从根桥到达它的端口所花费的路径代价。当非根桥从多个不同的端口收到根桥的 BPDU 时，读取该值就可以得出从它的哪个端口到达根桥花费最小。当出现多条路径开销值相等的情况时，比较转发根桥 BPDU 的交换机的 ID 号，与有较低的 ID 号交换机相连的端口成为根端口。如果端口优先级也相同，比较转发根桥 BPDU 的端口 ID，与有较小端口 ID 值的端口相连的端口被选为根端口。
- 在每个网段中选举一个指定端口（Designated Port）。选择的原则是比较网段中各端口到达根桥的路径开销，具有最小路径开销的端口为指定端口。当多个端口到达根桥的路径开销相同时，比较原则和选举根端口时使用的比较原则相同。

在上述三个阶段完成后，网络中有唯一的一个交换机作为根桥，每个非根桥有唯一的一个根端口，在每个网段上有唯一的一个指定端口。这时交换机上的端口分为 3 种类型：根端口、指定端口和未被选举上的端口。

交换机的端口在 STP 环境中共有以下 5 种状态。

- 阻塞（Blocking）：当满足以下 3 种条件中的一种时，端口将进入阻塞状态(1)选择根交换机期间；(2)在交换机收到某个端口上的 BPDU，指示有一条比交换机目前到达根交换机更好的路径时；(3)端口不是根端口或者指定端口。默认情况，端口处于阻塞状态的时间是 20 s(最大过期期限)。在阻塞状态下，端口将侦听 BPDU，并只在其接口上处理 BPDU，在受阻塞端口上接收的其他帧都将被丢弃。在阻塞状态下，交换机会尝试计算出哪个端口将成为根端口，哪个端口将成为指定端口，以及哪些端口将保持阻塞状态。

- 侦听(Listening)：在 20 s 计时期后，根端口或指定端口将进入侦听状态。其他任何端口仍将保持阻塞状态。在侦听状态下，端口仍将侦听 BPDU 并仔细检查第 2 层拓扑。此状态下端口上处理的流量只有 BPDU；其他流量都被丢弃。处于此状态下的时间长度是转发延迟计时的长度。默认情况下该值是 15 s。
- 学习(Learning)：根端口和指定端口将从侦听状态进入学习状态。在学习状态下，端口仍将侦听 BPDU 并在端口上处理 BPDU；然而，与在侦听状态下不同的是，端口开始处理用户帧。处理用户帧时，交换机将检查帧中的源地址，并更新其 MAC 或端口地址表，但交换机仍然不会将这些帧转发出目的端口。端口处于此状态下的时间长度是转发延迟计时的长度(默认值是 15 s)。
- 转发(Forwarding)：在转发延迟计时期满后，处于学习状态的端口将进入转发状态。在转发状态下，端口将处理 BPDU，使用它接收的帧更新其 MAC 地址表，并通过端口转发用户流量。
- 关闭(Disable)：关闭状态是一个特殊的端口状态。处于禁用状态下的端口无法参与 STP，这可能是因为该端口由管理员手动关闭，手动从 STP 中移除，并因为安全问题而禁用，或者因为缺乏物理层信号(如配线架上的电缆被拔掉了)而无法正常运行。

交换机上一个原来被阻塞掉的端口若在最大老化时间内没有收到 BPDU，将从阻塞状态转变为侦听状态，侦听状态经过一个转发延迟(15 s)到达学习状态，经过一个转发延迟时间的 MAC 地址学习过程后进入转发状态。如果到达侦听状态后发现在新的生成树中不应该由此端口转发数据则直接回到阻塞状态。当拓扑发生变化，新的配置消息要经过一定的时延才能传播到整个网络，这个时延称为转发延迟(Forward Delay)，协议默认值是 15 s。在所有网桥收到这个变化的消息之前，若旧拓扑结构中处于转发的端口还没有发现自己应该在新的拓扑中停止转发，则可能存在临时环路。为了解决临时环路的问题，生成树协议使用了一种定时器策略，即在端口从阻塞状态到转发状态中间加上一个只学习 MAC 地址但不参与转发的中间状态，两次状态切换的时间长度都是 Forward Delay，这样就可以保证在拓扑变化的时候不会产生临时环路。可以看到，STP 的工作经历了一个分阶段过程：阻塞(20 s)、侦听(15 s)、学习(15 s)和转发，进行 STP 收敛可能需要花费 30～50 s 时间，这降低了收敛速度。

在图 3-26 中，网络在物理上是一个环，需要通过阻塞环上某个交换机的端口来切断物理上的环。一开始生成树算法阻塞交换机的所有端口，这时交换机不能转发报文，只能收发生成树算法发送的 BPDU 报文。通过交换 BPDU 生成树算法找到网络中的环路，并计算出需要阻塞的端口以打破环路，整个过程称为生成树的收敛，生成树算法的收敛时间内主机是不能通信的。

生成树协议在交换机上一般是默认开启的，不经人工干预即可正常工作。但这种自动生成的方案可能导致数据传输的路径并非最优化。因此，可以通过人工设置网桥优先级的方法影响生成树的生成结果。

第 3.5.3 节虚拟局域网(VLAN)一节提到的图 3-24 中 3 台交换机构成了一个环路，使得连接交换机的 3 条网线中任何一条中断不会影响网络的工作，该以太网有一定的冗余能力，但是当 3 条线路都正常时，由于有环路存在会形成广播风暴，这时需要依靠生成树协议阻塞某个端口。从图 3-24 中可以看到，$Switch_1$ 的一个端口被阻塞了(圆圈标记)。下面是查询到的生成树协议信息，可以看到两个 VLAN 各有一个生成树，两个 VLAN 的 Fa0/1 (FastEthernet 0/1)都被阻塞了(BLK)。

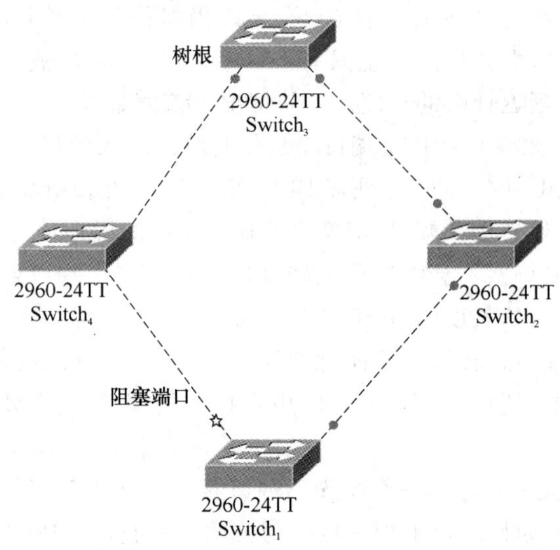

图 3-26　网络中的环路

```
Switch1 # sh spanning-tree
VLAN0001
    Spanning tree enabled protocol ieee
    Root ID          Priority       32769
                     Address        0002.1704.0DAB
                     Cost           19
                     Port           2(FastEthernet0/2)
                     Hello Time     2 sec Max Age 20 sec Forward Delay 15 sec
Bridge ID            Priority       32769 (priority 32768 sys-id-ext 1)
                     Address        00D0.BC2B.9AB4
                     Hello Time     2 sec Max Age 20 sec Forward Delay 15 sec
                     Aging Time 20
Interface            Role Sts Cost  Prio.Nbr Type
---------------- ---- --- -------- ------ ---------
Fa0/1                Altn BLK 19    128.1    P2p
Fa0/2                Root FWD 19    128.2    P2p
Fa0/4                Desg FWD 19    128.4    P2p

VLAN0002
  Spanning tree enabled protocol ieee
  Root ID            Priority       32770
```

```
            Address       0002.1704.0DAB
            Cost          19
            Port          2(FastEthernet0/2)
            Hello Time    2 sec Max Age 20 sec Forward Delay 15 sec

Bridge ID   Priority      32770 (priority 32768 sys-id-ext 2)
            Address       00D0.BC2B.9AB4
            Hello Time    2 sec Max Age 20 sec Forward Delay 15 sec
            Aging Time    20

Interface   Role Sts Cost Prio.Nbr Type
---------------- ---- --- -------- ------- ---------
Fa0/1       Altn BLK 19   128.1    P2p
Fa0/2       Root FWD 19   128.2    P2p
Fa0/3       Desg FWD 19   128.3    P2p
```

3. 快速生成树

快速生成树协议(RSTP,Rapid Spanning Tree Protocol)的国际标准是 IEEE 802.1w,是由 802.1d 发展而成的。这种协议在网络结构发生变化时,能更快地收敛网络。它比 802.1d 多了两种端口类型:替换端口类型(Alternate Port)和备份端口类型。这两种端口类似于 802.1d 中处于阻塞状态下的端口。替换端口是拥有到达根交换机的一条或多条替换路径,但目前处于丢弃状态的端口。备份端口可用来到达根交换机的网段上的端口,但网段中已经有一个正在使用的指定端口。也即替换端口是用作辅助的未使用的根端口;备份端口用作辅助的未使用的指定端口。

基于这些新的端口角色,RSTP 采用与 802.1d 相同的方式计算最终生成树拓扑。但对 BPDU 进行了更改,将一些额外的标志添加到 BPDU,以便交换机可以共享关于 BPDU 所在端口角色的信息,在网络中发生更改时,这有助于相邻交换机更快地收敛。在 802.1d 中,如果交换机没有在最大过期时限(20 s)内收到根 BPDU,那么 STP 会开始运行,选择新的根交换机,并且将创建新的无环路拓扑,这是一个非常耗时的过程。使用 802.1w 时,如果在预期的 3 个 hello 期间(6 s)没收到 BPDU,那么 STP 信息会立刻过期,交换机认为其邻居消失了并且采用措施。

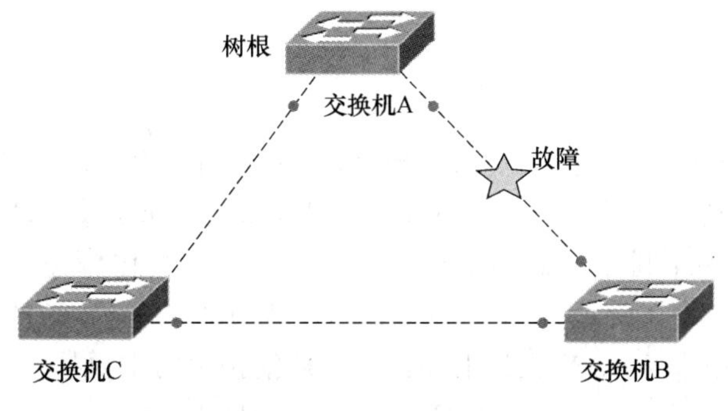

图 3-27　网络中的环路

RSTP 中引入的第一个加速收敛的特性是允许交换机接受下级 BPDU，如图 3-27 所示。在此例中，根网桥是交换机 A。交换机 B 和交换机 C 上的端口都直接连接到根交换机，因此它们是根端口。对于交换机 B 和交换机 C 之间的网段，交换机 B 提供了指定端口，交换机 C 提供了备份端口（到达网段根端口的辅助方法）。通过来自交换机 C 的 BPDU，交换机 B 还知道其指定端口是一个替换端口（用于到达根交换机的辅助方法）。

按图 3-27 中的实例，根交换机和交换机 B 之间的链路出故障了。交换机 B 可以通过未收到根端口的 3 个 hello 或者是通过侦测物理层的故障来侦测此失败。如果运行的是 802.1d，交换机 B 将看到通过交换机 C 传入的下级根 BPDU，所有端口都必须经历阻塞、侦听和学习状态，这将花费 50 s（默认值）的时间完成收敛。如果使用下级 BPDU 特性，假定交换机 B 知道交换机 C 有一个用于其直接连接网段的替换端口，然后交换机 B 可以通知交换机 C 使用其替换端口并将其更改为指定端口，交换机 B 会将其指定端口更改为根端口。此过程只花费很少的几秒时间。

RSTP 中引入的第二个收敛特性是快速过渡。快速过渡包含两个新组件：边缘端口和链路类型。边缘端口是连接到非第二层设备的端口，这些设备包括 PC、服务器或路由器。利用边缘端口的快速过渡特性而进入到转发状态的 RSTP。这些端口的状态更改不会影响 RSTP 以致于产生重新计算，其他端口类型中的更改将使这些端口仍然处于转发状态。

在 RSTP 中，快速过渡只可能发生在边缘端口和点对点链路上。链路类型是根据连接的双工特性自动确定的。交换机做出这样的假设：如果两台交换机之间的端口设置为全双工，那么端口可以快速过渡到不同状态，不必等待计时器到期。如果是半双工，那么此特性在默认情况下不起作用，但用户可以为点对点半双工交换机链路手动启用它。

通过使用图 3-27 中的拓扑，让我们来看一个点对点链路的快速过渡实例。当交换机 A（根交换机）和交换机 B 之间的链路出现故障时，交换机 B 不能通过其根端口到达交换机 A。然而，通过查看它从交换机 A 和交换机 C 接收的 BPDU，交换机 B 知道可以通过交换机 C 到达根交换机，并且交换机 C 为交换机 C 和 B 之间的网段提供了指定端口（处于转发状态）。知道这些的交换机 B 将备份端口的状态更改为根端口，并使它立刻处于转发状态，并将变动通知给交换机 C。此更新所用的时间不超过 1 s，此处假定根交换机和交换机 B 之间的网段故障是物理链路故障，而不是 3 个遗漏的连续的 helloBPDU。

3.6 WLAN

3.6.1 简介

GPRS 网络可以方便用户在广域网内接入，但是它的速率有限。当我们只在某小范围地域内游动（慢速移动）时，无线局域网（WLAN，Wireless Local Area Network）可以提供更好的解决方案。WLAN 利用电磁波在空中收发数据，数据传输速率现在已经能够达到 354 Mbit/s，且无需线缆介质，是非常有效的用户接入方式。另外，新的标准也在制订中，可以提供更高的传输速度，WLAN 也是下一代移动通信技术的重要技术，受到业界的重视。

图 3-28 是 WLAN 的协议构成，IEEE（Institute of Electrical and Electronic Engineers）

的 802.11 工作组制订了无线局域网的媒体访问控制层(MAC,Media Access Control)和物理层(PHY,Physical)规范。它包括下面介绍的一系列 IEEE 802.11 协议。

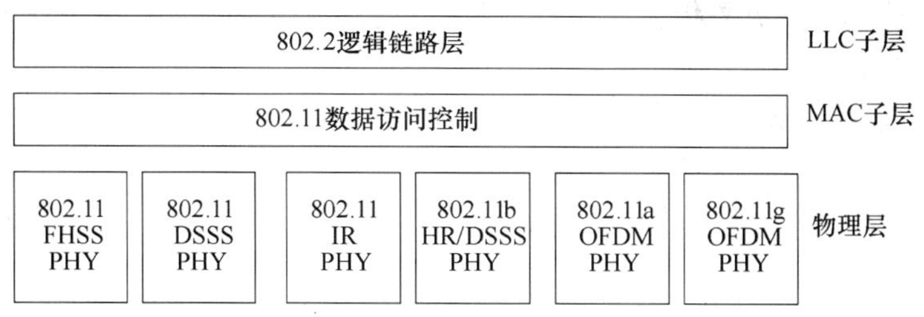

图 3-28　无线局域网协议栈

IEEE 802.11 是 1997 年提出的第一个无线局域网标准,定义了物理层和 MAC 规范,工作频段是 ISM(ISM 频段即工业、科学和医用频段)2.4 GHz,支持的数据传输速率是 1 Mbit/s和 2 Mbit/s。其中无线射频(RF)传输方法采用跳频扩频(FHSS)和直接序列扩频(DSSS),采用载波侦听多路访问/冲突避免(CSMA/CA)方式进行信道共享控制。

IEEE 802.11a 扩充了 IEEE 802.11 标准的物理层,规定该层使用 ISM 5 GHz 的频段。该标准采用正交频分复用(OFDM)调制技术,传输速率范围为 6～54 Mbit/s,支持语音、数据和图像业务,共有 12 个不重叠的传输信道,适用于室内、室外无线接入。

IEEE 802.11b 是另一个标准物理层,使用 ISM 2.4 GHz 频段,共有 3 个不重叠的传输信道,数据传输速率可在 1 Mbit/s、2 Mbit/s、5.5 Mbit/s、11 Mbit/s 之间自动切换,采用直接序列扩频(DSSS)和补码键控(CCK)调制方法。在网络安全机制上,IEEE 802.11b 提供了 MAC 层的接入控制和加密机制。

IEEE 802.11g 是一个能够前后兼容的混合标准,在调制方式上可采用 IEEE 802.11b 中的补码键控(CCK)和 IEEE 802.11a 中的正交频分复用(OFDM)的调制方式,在数据传输速率上,既可适应 IEEE 802.11b 在 2.4 GHz 频段提供 11 Mbit/s,也能适应 IEEE 802.11a 在 5 GHz 频段提供 54 Mbit/s。

下面是主要的 IEEE 802.11 协议及功能:

- IEEE 802.11,1997 年,原始标准(2 Mbit/s,工作在 2.4 GHz);
- IEEE 802.11a,1999 年,物理层补充(54 Mbit/s,工作在 5 GHz);
- IEEE 802.11b,1999 年,物理层补充(11 Mbit/s 工作在 2.4 GHz);
- IEEE 802.11c,符合 802.1D 的媒体接入控制层桥接(MAC Layer Bridging);
- IEEE 802.11d,根据各国无线电规定做的调整;
- IEEE 802.11e,对服务等级(QoS,Quality of Service)的支持;
- IEEE 802.11f,基站的互联性(IAPP, Inter-Access Point Protocol),2006 年 2 月被 IEEE 批准撤销;
- IEEE 802.11g,2003 年,物理层补充(54 Mbit/s,工作在 2.4 GHz);
- IEEE 802.11h,2004 年,无线覆盖半径的调整,室内(Indoor)和室外(Outdoor)信道(5 GHz 频段);
- IEEE 802.11i,2004 年,无线网络的安全方面的补充;
- IEEE 802.11j,2004 年,根据日本规定做的升级;

- IEEE 802.11l,预留及准备不使用;
- IEEE 802.11m,维护标准,互斥及极限;
- IEEE 802.11n,草案,更高传输速率的改善,支持多输入多输出技术(MIMO,Multi-Input Multi-Output);
- IEEE 802.11k,该协议规范规定了无线局域网络频谱测量规范,该规范的制订体现了无线局域网络对频谱资源智能化使用的需求。

无线局域网是通信网络发展最快的一个领域,随着技术的发展还会不断出现新的标准。

3.6.2 组网结构

在 IEEE 802.11 标准中,规定了两种无线局域网设备:接入点(AP)和站点(STA)。AP 通常作为网桥设备,带有一个 LAN(通常是以太网)接口和一个连接 WLAN 的射频收发信机,而 STA 实际上是一个无线网络接口设备(NIC),用于连接主机和 AP。

IEEE 802.11 标准定义了两种组网结构:独立基本服务组(IBSS,Individual Basic Service Set)和扩展服务组(ESS,Extended Service Set)。独立基本服务组是一种对等网络形式,所有站点在网络中通信的地位是平等的,也称为 Ad Hoc 组网形式。扩展服务组由多个基本服务组(BSS)构成,每个 BSS 都有一个无线访问点(AP,Access Point)提供通信服务,简称为 ESS 网络,不同 BSS 通过 AP 之间的分布系统(DS,Distribution System)互联,站点可以在多个 BSS 之间移动。

无线网络中不可能像有线网络那样,不同的网络单元间具有明显的界限,必须依靠帧中的 BSSID(Basic Service Set)来区分不同 BSS 的站点,这是一种从逻辑上区分不同基本网络单元的方法。站点只接收具有相同 BSSID 的 MAC 帧,拒绝所有其他的 MAC 帧。因此在组建多跳无线网络时,需要将所有站点的 BSSID 设置为同一个值,否则站点会因为 BSSID 不同而拒绝通信。

1. IBSS

当站点初始化后没有扫描到可以加入的网络时,站点将独自生成一个 BSSID,并等待其他站点的加入。

IEEE 802.11 定义了站点加入 IBSS 的过程,称为 BSSID 同步(Synchronization)。IBSS 中的站点定期发送类型为 Beacon 的管理帧,其中包含一个 SSID 字段,SSID 可以看成是用户或网络管理员为网络取的名字,内容为 0～32 B 的字符串,站点只能加入同名的网络。站点收到同名网络的 Beacon 帧,就将 Beacon 帧的 SSID 作为自己的 BSSID,这个同步过程也称为被动扫描过程。站点也可以主动询问网络的 BSSID,站点主动发出具有 SSID 信息的 Probe Request 类型的管理帧,收到 Probe Request 帧并具有相同 SSID 的站点响应一个 Probe Response 帧,先前的站点可以从响应的 Probe Response 帧中提取

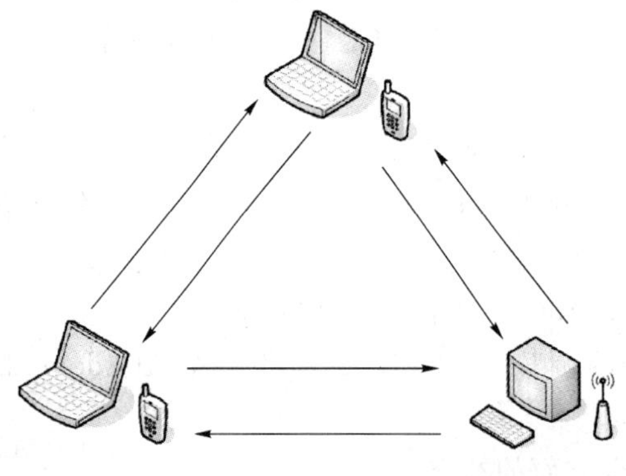

图 3-29 IBSS 组网结构

BSSID。IBSS 组网结构如图 3-29 所示。

2. ESS

ESS 网络中,每个 BSS 内设置了一个无线访问点 AP,站点之间不直接通信,而是通过 AP 的中继转发来实现。这是 ESS 与 IBSS 的基本差别,同时在帧的格式上 ESS 也与 IBSS 不同,因而 IBSS 和 ESS 的站点在无线信道上不能互通。

在一个 ESS 网络中可以有多个 BSS 存在,AP 在分布系统(DS)支持下,实现不同 BSS 站点间的通信,可以支持站点从一个 BSS 移动到另一个 BSS 中。ESS 可以组成覆盖较大区域的无线局域网系统。分布系统用于连接各个 BSS,可以是以太网或其他有线网络。

ESS 网络中站点间的通信关系、工作过程、帧格式等与 IBSS 相比增加了关联(Association)和重新关联(Reassociation)过程以支持站点在不同 AP 下的移动。

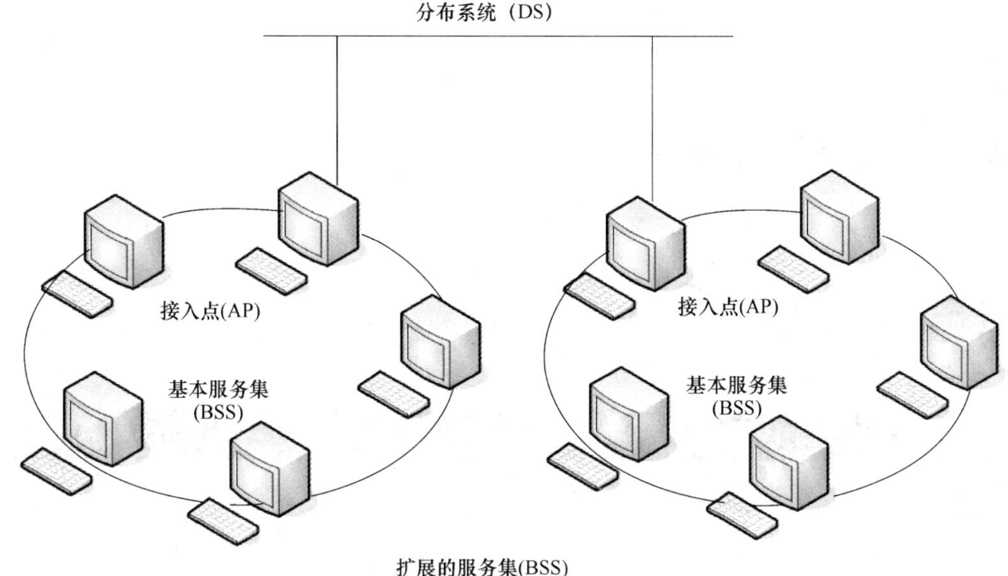

图 3-30　ESS 组网结构

(1) BSSID 的同步和关联过程

ESS 网络依靠网络名(SSID)和 BSSID 来组织。SSID 是 ESS 网络的"名字",不同网络名字不相同,而 BSSID 用于标识 ESS 网络中不同的无线接入点,是站点在移动时能够感知无线接入点是否发生变化的重要信息。AP 定期发送 Beacon 帧,其中包含网络名 SSID 和 BSSID,需要加入网络的站点监测到 Beacon 帧中的 SSID 和自己预设的网络名相同,就可以加入这个 BSS,当站点收听到多个 AP 的 Beacon 帧时,将选择其中的一个加入。加入过程由站点主动发起,发出 Association Request 管理帧启动关联过程,该帧中指明了希望加入的 BSS 的 BSSID,相应的 AP 应答 Association Response 管理帧。站点到 AP 之间的通信关系随即建立起来。

(2) 越区切换(重新关联)

当站点从一个 AP 下移动到另一个 AP 下时,通过检测两个 AP 的信号强度,决定是否进行 AP 关联的切换(越区切换,hand-off),如果新 AP 的 SSID 与站点不符,站点不会进行越区切换。发生越区切换时,站点向新的 AP 发出 Reassociation Request 管理帧,如果收到

AP 的 Reassociation Response 管理帧，则认为越区切换成功，并获得新的 BSSID，可以在新 AP 的中继下与其他站点通信。

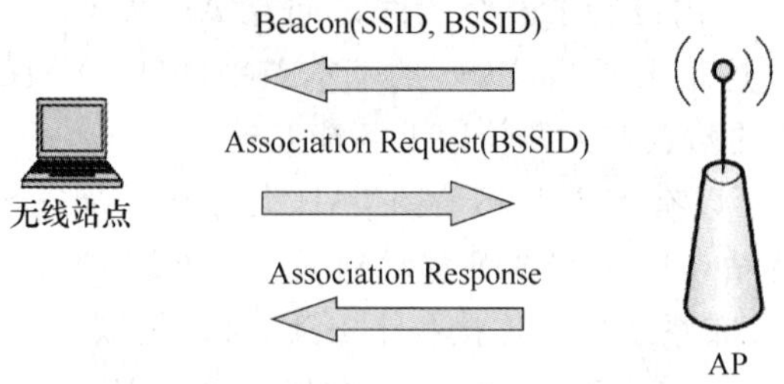

图 3-31　ESS 网络结构的关联过程

AP 在收到 Reassociation Request 管理帧时，除了发送应答以外，还应通知 AP 之间的分布式系统发生了重新关联，这样原来的 AP 放弃与移动站点的关联关系，改由通过分布系统中继。

3.6.3　WLAN 配置实例

图 3-32 是一个无线路由器的配置实例。

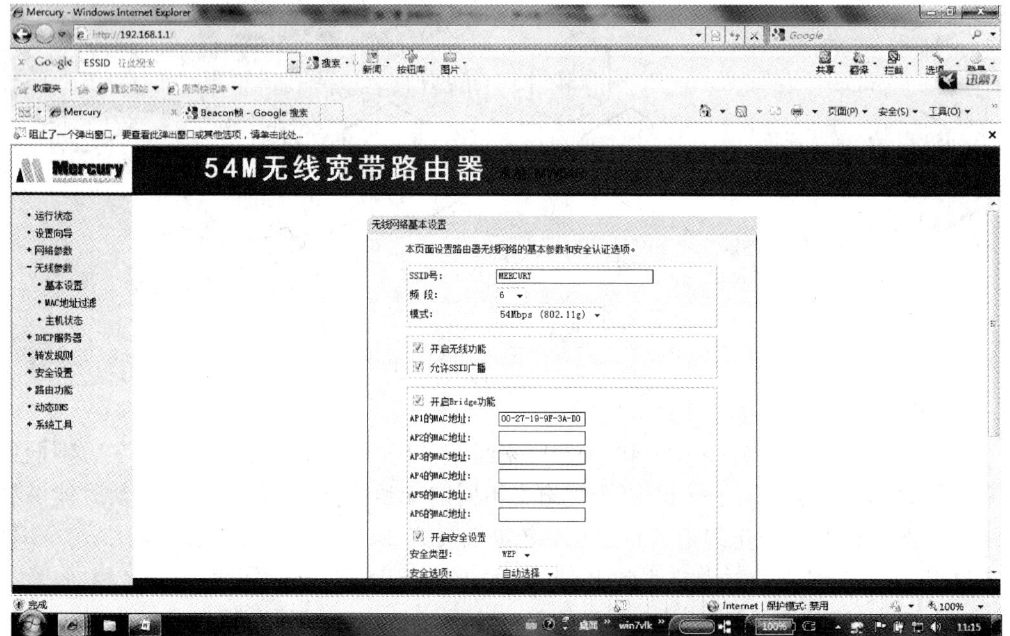

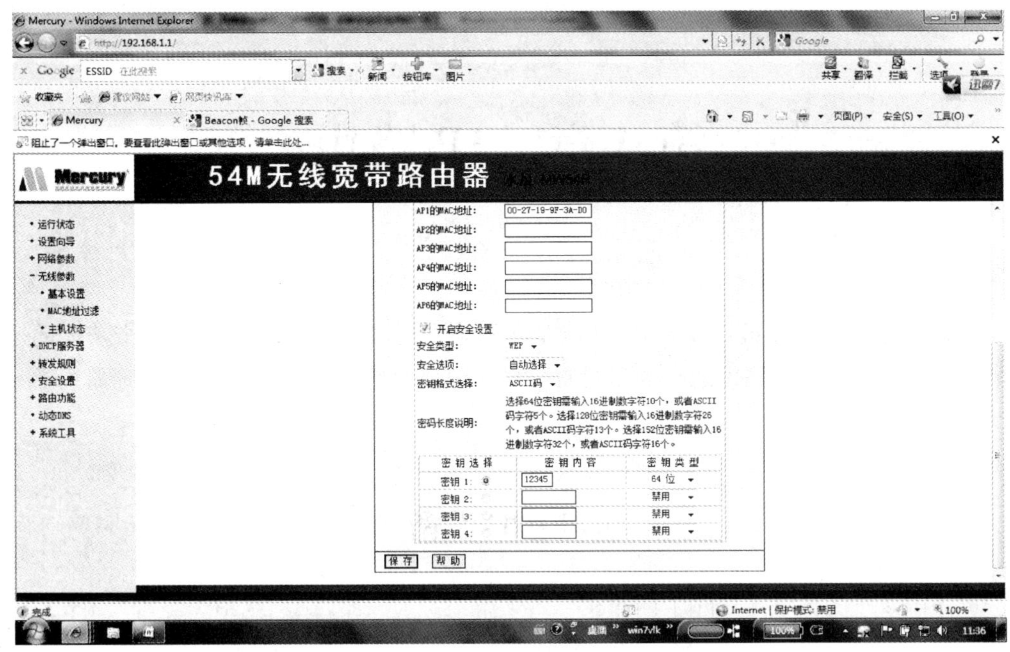

图 3-32　无线路由器的配置

网络的 SSID 是 MERCURY；频段是 6；模式是 54 MHz(802.11g)；广播 SSID；使用 WEP 加密，自动选择 OPEN 或 SHARE 方式，使用密钥 1(12345)。

图 3-33 是 Windows XP 配置无线网络的实例。

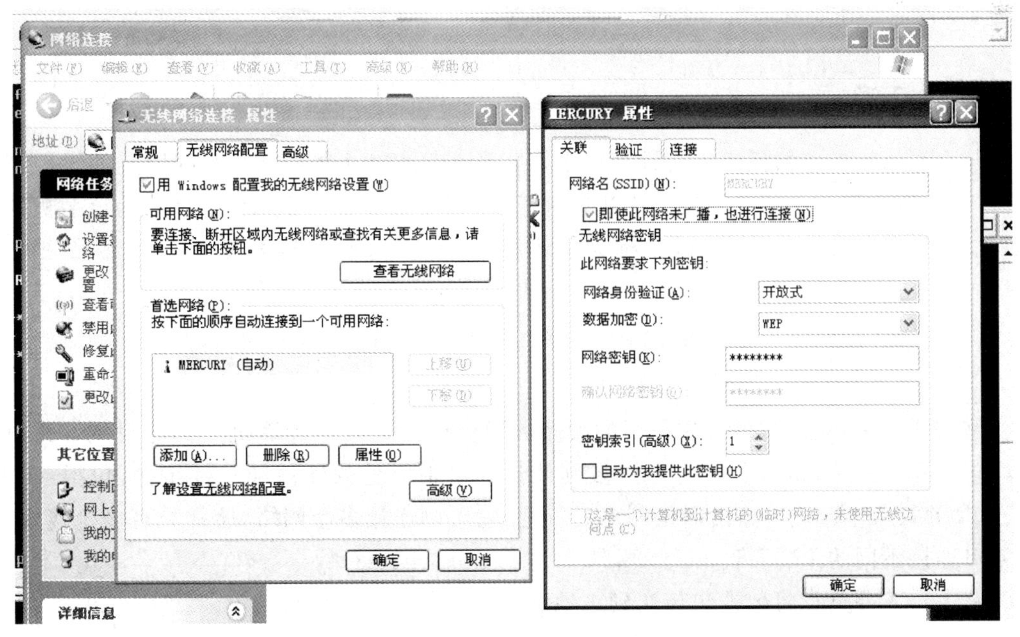

图 3-33　Windows XP 无线网络的配置过程

网络的标示 SSID 是 MERCURY；使用 WEP 加密，网络身份认证为开放式(OPEN)。

第4章 IP路由

IP 协议是网络的关键协议，它的功能是在网络中传输数据、转发报文，这个功能的实现依赖于路由选择技术。路由选择是通过执行某种算法在网络中寻找到达目的地路由的一种技术。

4.1 IP 设备

目前网络中的 IP 设备多种多样，如台式计算机、笔记本计算机、IP 电话、LAN 交换机、路由器和服务器等，这些设备负责消息从源(或发送设备)到目的设备的正确传输，其中台式计算机、笔记本计算机和 IP 电话等代表终端用户，而路由器、LAN 交换机等代表网络设备或用来连接终端设备的介质。

通过标准化各种网络要素，不同公司制造的设备和装置可以一起工作。不同技术领域的专家都可以针对如何开发一个高效网络提出自己的看法，而不必去考虑设备的品牌或制造商。

4.1.1 主机

与 Internet 相连的任何一台计算机都可以称为主机，每台主机在互联网上的地位都是平等的，一台主机如果想要在网络中进行通信，就需要被分配一个 IP 地址，作为该主机的标识，且为了保证能找到此主机，该标识应该是唯一的，每台主机都至少有一个唯一的 IP 地址。

4.1.2 路由器

路由器就是一台计算机，它使用的大多数硬件组件在其他计算机上都能找到。路由器同样包括操作系统，路由器中含有许多其他计算机中常见的硬件和软件组件，包括：CPU、内存、ROM、操作系统。路由器是网络的核心，它可以连接多个网络，通常具有多个接口，每个接口连接不同的 IP 网络。

路由器主要负责将数据包传送到本地和远程目的网络，其方法是：

① 确定发送数据包的最佳路径；

② 将数据包转发到目的地。

路由器使用路由表来确定转发数据包的最佳路径。当路由器收到数据包时，它会检查其目的 IP 地址，并在路由表中搜索最匹配的网络地址。

路由器的 CPU 负责执行操作系统指令，如系统初始化、路由功能和网络接口控制。内存存储 CPU 所需执行的指令和数据，如操作系统、运行配置文件、IP 路由表、ARP 缓存、数据包缓存区。内存是易失性存储器，如果路由器断电或重新启动，内存中的内容就会丢失，ROM 是一种永久性存储器，用来存储 bootstrap 指令、基本诊断软件、精简版 IOS。路由器中还有 FLASH 用来保存 IOS、NVRAM 存储参数等。

4.1.3 Dynamips 和 Dynagen

Dynamips 是一个基于虚拟化技术的模拟器，用于模拟 Cisco 的路由器，其作者是法国 UTC 大学 (University of Technology of Compiegne)的 Christophe Fillot。

Dynamips 的原始名称为 Cisco 7200 Simulator，源于 Christophe Fillot 在 2005 年 8 月开始的一个项目，其目的是在传统的 PC 上模拟 Cisco 的 7200 路由器。发展到现在，该模拟器已经能够支持 Cisco 的 3600 系列(包括 3620、3640、3660)，3700 系列(包括 3725、3745)和 2600 系列(包括 2610 到 2650XM、2691)路由器平台。

该模拟器使用真实的 Cisco IOS 操作系统构建一个学习和培训的平台，让人们更加熟悉 Cisco 的设备，测试和实验 Cisco IOS 操作系统中数量众多、功能强大的特性，迅速地构建路由器的配置以便之后在真实的路由器上完成部署。但是，Dynamips 毕竟只是模拟器，它不能取代真实的路由器，所以，Dynamips 仅仅只是作为 Cisco 网络实验室管理员的一个补充性的工具。

Dynagen 是 Dynamips 模拟器的前端。它利用类 INI 配置文件的方式使 Dynamips 模拟器工作。它帮助指明接口配置，产生和适配繁琐的 NIO 描述，指明桥接、依赖的帧格式等。它也提供了 CLI 可以对设备进行列表、挂起和重新载入操作、查找执行 idle-pc 值、包捕获等操作。大大简化了 Dynamips 的应用复杂度。

下面结合图 4-1 的网络介绍 Dynamips 的使用。

实验环境为 Window 7，dynagen-0.10.1，dynamips-0.2.8。

图 4-1 Dynamips 模拟器的使用

安装 Dynamips 前需要实现安装 wincap4.0 或更高版本。安装 Dynamips 后，把相应 Cisco 路由器的 IOS 镜像文件复制到安装目录的 image 文件夹下。例子中用到的路由器为 c3640，然后用记事本打开 demo.net 文件进行编辑，内容如下：

```
ghostios = true
sparemem = true

[localhost]
    [[3640]]
    image = \Program Files\Dynamips\images\c3640-ik9o3s-mz.124-10.image
```

```
ram = 96
    idlepc = 0x605c8ad0

    [[router R1]]
    model = 3640
    slot0 = NM-1E
    slot2 = NM-4E
    e0/0 = NIO_udp:30000:127.0.0.1:20000
    e2/0 = R2 e2/0
    e2/1 = NIO_gen_eth:\Device\NPF_{627B0C34-89E4-4C6B-97F0-0EADF1AB1D27}

    [[router R2]]
    model = 3640
    slot0 = NM-1E
    slot2 = NM-4E
    e0/0 = NIO_udp:30001:127.0.0.1:20001
    e2/1 = NIO_gen_eth:\Device\NPF_{F644A17B-82A4-43A4-88BA-27D4AE7456F0}
```

配置参数意义如下。

- **ghostios=ture**，在运行多个同一 image 的 router 实例时可以节省存储空间，使其共用一个文件。
- **sparemem=ture**，表示 router 实例只占用所需的内存，不会把整个 router 地址空间都在 PC 的内存中事先分配。
- [**localhost**]，Dynamips 运行主机的 IP 地址，此处运行在同一台 PC 上。
- [[**3640**]]，表示在以上 Dynamips 中创建为 3640 类型路由器实例中应用以下配置。
  - **image**，加载的 IOS 镜像文件名称；
  - **ram**，每个实例分配内存大小，单位 MB；
  - **idlepc**，赋予正确的值后能使 PC 的 CPU 占用率不至于一直为 100%，在 router 实例空闲时，可以通过多次实验“idlepc get routername”命令的输出值，得到一个 CPU 利用率最低的选为 idlepc 的值。
- [[**router R1**]]，代表实例 R1 的配置。
- **model**，此路由器加载的路由器配置模块，与上面[[3640]]对应。
- **slot***n*=*X*，代表 *n* 号槽位安装的模块。例如，slot0=NM-1E，表示本路由器 0 号槽位安装的模块为 NM-1E。
- e*m*/*n*，代表路由器 *m* 模块 *n* 号接口的连接配置。例如：
  - e0/0 = NIO_udp:30000:127.0.0.1:20000 用 UDP 模拟接口收发。例如，当本机(127.0.0.1)的 20000 端口向 30000 端口发送 UBP 数据包时，e0/0 端口认为收到所发送数据。
  - e2/0 = R2 e2/0 表示模块 2 的 0 号端口与路由器 R2 的模块 2 的 0 号端口连接。
  - e2/1 = NIO_gen_eth:\Device\NPF_{F644A17B-82A4-43A4-88BA-27D4AE7456F0}表

示模块 2 的 1 号端口与本机号码为 NIO_gen_eth:\Device\NPF_{F644A17B-82A4-43A4-88BA-27D4AE7456F0}的网卡连接。网卡的对应的编号可通过运行安装目录下的 Network device list. cmd 文件获得。

写好配置文件后，先运行安装目录下的 dynamips-start. cmd 文件，启动服务器，然后在命令行下运行 dynagen. exe 并把. net 文件作为参数传入。就会进入 Dynagen 的命令交互界面，如图 4-2 所示。

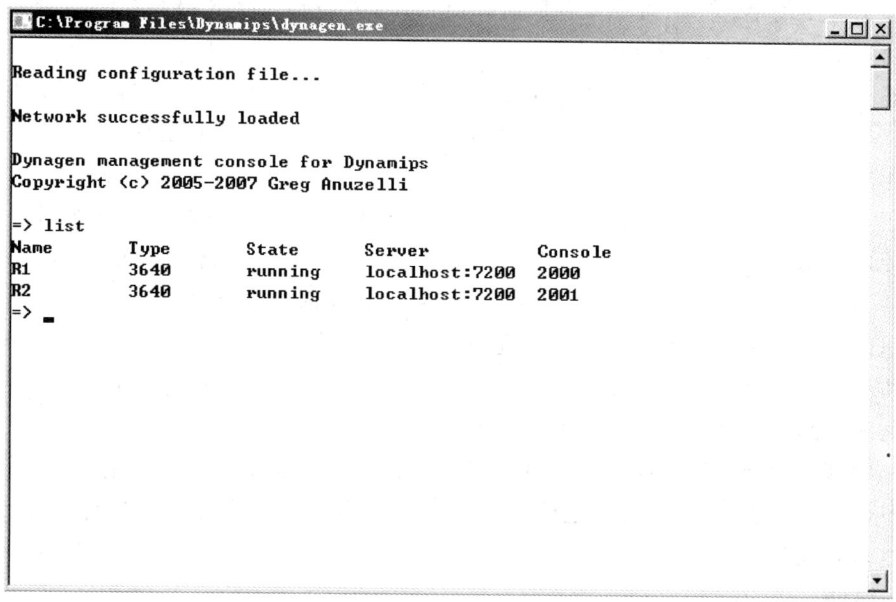

图 4-2　Dynagen 的命令交互界面

Dynagen 命令介绍如下。

- [**no**] **capture** device interface filename [link-type]，捕获数据包并存储在文件中。例如，capture R1 f0/0 result. cap，捕获路由器 R1 的模块 0 的 0 号端口收到的包信息并存入 result. cap 文件中。
- **import**/**export** device|/all "directory"，导入/导出选择设备配置文件到特定目录。
- **push**/**save**，类似 import/export，只不过把配置文件发送到网络上，地址在配置文件中指定。
- **list**，列出所有运行中的设备。
- **suspend**/**resume** device/all，挂起/唤醒所选设备。
- **disconnct**，断开与 Dynamips 的连接。
- **idlepc** {get|set|show|save|idlemax|idlesleep|showdrift} device [value]，对 idlepc 进行的各种操作。
- **telnet** device/all，登录设备。

4.2 路由技术

路由技术中包括静态路由和动态路由，静态路由是在路由器中人工设置的路由。由于静态路由不能对网络的改变做出反映，一般用于网络规模不大、拓扑结构简单的网络中。静态路由的优点是简单、高效、可靠。在所有的路由中，静态路由优先级最高。当动态路由与静态路由发生冲突时，以静态路由为准。

动态路由是网络中的路由器通过相互交换信息计算获得的路由。它能实时地反映网络的变化。动态路由适用于规模大、拓扑结构复杂的网络。当然，各种动态路由协议会不同程度地占用网络带宽和 CPU 资源。

由于 CPU 资源的限制，动态路由协议作用的网络范围是有限制的，为了能够在较大的网络中使用动态路由协议，需要将网络划分成较小的区域即自治域。根据是否在一个自治域内部使用，动态路由协议分为内部网关协议(IGP)和外部网关协议(EGP)。

这里的自治域指一个具有统一管理机构、统一路由策略的网络。自治域内部采用的路由选择协议称为内部网关协议，常用的有 RIP、OSPF 协议等；外部网关协议主要用于多个自治域之间的路由选择，常用的是 BGP 协议。

网络的基本功能是通过连接网络设备和主机的通信线路将报文从源端点发送到目的端点，由于网络中连接了大量设备和主机，现在的网络都设计有一套复杂的机制完成报文转发过程。这套转发机制主要由如下四部分组成。

(1) 编址

为了识别设备和主机，必须给每个设备和主机至少一个唯一的设备标识符，这个标识符就是我们通常所说的地址。地址的编制有两种方法，一种方法是地址只是用来区分设备，不包含设备的位置信息(如以太网的地址，在出厂时就设定好，终身不用改变)。这种由设备决定地址的机制通常用在局域网中，优点是设备移动方便，但只能用在规模有限的局域网中，如果用于设备众多的广域网中，其寻址过程的代价是不能接受的。另一种方法是地址是由交换设备中的参数和线路的连接决定的，与设备本身无关，如电话号、IP 地址等，广域网大多采用的是这种方法。这种机制的地址中包含有设备位置信息，可以极大地简化寻址的代价，例如，电话号码 00861062282222，从号码上就可以知道被叫在中国北京等位置信息。它的缺点是设备或主机位置变动时，地址也要随之改变。

(2) 寻址

寻址的目的就是找到地址所标识的设备，通常局域网的寻址机制都很简单，通过局域网支持的广播功能可以很容易的完成寻址。广域网则是根据地址中携带的位置信息，通过复杂的路由表来找到地址所标识的设备。

(3) 转发

计算机网络中的数据交换基本上采用的是存储转发方式。所谓存储转发是：连接各网络设备和主机的通信线路的物理连接不作改变，通过路由器在不同的端口上收发数据，把报文从源设备送到目的设备。如图 4-3 所示，图中的 A、B、C、D、E、F 都是路由器(数据交换设备)，而 H_1 和 H_2 是主机。这个过程和邮政局的信函投递过程是类似的，例如，有一封从北京到河南洛阳乡下的信函，可能的投递路径是：

- 发信人把信函投进北京的邮筒，被邮递员取走送到北京邮局，在北京邮局进行第一次分拣，把它和到其他省的信函分开，装入到郑州的邮袋，送上火车，完成了信函的第一次交换；
- 到郑州后邮袋被卸下火车，送到河南邮政局，进行第二次分拣，将其与到其他地市的信函分开，装入到洛阳的邮袋，重新被送上到洛阳的火车，完成了信函的第二次交换；
- 到洛阳后再经过县邮局的分拣、运送，向邮政所的投递，到达收件人的手上，完成了信函的投递（转发）过程。

在此过程中，到各个城市的道路都是固定的，没有因为信函投递的需要修新的路（例如北京直达洛阳某县的公路或铁路），只是在各地邮局重新分拣，然后用不同线路的车辆进行投送。

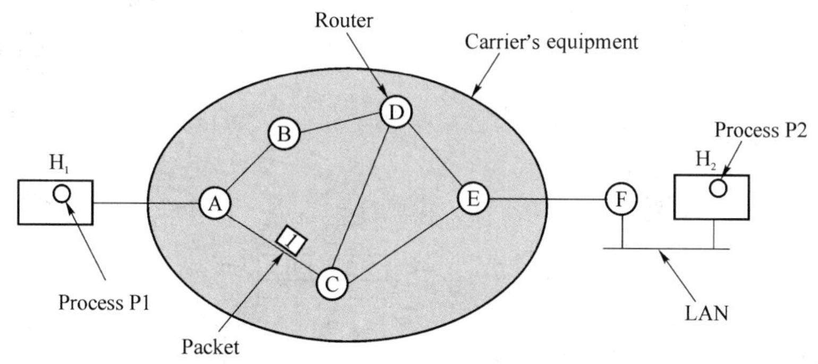

图 4-3　路由示意图

计算机网络的交换过程与邮局投递的过程有如下两个小的差别。

- 一个差别是为了降低存储转发的延时，报文被分割成较小的分组，这种把报文分割的计算机网络的交换方式称为分组交换，而邮局采用的不分割报文的交换方式叫做报文交换。
- 另一个差别是邮局是使用信函上的地址进行分拣的，即对照信函上的地址或邮政编码，把信函装入不同的邮袋。而计算机网络中有一种交换方式和邮局一样直接使用报文中的地址，这种方式称为数据报交换。如图 4-4 所示，图(a)表示主机 A 同时要发送 3 个分组(B.1、B.2、B.3)给主机 B，同时将另外 3 个分组(C.1、C.2、C.3)给主机 C；图(b)表示计算机网络（即组成网络的交换机）根据分组的地址信息将分组转发到不同的主机 B 和 C。

还有一种称为虚电路的交换方式，这种方式预先在路由器中标记好源主机到目的主机的路径，做好标记，即虚电路号，然后，在后继的报文中只携带虚电路号，利用虚电路号沿着预先标好的路径转发报文。优点是虚电路号占用的比特数较少，可以减低带宽的开销，比地址更规范，程序容易处理，加快了交换的速度。当然这种方式也有缺点，比如数据传输前需要建立虚电路，花费了额外的时间，路由器中需要保存虚电路表（注意不是路由表，不管采用何种交换方式都需要路由表），网络故障时虚电路的连接会中断等。如图 4-5 所示，路由器 A 的虚电路表中将连接 H_1 的 In（入）接口上的 1 号虚电路交换到连接 C 的 Out（出）接口上的 5 号虚电路，连接 H_1 的 In 接口上的 2 号虚电路交换到连接 C 的 Out 接口上的 6 号虚电路;路由器C的虚电路表中将连接A的In接口上的5号虚电路交换到连接E的Out接口上的2号虚电路;依次类推,每个分组只需要携带虚电路号就能在网络中进行交换。

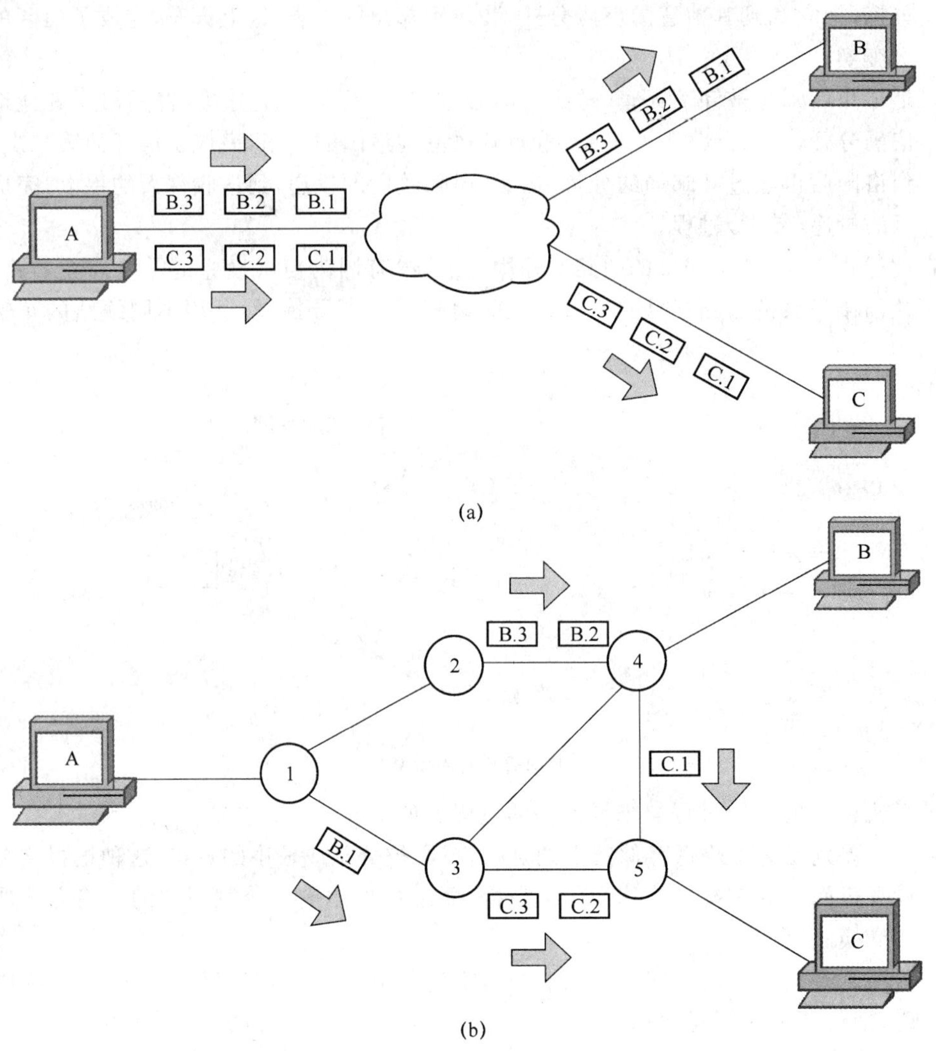

图4-4 数据报交换方式示意图

关于数据报(无连接服务)和虚电路(面向连接的服务)优缺点的争论一直伴随着计算机网络的发展,早期计算机网络的发展由CCITT组织和ISO组织主导,它们主要代表各国邮电部门和运营商观点,采用虚电路交换的网络占有较大的优势,这样可以较容易地实现QoS支持并方便计费。随着Internet的兴起,数据报网络大有一统天下的趋势,但Internet应用的发展,导致数据报网络对网络安全和QoS支持差的缺点暴露无遗,在这种形势下,虚电路网络更好的安全性、良好的QoS支持和能够比较容易地处理网络拥塞等特点又重新得到重视。例如,异军突起的MPLS就是结合了IP数据报和虚电路面向连接网络的优点,其实MPLS中的标签(TAG)实际上与虚电路号起到的作用基本一样。

(4) 路由表

路由器的报文转发和虚电路的建立依赖于路由器中的路由表,因此,在能进行报文交换之前要先构建路由表，路由表可以人工输入，在路由器开始工作前根据网络情况人为地注入路由表，但人工方式工作量大，对网络的变化不能及时反映，只能用在规模较小的网络中。大型网络的路由表一般是由各种路由协议算法自动获得的。

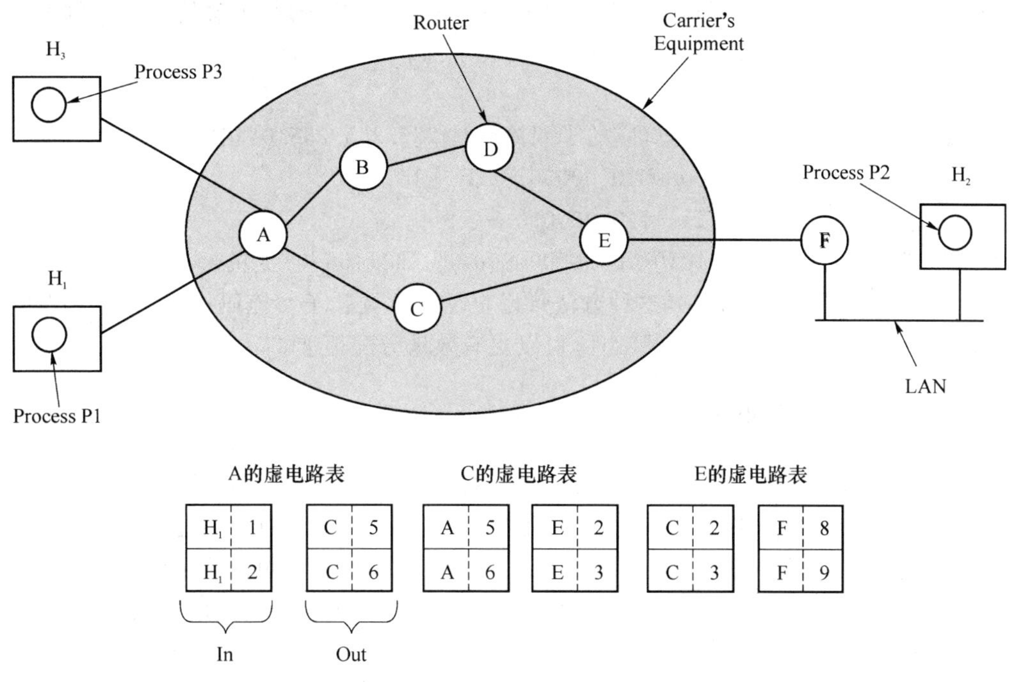

H1	1
H1	2

C	5
C	6

A	5
A	6

E	2
E	3

C	2
C	3

F	8
F	9

图 4-5　虚电路交换方式示意图

4.2.1　IP 协议中的地址结构

Internet 上的每台主机(Host)都有一个唯一的 IP 地址。IP 协议就使用这个地址在主机之间传递信息，这是 Internet 能够运行的基础。IP 地址的长度为 32 位，分为 4 段，每段 8 位，用十进制数字表示，每段数字范围为 0～255，段与段之间用句点隔开，例如 192.168.0.1，如图 4-6 所示。

IP 地址由两部分组成，一部分为网络地址，另一部分为主机地址。网络号的位数直接决定了可以分配的网络数，主机号的位数则决定了网络中最大的主机数。然而，由于整个互联网所包含的网络规模可能比较大，也可能比较小，设计者最后聪明地选择了一种灵活的方案：将 IP 地址空间划分成不同的类别，每一类具有不同的网络号位数和主机号位数。早期的 IP 地址根据网络地址和主机地址的不同分配分为 A、B、C、D、E 5 类。

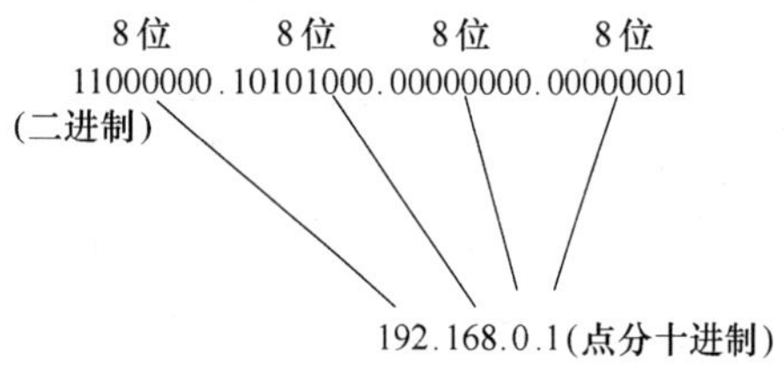

图 4-6　IP 地址结构示意图

按 A、B、C、D、E 5 类的方法划分网络和主机地址，会造成很大的浪费。随着网络的发展，地址资源越来越紧张，为了缓解地址资源的紧张状态，现在使用的是所谓无分类的网络和主机地址划分方法。在无分类的 IP 地址结构中引入了子网掩码的概念。子网掩码是一个 32 位地址,与 IP 地址结合使用,它的主要作用是指出 IP 地址中哪些部分是网络地址,哪些部分是主机地址。

通过 IP 地址的二进制值与子网掩码的二进制值进行"与"运算,可以确定某个设备的网络地址和主机号,即子网掩码中 1 对应的是网络地址,0 对应的是主机地址。也就是说通过子网掩码分辨一个网络的网络部分和主机部分。子网掩码一旦设置好,网络地址和主机地址就固定了。

例如,IP 地址 192.168.0.1,对应的子网掩码是 255.255.255.0,相应二进制表示如下:

11000000.10101000.00000000.00000001→IP 地址

11111111.11111111.11111111.00000000→子网掩码

其中,网络部分为 11000000.10101000.00000000,即 192.168.0,主机部分为 00000001,即 1。这与 C 类地址是一样的,但是这种方法可以根据需要调整子网掩码中 1 的长度,在网络和主机地址的分配上具有更大的灵活性,可以更有效地分配地址。

4.2.2 IP 网络中报文的转发机制

TCP/IP 网络中的数据转发分为两种:①直接交付,目的主机与源主机在同一个子网上,利用子网的转发机制将数据报直接交付给目的主机,不需要通过路由器;②间接交付,目的主机与源主机不在同一个网络上,将数据报发送到某个路由器,由该路由器按照转发表指出的路由将数据报转发给下一个路由器,依次找到最终的目的主机所在的子网,然后由路由器交付给目的主机。

下面先讨论间接交付,TCP/IP 子网间的数据转发是由路由器完成的。路由器是一种具有多个输入端口和多个输出端口的专用计算机,如图 4-7 所示。路由器从功能上可以划分为两大部分:路由选择部分和分组转发部分。

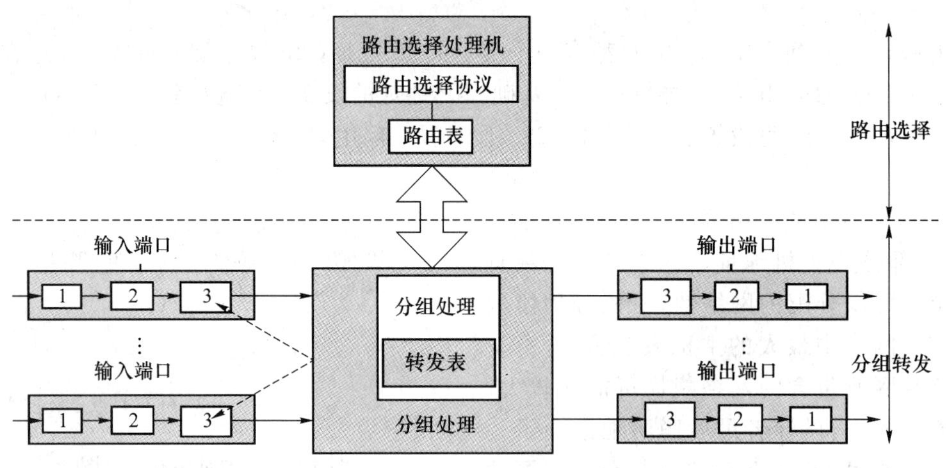

图 4-7 路由器结构示意图

(1) 路由选择部分

路由选择部分的任务是根据路由选择协议构造路由表,并定期更新和维护路由表。

(2) 分组转发部分

分组转发部分由三部分组成:交换机构、输入端口和输出端口。各部分功能如图 4-8

所示。

① 交换机构可以是软件也可以是硬件，其功能是根据转发表对分组进行处理，将某个输入端口进入的分组从一个合适的输出端口转发出去，交换机构只对 IP 报文的网络地址部分进行处理，对报文的主机地址并不理睬，因此，路由器只能在子网间转发报文。

② 输入端口由物理层、数据链路层和网络层 3 个处理模块组成，物理层进行比特接收。数据链路层则按照链路层协议接收传送分组的帧。数据链路层剥去帧首部和尾部后，将分组送到网络层。若收到的分组是到本路由器的分组，则交给路由器相应的模块处理；若收到的分组不是到本路由器的数据分组，则按照分组中目的地址查找转发表，根据得出的结果，选择合适端口转发出去。分组在交换的队列中排队等待处理，这会产生一定的时延，尽量减少时延是提高路由器性能的关键。

③ 输出端口将交换机构传送过来的分组先进行缓存，然后数据链路层处理模块将分组加上链路层的首部和尾部，交给物理层，由物理层发送到外部线路。

路由器的端口一般都是全双工的，即一个物理端口既可以收也可以发。另外，从理论上讲路由器的每个端口连接的是一个子网，即使一台计算机（或路由器）通过一根以太网电缆直接连接到路由器的一个以太网端口，也应该认为这台计算机通过一个只有两台设备（路由器和计算机）的以太网和路由器相连，它们之间的报文要通过以太网的机制收发。

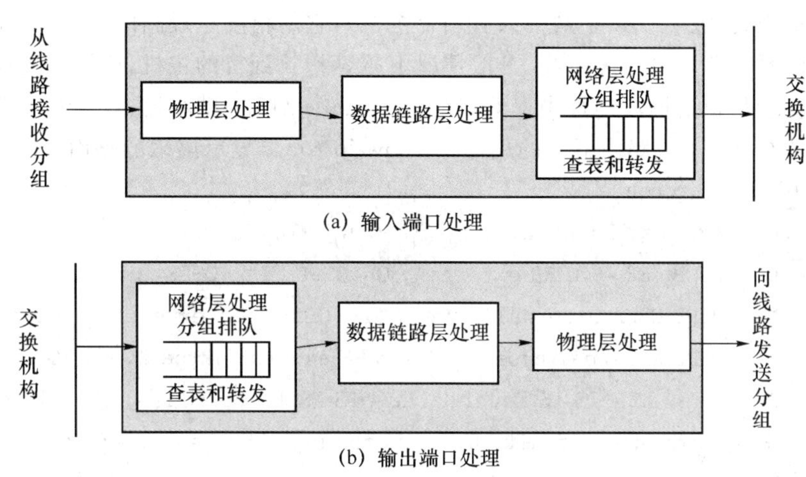

图 4-8　路由器端口示意图

1. 路由表

路由器中交换机构利用路由表完成报文转发。在路由表中采用所谓下一跳的方法来表示路由，例如，router A 的一个端口连接网络 13.0.0.0/8（这是 IP 地址的另一种表示方法，即 IP 地址的掩码由 8 个 1 组成 255.255.0.0），从网络 13.0.0.0/8 到网络 14.0.0.0/8 要经过 router A、B、D、G、K、F。在 router A 中并不会标识一条从 A 经过 B、D、G 和 K 到 router F 的路由，而是在每个路由器上都指出到 router F 应该经过的下一个路由器，如下：

router A 中，到网络 14.0.0.0/8 经过的下一个路由器是 router B；

router B 中，到网络 14.0.0.0/8 经过的下一个路由器是 router D；

router D 中，到网络 14.0.0.0/8 经过的下一个路由器是 router G；

router G 中，到网络 14.0.0.0/8 经过的下一个路由器是 router K；

router K 中，到网络 14.0.0.0/8 直接走 14.0.0.0/8 相连的端口。

这就像我们在给别人指路时，我们只告诉他在当前的路口应该怎样走，向左、向右还是直行。至于到什么地方，有什么标志，到达那个地方时他再去问那里的其他人。采用这种表示方法的好处是路由表的长度固定，便于计算机存储和处理。

和我们在现实生活中走路一样，经常会出现到某个地方的路有好几条，所谓“殊途同归”。在网络中也一样，有的时候到同一个网络的路由会有好几个，这时就需要我们选择代价最小的路由。在 Cisco 路由器中，路由的代价(或费用)用管理距离和费用(COST)来表示。管理距离是根据路由的来源(直连的、静态的、动态的)来确定路由的优先级。引入管理距离是为了人为地改变路由的优先级，比如直连的路由是到达直接相连的网络，有高的优先级，动态路由是计算出来的可能会受到各种因素的影响，不如直连和静态的可靠，因此优先级较低。COST 是在相同的管理距离下进一步区分路由的优先级。因此，在路由表中还应该有路由的优先级。

另外还有一个问题是路由的精度。比如说有人告诉你“孔庙在山东省”，另外有人告诉你“孔庙在山东省的曲阜”，那么后一条信息的精度比前一条高，你会更愿意使用后一条信息，它使你能更加容易的找到目的地。在路由器中也有精度的问题，子网掩码的长度越大(1 的个数多)，相应的子网中可以包含的主机的个数越少，精度就越高，极端情况是子网的掩码有 32 个“1”(即主机地址，或者说该子网中只有一个主机)，它的精度是最高的，可以定位到一个主机。子网掩码越长路由的精度越高，一般情况下越容易找到目的主机，应该优先使用。路由的精度可以直接从目的网段地址中提取，比如 13.1.0.0/16 的精度比 13.0.0.0/8 高。

下面是一个在 Cisco 路由器上的用命令 show ip route 显示出来的路由表：

```
wd2800-01# sh ip route
Codes: C - connected, S - static, I - IGRP, R - RIP, M - mobile, B - BGP
       D - EIGRP, EX - EIGRP external, O - OSPF, IA - OSPF inter area
       N1 - OSPF NSSA external type 1, N2 - OSPF NSSA external type 2
       E1 - OSPF external type 1, E2 - OSPF external type 2, E - EGP
       i - IS-IS, L1 - IS-IS level-1, L2 - IS-IS level-2, ia - IS-IS inter area
       * - candidate default, U - per-user static route, o - ODR
       P - periodic downloaded static route
       [Distance/Metric]

C     1.1.1.1/32 [0/1] is directly connected Loopback1 * active
C     13.0.0.0/16 [0/1] is directly connected Fastethernet3/0.1 * active
C     113.1.254.0/30 [0/1] is directly connected Fastethernet0/0 * active
C     113.1.254.4/30 [0/1] is directly connected Fastethernet0/1 * active
O IA  113.254.253.0/30 [110/1795] via 113.1.254.2 Fastethernet0/0 * active
O IA  113.254.253.12/30 [110/1805] via 113.1.254.2 Fastethernet0/0 * active
O IA  113.254.253.16/30 [110/21785] via 113.1.254.2 Fastethernet0/0 * active
C     113.254.254.3/32 [0/1] is directly connected Loopback0 * active
C     114.1.254.0/24 [0/1] is directly connected Fastethernet3/0.2 * active
```

```
O E2   172.16.0.0/16 [110/20] via 113.1.254.2 Fastethernet0/0 * active
                    <Group 0> 10 routes displayed.

                    All Group 10 routes displayed.
```

路由表项中主要包含了如下 5 个字段。

① 第一个字段是路由的属性，说明本路由的种类，比如 C 表示直连路由；O 表示 OSPF 路由，对于 OSPF 路由还有进一步的说明，例如 O IA 表示是 OSPF 自治域的内部路由等。

② 第二个字段表示路由的目的地址，即经过本路由可以到达的地址。

③ 第三个字段包括方括号中的两个数，它们分别表示管理距离和路由的 COST 值。管理距离用来指定优先使用的路由种类。路由器中的路由可以有多个获得途径，比如，直连路由（该网络与路由器的某个端口直接相连而获得的路由）、静态路由（人工添加的路由）、动态路由（路由协议产生的路由）等。由于获得路由的途径不同，我们对这些路由的信任程度是不一样的，直连路由优先级最高，因此，它的管理距离是 0；静态路由是我们精心计算后获得的，我们也比较信任它，它的管理距离是 1；路由协议通过搜集网络信息来计算路由，由于其过程的复杂程度较高，可靠性不如直连路由和静态路由，因此，它们的管理距离比较大。另外，不同的路由协议产生的路由，其管理距离也不一样，比如，OSPF 的管理距离是 110，RIP 的管理距离是 120，EIGRP 的管理距离分两种，内部路由是 90，外部路由是 170，等等。在相同的管理距离下还要靠 COST 来决定使用哪条路由。总之，管理距离和 COST 相结合为路由器提供确定路由优先级的方法。

④ 第四个字段是文字说明，指出经过的下一跳的 IP 地址和输出端口。

⑤ 第五个字段是该路由的当前状态，指出该路由当前是否可用。

下面举两个路由的例子来说明这 5 个字段。

例 4-1

```
C     13.1.0.0/16 [0/1] is directly connected Fastethernet3/0.1 * active
```

- C 表示是直连路由；
- 13.1.0.0/16 表示目的网络地址；
- [0/1] 表示管理距离是 0（直连路由），COST 是 1；
- is directly connected Fastethernet3/0.1 表明是直连路由，经过端口 Fastethernet3/0.1 转发；
- active 表示路由状态是可用的。

例 4-2

```
O IA  113.254.253.16/30 [110/21785] via 113.1.254.2 Fastethernet0/0 * active
```

- O IA 表示 OSPF 的域内路由；
- 113.254.253.16/30 表示目的网络地址；
- [110/21785] 表示管理距离是 110（OSPF 获取的路由），COST 是 21785；
- via 113.1.254.2 Fastethernet0/0 表示此路由的下一跳的 IP 地址是 113.1.254.2，经过端口 Fastethernet0/0 转发。这里需要指出下一跳的 IP 地址，这一点与直连路由不同，直连路由只需把报文送到指定的端口，因为已经到达目的网络，接下来就使用子网的数据交换机制，直接将报文送到目的地址，而在这里，需要明确指出下一跳的送达地址；

➢ active 表示路由状态是可用的。

2. 路由选择

路由器在选路时先按目的网段地址选择路由，如果有多个路由满足条件，则按路由的精度再进行筛选，如果结果仍然不是唯一的，则要用 COST 选择最好的路由，最后仍然可能出现多个路由，这时路由器不再选择，认为这些路由都是一样的，路由器会按一定的算法（选第一条、轮流使用等）选出一条。下面是一个路由选择的例子。

假设一个路由器的路由表中有 7 条路由如下：

```
C      13.0.0.0/16 [0/1] is directly connected Fastethernet3/0.1 * active
C      113.1.254.0/30 [0/1] is directly connected Fastethernet0/0 * active
C      113.1.254.4/30 [0/1] is directly connected Fastethernet0/1 * active
O IA   14.0.0.0/24 [110/1795] via 113.1.254.2 Fastethernet0/0 * active
O IA   14.0.0.64/26 [110/1805] via 113.1.254.2 Fastethernet0/0 * active
O IA   14.0.0.112/28 [110/21785] via 113.1.254.2 Fastethernet0/0 * active
D      14.0.0.112/28 [90/210] via 113.1.254.2 Fastethernet0/0 * active
```

如果需要将一个报文转发到 14.0.0.113/28，上面的路由表中有 4 条路由满足要求：

```
O IA   14.0.0.0/24 [110/1795] via 113.1.254.2 Fastethernet0/0 * active
O IA   14.0.0.64/26 [110/1805] via 113.1.254.2 Fastethernet0/0 * active
O IA   14.0.0.112/28 [110/21785] via 113.1.254.2 Fastethernet0/0 * active
D      14.0.0.112/28 [90/210] via 113.1.254.2 Fastethernet0/0 * active
```

我们将这 4 条路由中的 IP 地址变换成二进制，并将目的地址和子网掩码区分开，以便于查看，如表 4-1 所示。

表 4-1　路由表

IP 地址	二进制地址	含　义
14.0.0.113/28	00001110 00000000 00000000 01110001	目的主机地址
	11111111 11111111 11111111 11110000	掩码
14.0.0.0/24	00001110 00000000 00000000 00000000	目的网段地址
	11111111 11111111 11111111 00000000	掩码
14.0.0.64/26	00001110 00000000 00000000 01000000	目的网段地址
	11111111 11111111 11111111 11000000	掩码
14.0.0.112/28	00001110 00000000 00000000 01110000	目的网段地址
	11111111 11111111 11111111 11110000	掩码

在这 4 条路由中，从路由的精度上看，28 位掩码的路由精度最高，分别由 OSPF 和 EIGRP 产生（种类是 O IA 和 D），即：

```
O IA   14.0.0.112/28 [110/21785] via 113.1.254.2 Fastethernet0/0 * active
D     14.0.0.112/28 [90/210] via 113.1.254.2 Fastethernet0/0 * active
```

这里的两条路由中，OSPF 产生的路由的管理距离是 110，EIGRP 产生的路由的管理距离是 90，因此应该选择 EIGRP 产生的路由，相同管理距离的路由只有一条，即：

```
D     14.0.0.112/28 [90/210] via 113.1.254.2 Fastethernet0/0 * active
```

这样就不需要再做选择，可以使用该路由发送报文。

下面是路由器 IP 层所执行路由选择算法的过程描述，如图 4-9 所示。

① 从 IP 报文的首部提取目的主机的 IP 地址 D。

② 若 D 属于与该路由器直接相连的某一个子网，则不需要再经过其他的路由器，直接通过该网络将数据报交付给目的主机 D(这里要将 IP 报文根据不同的子网进行封装。例如子网是以太网，封装包括将目的主机地址 D 转换为具体的 MAC 地址，将数据报封装为 MAC 帧，再发送此帧)，否则，执行③。

③ 若路由表中有到达 D 的路由，则将数据报传送给路由中所指明的下一站路由器(以以太网为例，包括将目的主机地址 D 转换为具体的 MAC 地址，将数据报封装为 MAC 帧，再发送此帧)，否则，执行④。

④ 报告路由选择出错，并丢弃报文。

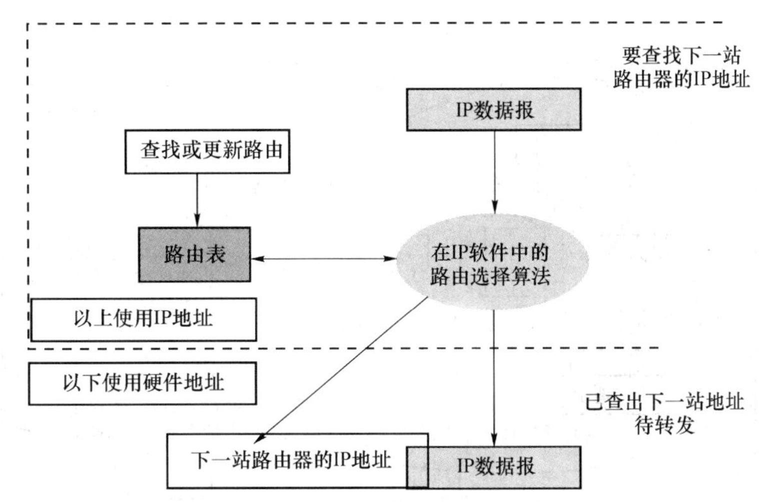

图 4-9　在 Internet 中一个路由器的 IP 层所执行的分组转发算法

在 IP 软件中的路由选择算法用路由表得出下一站路由器的 IP 地址后，不是将此 IP 地址填入 IP 数据报，而是送交下层的网络接口软件。网络接口软件根据下一站路由器的 IP 地址对 IP 报文进行封装后发送。例如，在以太网中，下一站的 IP 地址被转换成 MAC 地址，并将此 MAC 地址放在链路层 MAC 帧的首部，IP 报文放在 MAC 帧的数据部分后发送。

3. 子网内报文的转发

前面介绍了报文的间接交付，下面介绍在同一个网段中的直接交付过程。报文到达目的网段后，在 IP 层面的报文转发也就结束了。但是，此时报文还没有到达目的主机。那么报文最后是如何到达目的主机的呢？这就要借助子网的数据转发机制了。下面以以太网为例来说明报文如何在子网中继续发送。

从层次上看，物理地址是数据链路层使用的地址，而 IP 地址是网络层和以上各层使用的地址。IP 地址放在数据报首部，而硬件地址放在 MAC 帧首部。而报文在网络中路由的时候，最终还是要通过子网来完成数据的传输。报文路由的过程如图 4-10 所示，在同一个局域网内通过 MAC 地址(物理地址)进行转发,局域网之间通过的 IP 地址查找转发接口。主机 H_1 发送 IP 报文给 H_2,由于报文转发的下一跳是路由器 R_1,所以主机 H_1 先通过本地局域网将报文转发给 R_1,实际的转发工作由 MAC 地址完成。R_1 收到报文后继续根据路由表查找下一跳得到 R_2,再次通过 R_1 和 R_2 之间的局域网完成物理转发,R_2 收到报文后根据路由器再转发给 H_2。

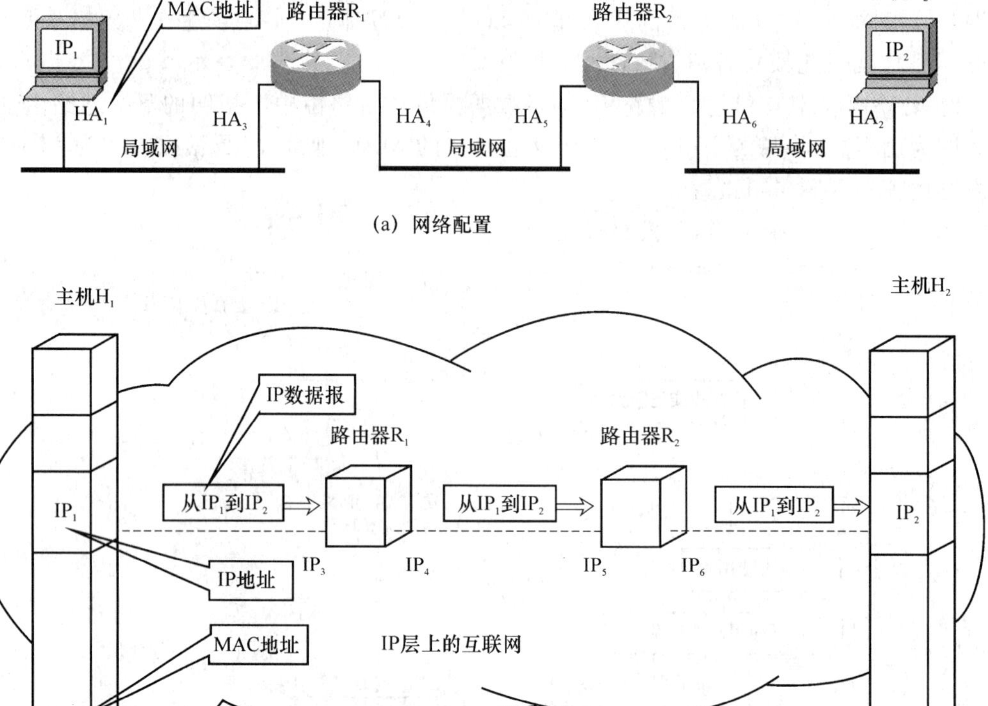

(a) 网络配置

(b) 不同层次、不同区间的源地址和目的地址

图 4-10　路由示意图

使用以太网转发报文需要解决两个问题,一个是如何将 IP 报文在以太网中传送。我们知道,每一种网络协议都规定了自己的报文格式,对于所有符合协议规定的报文,该网络中的设备都应该能够处理,但是 IP 报文和以太网的报文格式完全不一样,以太网的设备无法识别,当然也无法处理和收发。解决这个问题的办法在 TCP/IP 协议体系当中称为封装,即把 IP 报文当成以太网的数据,放进一个以太网帧的数据字段中,这样以太网的设备就不用处理该部分内容了,如图 4-11 所示。

另外一个问题是,在子网中主机间只能通过子网内部的地址进行通信,例如,在以太网中只能通过 MAC 地址进行通信。如何知道目的主机的以太网内部地址?我们知道 IP 报文中只有目的 IP 地址，并没有携带子网（在这里是以太网）内部的地址。为此，TCP/IP 协议体系中专门设计了解决问题的协议，这就是 ARP 地址解析协议，所有支持广播的网络都可以使用 ARP 协议完成 IP 地址到子网内部地址的转换。

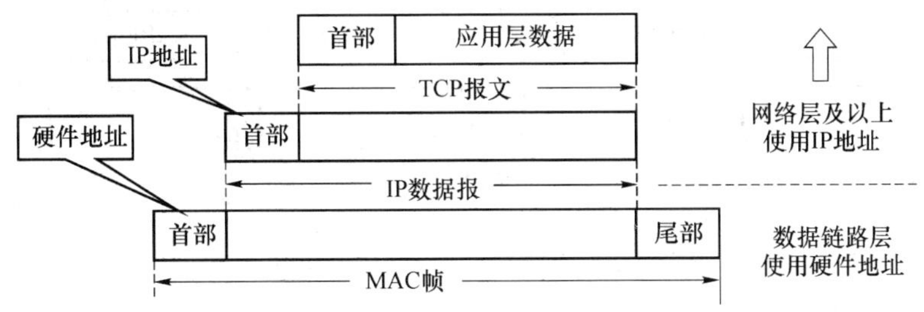

图 4-11　帧结构图

每个主机和路由器中都有一张 IP 地址和以太网 MAC 地址的映射表，一开始该表是空的。当主机（或路由器）A 要向以太网中的主机（或路由器）B 发送 IP 报文时，就先在其 ARP 表中查看有无该主机（或路由器）B 的 IP 地址。如有，就可查出其对应的以太网 MAC 地址，再将此 MAC 地址写入以太网帧，然后将该以太网帧发送到网络上。如果查不到则按如下过程处理，如图 4-12 所示。

① 主机 A 的 ARP 进程在本局域网上广播一个 ARP 请求分组，询问哪个主机具有 ARP 请求中填写的 IP 地址，本以太网上所有主机的 ARP 进程都会收到此 ARP 请求分组。

② 主机（或路由器）B 在 ARP 请求分组中见到自己的 IP 地址，就发送 ARP 响应分组，在响应分组中写入自己的 IP 地址和硬件地址。其余主机不理睬这个 ARP 请求分组。

③ 主机 A 收到主机 B 的 ARP 响应分组后，就在其 ARP 表中写入主机 B 的 IP 地址到以太网 MAC 地址的映射关系。

④ 使用新得到的 MAC 地址发送以太网帧。

为了减少网络上的通信量，主机 A 在发送其 ARP 请求分组时，就将自己的 IP 地址到 MAC 地址的映射写入 ARP 请求分组。当主机 B 收到 A 的 ARP 请求分组时，就将主机 A 的这一地址映射写入主机 B 自己的 ARP 表中。当主机 B 以后需要向 A 发送数据报时，就不用再进行 ARP 解析了。

ARP 是解决同一个局域网上的主机或路由器的 IP 地址和 MAC 地址的映射问题的协议。从 IP 地址到 MAC 地址的解析是自动进行的，主机的用户对这种地址解析过程是不知道的。只要主机或路由器要和本网络上的另一个已知 IP 地址的主机或路由器进行通信，ARP 协议就会自动地将该 IP 地址解析为链路层所需要的 MAC 地址。

从上面的介绍中可以看出，在子网中发送 IP 报文要解决两个问题，一个是要将 IP 报文封装到子网的帧中，另外就是要完成 IP 地址到子网地址的转换，在不支持广播的网络中无法使用 ARP 完成 IP 地址到子网地址的转换，需要有其他的方法，比如，X. 25 网络中采用人工设置 IP 地址到 X. 25 地址转换表的方法完成地址转换。

下面来总结一下 IP 报文的发送过程。当一个主机要发送 IP 报文时，它首先需要产生这个报文，该报文中包含有数据和目的地址。然后，该主机要从路由表中选择一个路由来发

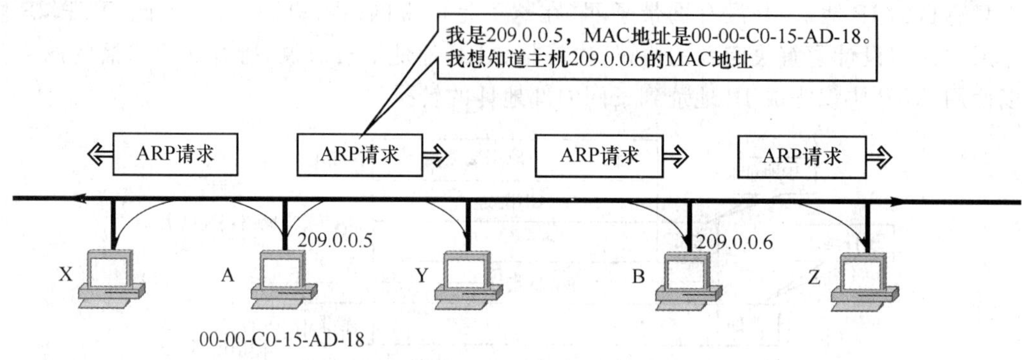

(a) 主机A广播发送ARP请求分组

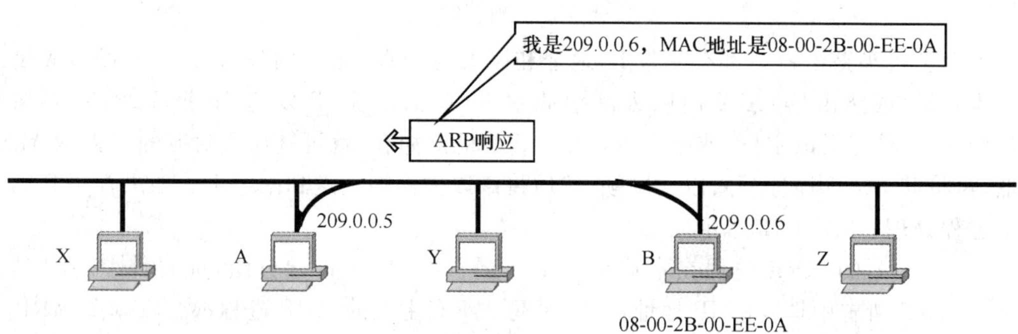

(b) 主机B向A发送ARP响应分组

图 4-12 以太网 ARP 解析过程

送该报文。主机的每一个网络接口在主机的路由表中都有一个到该接口所连接网段的直连路由，一般的主机只有一个网络接口，比如，我们经常使用的个人电脑，有的时候主机也可能有多个网络接口，比如，该主机是有多个网络接口的服务器，或它本身就是一个路由器。从前面的介绍中知道，直连路由具有最高的优先级，因此，如果 IP 报文是到这些路由指定的网段，就会从相应的接口中发出。如果没有直连路由，主机就会找其他的路由发送该报文，如果没有任何路由到达目的网络，该报文就无法发送，导致发送失败。如果找到可以发送报文的路由，相应地也就确定了发送报文的接口，这时需要根据接口的网络类型对报文进行封装，并完成 IP 地址到子网地址的转换，就像上面介绍的以太网发送过程一样。报文到达下一跳路由器后，要去封装，即从子网的帧中取出 IP 报文，如果此路由器发现 IP 报文的目的地址是本机的 IP 地址时，整个发送过程结束，否则还要继续查找到目的网段的路由，并根据出口子网的类型重新封装，完成地址转换，继续发送直到到达目的主机，或找不到路由导致发送失败。

路由器的工作不外乎两个，一是路径选择，二是数据转发。进行数据转发的处理逻辑相对容易一些，难的是如何判断到达目的网络的最佳路径。所以，路径选择就成了路由器最重要的工作。许多路由协议可以完成路径选择的工作，常见的有 RIP、OSPF、IGRP 和 EIGRP 协议等。这些算法中，我们不能简单地说谁好谁坏，因为算法的优劣要依据使用的环境来判断。比如 RIP 协议，它有时不能准确地选择最优路径，收敛的时间也略显长了一些，但对于小规模的、没有专业人员维护的网络来说，它是首选的路由协议，我们看中的是它的简单性。

下面的三节分别详细介绍 RIP、OSPF 和 BGP 路由协议。

4.3 RIP

路由信息协议(RIP,Routing Information Protocols)是使用最广泛的距离向量路由协议,它是由施乐公司(Xerox)在 20 世纪 70 年代开发的。当时,RIP 是施乐网络服务(XNS,Xerox Network Service)协议族的一部分,TCP/IP 版本的 RIP 是施乐协议的改进版。RIP 最大的特点是无论实现原理还是配置方法都非常简单。RIP 协议有两种版本:第一版(RIPv1)和第二版(RIPv2)。RIPv1 的功能非常有限,它不支持 CIDR(无分类域间路由选择)地址解析。这就意味着这个协议只是一个有类域协议,不能把 C 类地址的 24 位掩码网络分成更小的单位。另外,RIPv1 还使用广播发送信息,这就意味着主机不能忽略 RIP 广播,所以 RIPv1 路由器每次发出广播时,广播域中的每一台主机都将收到一个数据包,并且必须要处理这个数据包以便确定这个数据包是不是它关心的数据。相比之下 RIPv2 使用多播技术(发送的 RIP 报文目的多播 IP 地址为 224.0.0.9),这使得主机在无需处理这个数据包的情况下,就可以知道是否可以忽略这个多播包,降低了主机的处理负担。

4.3.1 RIP 工作原理

RIP 协议是基于 V-D 算法(又称为 Bellman-Ford 算法)的内部动态路由协议。V-D 是 Vector-Distance 的缩写,因此 V-D 算法又称为距离矢量算法。这种算法在 ARPARNET 早期就用于计算机网络的路由计算。RIP 协议在目前已成为路由器、主机路由信息传递的标准之一,因此,RIP 协议被大多数 IP 路由器厂家广泛使用。

RIP 距离矢量算法的基本工作原理是:每一个路由器维护一张路由表,该路由表以子网中每一个目标为索引,记录到达该目标的时间估计或距离估计,以及对应的首选输出线路,所有参加 RIP 协议的路由器周期性地向外广播路由刷新报文,在接收到来自各个邻居路由器的路由表后,根据这些路由表来重新计算自己到达各个网络的最佳路由。

具体的说,RIP 协议主要包括以下几个方面的内容。

1. 计算距离矢量

距离矢量路由协议利用度量来跟踪它和所有已知目的地间的距离。这种距离信息使路由器可以找出到位于非近邻独立系统中的目的地最有效的下一跳。在 RFC1058 中,有一个唯一的距离矢量单位,即跳数,这些距离度量用来构造路由表。路由表识别出数据包,找出以最小开销到达目的地所要采取的下一跳。

2. 更新路由表

RIP 只记录每个目的地址的一条路由,这一事实要求 RIP 经常保持其路由表的完整性,因此,所有活跃的 RIP 路由器都会周期性地向相邻 RIP 路由器广播它们路由表的内容。

通常 RIP 依赖 3 个计时器来维护路由表:更新计时器、路由暂休计时器、路由清除计时器。更新计时器用来激发节点路由表的更新,每个 RIP 节点只有一个更新计时器。路由暂休和路由清除计时器则是每条路由都有一个,因此,每个路由表条目中都有一个不同的暂休和路由清除计时器。

总之，这些计时器使 RIP 节点能维护它们路由的完善性，并根据所需的时间进行激活，从而恢复网络故障。

3. 激活路由更新

大约每 30 s 激活一次路由更新，更新计时器用来跟踪这个时间量，当这个时间量结束时，RIP 发送一系列报文来维护整个路由表，这些报文广播到每个邻节点。因此，每个 RIP 路由器大约每 30 s 就要接收来自相邻 RIP 节点的更新。

4. 识别无效路由

路由变成无效的两种情况是：①路由到期；②路由器被通知某个路由器某条路由是不可用的。在这两种情况下，RIP 路由器都需要改变它的路由表，来反映给定路由的不可用性。

假如路由器在给定的时间内没有接收到更新某路由的信息，该路由可能到期。路由暂休定时器常设成 180 s，当路由激活或更新时，该定时器进行初始化。假如 180 s 过去了，路由器还没有接到更新那条路由的信息，RIP 路由器就认为目的 IP 地址不再可达。因此路由器把表中那条路由项标成无效。

收到路由新近无效通知的邻节点利用该信息来更新它们的路由表，这是路由表中路由变成无效的第 2 种方法。无效路由表项不会自动地从路由表中清除，相反，那条无效项继续在路由表中保留很短一段时间，下面将讨论无效路由真正从路由表中清除的过程。

5. 清除无效路由

当路由器认识到某条路由无效时，就初始化一个计时器，负责路由清除倒计时，这一计时器称为路由清除计时器。当路由清除计时器结束时，路由更新仍未被收到，这一路由就从路由表中清除。这些计时器对于 RIP 恢复网络故障能力来说是非常重要的。

总之，RIP 的特点是路由器间定时地交换网络的整体知识，并且只和相邻路由器进行交换，换句话说，路由器只和相邻路由器共享网络信息。路由器一旦从相邻路由器获取了新的知识，就将其追加到自己的数据库中，并将该信息传递给所有的相邻路由器。相邻路由器做同样的操作，经过若干次传递，使自治系统内的所有路由器都能获得完整的路由信息。

4.3.2 最佳路由的计算

在 RIP 的工作过程中，最重要的是根据在路由信息交换过程中获得的信息计算最佳路由的过程，这一过程也是 V-D 算法的精髓。下面将对这一过程进行详细的介绍。

1. 路由表的建立

IP 路由表需要一个建立过程，它的建立过程指的是初始化过程。任何路由器启动时，都必须首先获取一个初始路由表。不同的网络操作系统获取初始路由表的方式不同，总的来说，有 3 种方式。

① 路由器系统启动时，从外存读入一个完整的路由表，长驻内存使用；系统关闭时再将当前路由表（可能经过刷新）写回外存，供下次使用。

② 系统启动时，只提供一个空表，通过执行显式命令（比如批处理文件中的命令）来填充。

③ 系统启动时，从与本路由器直接相连的各网络地址中，推导出一组初始路由，当然通过初始路由只能访问相连网上的主机。

显见，无论哪种情况，初始路由表总是不完善的，需要在不断的运行过程中加以补充，这就是路由表的刷新。

RIP 协议用于路由表的维护和刷新，RIP 协议中的路由刷新算法是距离向量算法，它采取的路由表初始化方式是上述 3 种方式中的最后一种。路由器刚启动时，对距离向量路由表(V-D 路由表)进行初始化，该初始化路由表包含所有去往与本路由器直接相连的网络的路由。由于去往直接相连的网络不经过中间路由器，初始化的 V-D 路由表中各路由的距离均为 0。

图 4-13 是初始 V-D 路由表的一个示例。

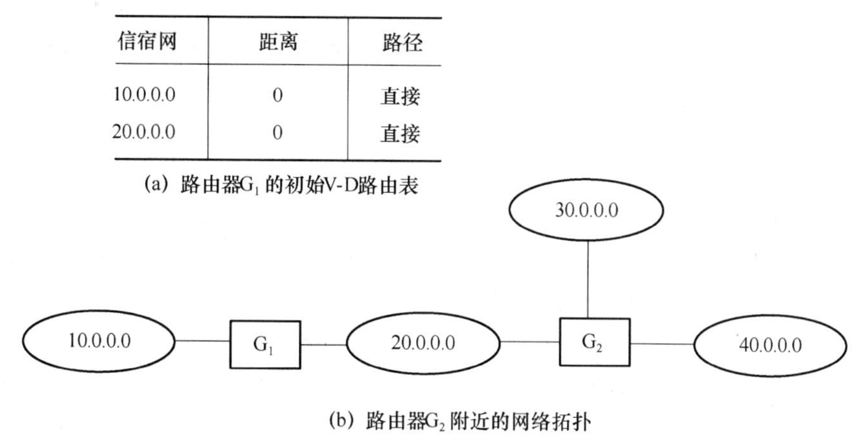

信宿网	距离	路径
10.0.0.0	0	直接
20.0.0.0	0	直接

(a) 路由器G_1的初始V-D路由表

(b) 路由器G_2附近的网络拓扑

图 4-13　初始路由表建立

2. 路由表的更新与维护

所有参加 RIP 协议的路由器周期性地向外广播路由刷新报文，该报文主要包括多条路由项(Entry)。对路由来说，最主要的内容是目的地址和下一跳地址(Next hop)。动态路由协议为了找到本协议概念中的最佳路由，还必须注意路由的开销(Metric)。所以路由项主要包括了目的地址、下一跳地址和路由开销。

每个路由器管理了一个路由数据库，该路由数据库为系统中所有可能的信宿包含一个路由项，并为每个信宿保留如下信息：

➢ 目的地址，在算法的 IP 实现中，这指的是主机或网络的 IP 地址；
➢ 下一跳地址，到信宿的路由中的第一个路由器的 IP 地址；
➢ 接口，用于到下一跳物理网络；
➢ metric 值，指明本路由器到信宿的开销；
➢ 定时器，路由项最后一次被修改的时间；
➢ 路由标记，区分路由为内部路由协议的路由还是外部路由协议的路由。

数据库由与系统直接相连实体的描述完成初始化，通过从相邻路由器收到的报文进行修改和维护。

距离向量算法总是基于一个这样的事实：路由数据库中的路由已是目前通过报文交换得到的最佳路由。同时，报文交换仅限于相邻的实体间。当然，要定义路由是最佳的，就必须有衡量的办法，这就用到前面所说的“Metric”。RIP 简单的网络中，通常用路由所经的路由器个数，即跳数，简单地计算 Metric 值。

令 $D(i,j)$ 代表从实体 i 到实体 j 最佳路由的 Metric 值，$d(i,j)$ 代表从 i 直接到 j 的开销，因为开销是可加的，算法中最佳路由可以表示为

$$\begin{cases} D(i,i)=0 & \text{对于任意 } i \\ D(i,j)=\text{MIN}[d(i,k)+D(k,j)] & \text{当 } i \text{ 不等于 } k \text{ 时} \end{cases}$$

实体 i 从相邻路由器 k 收到 k 到 j 的开销估计 $D(k, j)$，i 将 $D(k, j)$ 加上 i 到 k 的开销估计 $d(i, k)$，i 比较从所有相邻路由器得到的上述计算结构，取得最小数，就得到了它到 j 的最佳路由。

然后，各路由器周期性地向外广播其 V-D 路由表内容。与某路由器直接相连的(位于同一物理网络)的路由器收到该路由表报文后，根据此报文对本地路由表进行刷新。刷新时，路由器逐项检查来自相邻路由器的 V-D 报文，遇到下述表项之一时，须修改本地路由表(假设路由器 G_i 收到路由器 G_j 的 V-D 报文)。

① G_j 列出的某表项 G_i 路由表中没有。则 G_i 路由表中须增加相应表项，其“信宿”是 G_j 表项中的信宿，其“路径”为 G_j(即下一跳路由器为 G_j)。

② G_j 去往某信宿的距离值比 G_i 去往该信宿的距离减 1 还小。这种情况说明，G_i 去往某信宿若经过 G_j，距离会更短。则 G_i 修改本表项，其中“信宿”域不变，“距离”为 G_j 表项中距离加 1，“路径”为 G_j。

③ G_i 去往某信宿的路由经过 G_j，而 G_j 去往该信宿的路由发生变化。这里分两种情况：

- G_j 的 V-D 表不再包含去往某信宿的路由，则 G_i 中相应路由须删除；
- G_j 的 V-D 表中去往某信宿的路由距离发生变化，则 G_i 中相应表目“距离”须修改，以 G_j 中的“距离”加 1 取代原来的距离。

4.3.3 RIP 的缺陷

虽然 RIP 协议具有简单、直接等特点。但是，由于自身的不足，RIP 在使用中也有不少缺点。

① 由于任意一个网络设备都可以发送路由更新信息，RIP 的可靠性和安全性无法得到保证。

② RIP 所使用的 V-D 算法，仅仅考虑了路径中跳数值的大小。然而在实际应用中，网络时延以及网络的可靠性将成为影响网络传输质量的重要指标。因此，跳数值无法正确反映出网络的真实情况，从而使得路由器在路径选择上出现差错。

③ 路由信息的更新时间过长，同时由于在更新时路由器发送全部的路由表信息占用了更多的网络资源，因此，RIP 协议对于网络带宽要求更高，增加了网络开销。

④ 由于距离矢量算法只关心到达目标的距离以及对应的输出路线，不关心整个网络的拓扑结构，因此，距离向量类的算法容易产生路由循环。一旦产生路由循环，消息就会在循环的路由上不断被转发，而无法到达目标。路由循环还会导致无穷计算问题。

⑤ 为了解决无穷计算问题，也为了限制过期消息的存活时间，RIP 网络必须设定跳数上限。而由于跳数极限值的限制，RIP 不适用于大型网络。如果网络过大，跳数值将超过其极限，路径即被认定无效，从而使得网络无法正常工作。

为了在一定程度上弥补 RIP 的缺陷，RIP 算法有很多优化措施，然而，这些措施并不能从根本上解决这些问题。

下面列举了 4 种常用的优化措施。

1. 水平分割

水平分割(Split horizon)保证路由器记住每一条路由信息的来源，并且不在收到这条信息的端口上再次发送它。这是保证不产生路由循环的最基本措施。

2. 毒性逆转

毒性逆转(Poison reverse)是当一条路径信息变为无效之后，路由器并不立即将它从路由表中删除，而是用 16，即不可达的度量值将它广播出去。这样虽然增加了路由表的大小，但对消除路由循环很有帮助，它可以立即清除相邻路由器之间的任何环路。

3. 触发更新

触发更新(Trigger update)使得当路由表发生变化时，更新报文立即广播给相邻的所有路由器，而不是等待 30 s 的更新周期。同样，当一个路由器刚启动 RIP 时，它广播请求报文。收到此广播的相邻路由器立即应答一个更新报文，而不必等到下一个更新周期。这样，网络拓扑的变化会最快地在网络上传播开，减少了路由循环产生的可能性。

4. 抑制计时

抑制计时(Holddown timer)使得一条路由信息无效之后，一段时间内这条路由都处于抑制状态，即在一定时间内不再接收关于同一目的地址的路由更新。如果路由器从一个网段上得知一条路径失效，然后立即在另一个网段上得知这个路由有效。这个有效的信息往往是不正确的，抑制计时正是为了避免这个问题。而且，当一条链路频繁起停时，抑制计时减少了路由的浮动，增加了网络的稳定性。

4.3.4 邻居路由器

有些网络是非广播多路访问(NBMA，Non-Broadcast MultiAccess)的，即网络上不允许广播或多播传送数据。对于这种网络，RIP 就不能依赖广播或多播传递路由表了。解决方法有很多，最简单的是指定邻居(Neighbor)，即指定将路由表发送给某一台特定的路由器。

4.3.5 报文格式

1. RIPv1 报文格式

RIPv1 的报文格式如图 4-14 所示，其中的各字段含义如下。

① Command：表示该分组是请求还是响应。请求分组要求路由器发送其路由表的全部或部分。响应分组可以是主动提供的周期性路由更新或对请求的响应。大的路由表可以使用多个 RIP 分组来传递信息。

② Version：指明使用的 RIP 版本，此域可以通知不同版本的不兼容性。

③ Zero：未使用的字段。

④ AFI(Address Family Identifier)：指明使用的地址族。RIP 设计用于携带多种不同协议的路由信息。每个项都有地址族标志来表明使用的地址类型，IP 的 AFI 是 2。

⑤ Address：指明该项的 IP 地址。

⑥ Metric：表示到目的地的过程中经过了多少跳数（路由器个数）。有效路径的值在1～15之间，16表示不可达路径。

命令(1～5)	版本(1)	必为零
网1的协议族		必为零
网1的IP地址		
必为零		
必为零		
至网1的距离		
网2的协议族		必为零
网2的IP地址		
必为零		
必为零		
至网2的距离		
…		

图4-14　RIPv1的报文格式

2. RIPv2报文格式

RIPv2的报文格式如图4-15所示，其中的各字段含义如下。

① Command：表示该分组是请求还是响应。请求分组要求路由器发送其路由表的全部或部分。响应分组可以是主动提供的周期性路由更新或对请求的响应。大的路由表可以使用多个RIP分组来传递信息。

② Version：指明使用的RIP版本，在实现RIPv2或进行认证的RIP分组中，此值为2。

③ Unused：未使用的字段。

④ AFI(Address Family Identifier)：指明使用的地址族。RIP设计用于携带多种不同协议的路由信息。每个项都有地址族标志来表明使用的地址类型，IP的AFI是2。如果第一项的AFI为0xFFFF，该项剩下的部分就是认证信息。目前，唯一的认证类型就是简单的口令。

⑤ RouteTag：提供区分内部路由（由RIP学得）和外部路由（由其他协议学得）的方法。

命令=1或2	版本=2	必为零
地址类型标识符(2=IP)		路由标签
IP地址（网络地址）		
子网掩码		
下一跳		
度量（跳数）		
多条路由条目，最多25个		

图4-15　RIPv2的报文格式

⑥ IP Address：指明该项的 IP 地址。

⑦ Subnet Mask：包含该项的子网掩码。如果此域为 0，则该项不指定子网掩码。

⑧ Next Hop：指明下一跳的 IP 地址。

⑨ Metric：表示到目的地的过程中经过了多少跳数（路由器个数）。有效路径的值在 1～15之间，16 表示不可达路径。

在一个 RIP 报文中最多可有 25 个 AFI 域、Address 域和 Metric 域，即一个 RIP 报文中最多可含有 25 个地址项。如果 AFI 指明为认证信息，则只能有 24 个路由表项。

4.3.6　报文收发

RIP 工作在 UDP 之上端口是 520，虽然 RIP 可以用不同的 UDP 端口来发送请求报文，但是在接收端的 UDP 端口通常都是 520，同时，这也是 RIP 产生广播报文的源端口。

4.3.7　RIPv1 的缺陷

RIPv1 虽然简单易行，并且久经考验，但是也存在着一些很重要的缺陷，主要有以下几点：

- 过于简单，以跳数为依据计算度量值，经常得出非最优路由；
- 度量值以 16 为限，不适合大的网络；
- 安全性差，接受来自任何设备的路由更新；
- 不支持无类 IP 地址和 VLSM；
- 收敛缓慢，时间经常大于 5 分钟；
- 消耗带宽很大。

4.3.8　RIPv2 的改进

到目前为止，我们介绍的都是基于 RIPv1 版本的协议。所以在版本 RIPv2 中对某些缺陷进行了改进。RIPv2 不是一个新的协议，它只是在 RIPv1 协议的基础上增加了一些扩展特性，以适用于现代网络的路由选择环境。这些扩展特性有：

- 每个路由条目都携带自己的子网掩码；
- 路由选择更新具有认证功能；
- 每个路由条目都携带下一跳地址，外部路由标志；
- 组播路由更新；
- 最重要的一项是路由更新条目增加了子网掩码的字段，因而 RIPv2 协议可以使用可变长的子网掩码，从而使 RIPv2 协议变成了一个无类别的路由选择协议。

4.3.9　RIP 配置示例

例 4-3　在指定的网络使用 RIP。

RIP 配置如图 4-16 所示。

路由器 R_1 的 RIP 配置：

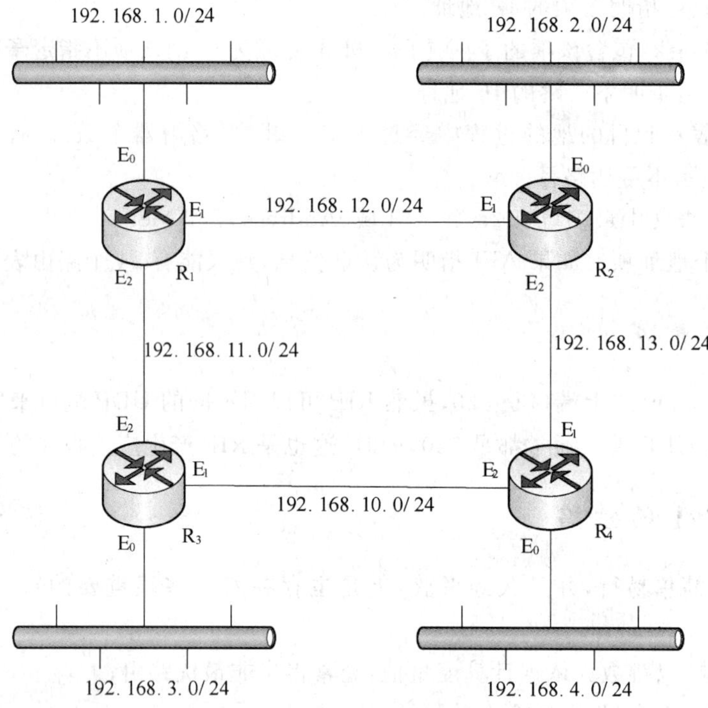

图 4-16 RIP 配置实例一

```
R1#config terminal
R1(config)#router rip
R1(config-router)#network 192.168.1.0
R1(config-router)#network 192.168.11.0
R1(config-router)#network 192.168.12.0
R1(config-router)#version 2
```

路由器 R_2 的 RIP 配置：

```
R2#config terminal
R2(config)#router rip
R2(config-router)#network 192.168.2.0
R2(config-router)#network 192.168.12.0
R2(config-router)#network 192.168.13.0
R2(config-router)#version 2
```

路由器 R_3 的 RIP 配置：

```
R3#config terminal
R3(config)#router rip
R3(config-router)#network 192.168.3.0
R3(config-router)#network 192.168.11.0
```

```
R3(config-router)#network 192.168.10.0
R3(config-router)#version 2
```

路由器 R_4 的 RIP 配置：

```
R4#config terminal
R4(config)#router rip
R4(config-router)#network 192.168.4.0
R4(config-router)#network 192.168.10.0
R4(config-router)#network 192.168.13.0
R4(config-router)#version 2
```

命令注解：

- **router rip**，启动 rip 协议，并进入 rip 路由配置模式；
- **network** ip-address，把 rip 协议应用在网络 ip-address 中，例如，Router(config-router)# network 10.1.1.0；
- **version** {1 | 2}，启动 rip 协议的版本。

例 4-4　在指定的端口禁用水平分割。

RIP 配置实例如图 4-17 所示。

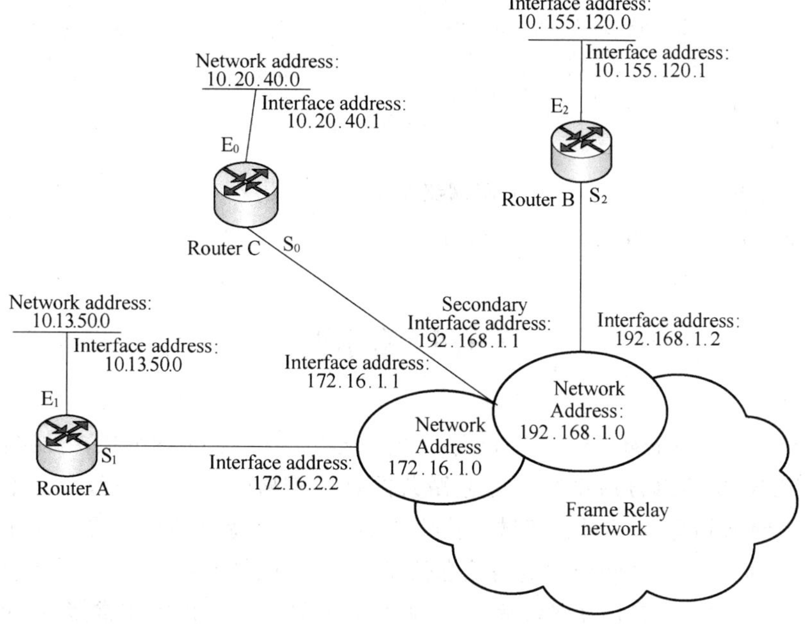

图 4-17　RIP 配置实例二

路由器 A 配置：

```
interface ethernet 1
 ip address 10.13.50.1
interface serial 1
```

```
  ip address 172.16.2.2
  encapsulation frame-relay
  no ip split-horizon
```

路由器 B 配置：

```
interface ethernet 2
  ip address 10.155.120.1

interface serial 2
  ip address 192.168.1.2
  encapsulation frame-relay
  no ip split-horizon
```

路由器 C 配置：

```
interface ethernet 0
  ip address 10.20.40.1

interface serial 0
  ip address 172.16.1.1
  ip address 192.168.1.1 secondary
  encapsulation frame-relay
  no ip split-horizon
```

命令注解：

- **encapsulation** frame-relay，下层网络为帧中继网络；
- **no ip split-horizon**，此接口不进行水平分割。

4.4 OSPF

OSPF(Open Shortest Path First)是一种基于链路状态算法的分层次的路由协议，其层次中最大的实体是 AS(自治系统)，即遵循共同路由策略管理下的一部分网络实体。在每个 AS 中，将网络划分为不同的区域，每个区域都有自己特定的标识号。对于主干(Backbone)区域，负责在区域之间分发链路状态信息。这种分层次的网络结构是根据 OSPF 的实际提出来的。当网络中自治系统非常大时，网络拓扑数据库的内容非常多，如果不分层次的话，一方面容易造成数据库溢出，另一方面当网络中某一链路状态发生变化时，会引起整个网络中每个节点都重新计算一遍自己的路由表，既浪费资源与时间，又会影响路由协议的性能(如聚合速度、稳定性和灵活性等)。因此，需要把自治系统划分为多个域，每个域内部维持本域一张唯一的拓扑结构图，各域根据自己的拓扑图各自计算路由，域边界路由器把各个域的内部路由总结后在域间扩散。这样，当网络中的某条链路状态发生变化时，此链路所在的域中的每个路由器重新计算本域路由表，而其他域中路由器只需修改其路由表中的相应条目而无需重新计算整个路由表，节省了计算路由表的时间。

OSPF 由两个互相关联的主要部分组成：Hello 协议和“可靠泛洪”机制。Hello 协议检测邻居并维护邻接关系，可靠泛洪算法可以确保同一域中的所有的 OSPF 路由器始终具有一致的链路状态数据库，而该数据库构成了对域的网络拓扑和链路状态的映射。链路状态数据库中每个条目称为 LSA（链路状态通告），共有 5 种不同类型的 LSA，路由器间交换信息时就是交换这些 LSA。每个路由器都维护一个用于跟踪网络链路状态的数据库，各路由器的路由选择就是基于链路状态，通过 Dijkastra 算法建立起来最短路径树，用该树跟踪系统中的每个目标的最短路径。最后再通过计算域间路由、自治系统外部路由确定完整的路由表。与此同时，OSPF 动态监视网络状态，一旦发生变化，则迅速扩散，达到对网络拓扑的快速聚合，从而确定出新的网络路由表。

4.4.1　OSPF 基本概念

OSPF 是目前内部网关协议中使用最为广泛、性能最优的一个协议。OSPF 全称为开放最短路径优先，“开放”表明它是一个公开的协议，由标准协议组织制定，各厂商都可以得到协议的细节，“最短路径优先”是该协议在进行路由计算时执行的算法。

1. 链路状态

OSPF 使用链路状态路由（Link State Routing），与 RIP 所使用的距离向量路由的本质区别在于，链路状态路由中，每一个路由器所获得的信息不仅仅局限于邻居路由器的路由表信息，而是对整个网络的拓扑结构都有完整的记录。路由器收集其所在网络区域上各路由器的连接状态信息，即链路状态信息（Link-State），生成链路状态数据库（Link-State Database）。路由器掌握了该区域上所有路由器的链路状态信息，也就等于了解了整个网络的拓扑状况。OSPF 路由器利用最短路径优先算法（SPF，Shortest Path First），独立地计算出到达任意目的地的路由。

2. 区域

OSPF 协议引入“分层路由”的概念，将网络分割成一个主干连接的一组相互独立的部分，这些相互独立的部分被称为区域（Area），主干的部分称为主干区域。每个区域就如同一个独立的网络，该区域的 OSPF 路由器只保存本区域的链路状态。这样，每个路由器的链路状态数据库都可以保持合理的大小，路由计算的时间、报文数量都不会过大。

3. 网络类型

根据路由器所连接的物理网络不同，OSPF 将网络划分为 4 种类型：广播多路访问型（BMA，Broadcast MultiAccess）、非广播多路访问型（NBMA，None Broadcast MultiAccess）、点到点型（Point-to-Point）、点到多点型（Point-to-MultiPoint），如图 4-18 所示，其中 Point-to-MultiPoint 与 NBMA 所面对的网络类型相同，只是逻辑连接方式有所不同。

4. 路由器类型

在 OSPF 多区域网络中，路由器可以按不同的需要同时成为以下 4 种路由器中的几种。

- 内部路由器：所有端口在同一区域的路由器，维护一个链路状态数据库。
- 主干路由器：具有连接主干区域端口的路由器。
- 区域边界路由器（ABR）：具有连接多区域端口的路由器，一般作为一个区域的出口。ABR 为每一个所连接的区域建立链路状态数据库，负责将所连接区域的路由摘要信

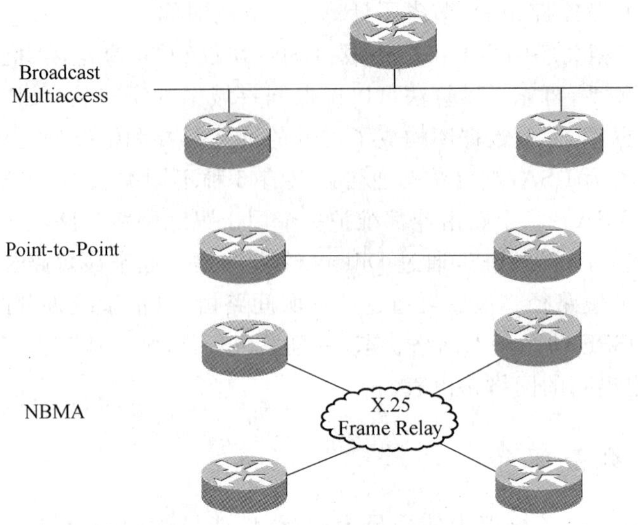

图 4-18　OSPF 划分的网络类型

息发送到主干区域，而主干区域上的 ABR 则负责将这些信息发送到各个区域。

➢ 自治域系统边界路由器(ASBR)：至少拥有一个连接外部自治域网络(如非 OSPF 的网络)端口的路由器，负责将非 OSPF 网络信息传入 OSPF 网络。

5. 指派路由器(DR)和备份指派路由器(BDR)

在多路访问网络上可能存在多个路由器，为了避免路由器之间建立完全相邻关系而引起的大量开销，OSPF 要求在区域中选举一个 DR，每个路由器都与之建立完全相邻关系。DR 负责收集所有的链路状态信息，并发布给其他路由器。选举 DR 的同时也选举出一个 BDR，在 DR 失效的时候，BDR 担负起 DR 的职责。

4.4.2 OSPF 特点

与 RIP 相比，OSPF 具有以下特点。

(1) 可适应大规模的网络

采用 OSPF 协议的自治系统，经过合理的规划可支持超过 1000 台路由器，这一性能是距离向量协议(如 RIP 等)无法比拟的。距离向量路由协议采用周期性地发送整张路由表来使网络中路由器的路由信息保持一致，这个机制浪费了网络带宽并会引发一系列的问题。

(2) 路由变化收敛速度快

路由变化收敛速度是衡量一个路由协议好坏的一个关键因素。在网络拓扑发生变化时，网络中的路由器能否在很短的时间内相互通告所产生的变化，并进行路由的重新计算，是网络可用性的一个重要的表现方面。

(3) 无路由自环

OSPF 采用一些技术手段(如 SPF 算法、邻接关系等)避免了路由自环的产生。

(4) 支持变长子网掩码(VLSM)

在 IP(IPv4)地址日益匮乏的今天，能否支持变长子网掩码(VLSM)来节省 IP 地址资源，对一个路由协议来说是非常重要的，OSPF 能够满足这一要求。

(5) 支持等值路由

在采用 OSPF 协议的网络中，如果通过 OSPF 计算出到同一目的地有两条以上代价(Metric)相等的路由，该协议可以将这些等值路由同时添加到路由表中。这样，在进行转发时可以实现负载分担或负载均衡。

(6) 支持区域划分和路由分级管理

这使得 OSPF 协议能够适合在大规模的网络中使用。

(7) 支持验证

在协议本身的安全性上，OSPF 使用验证方法，在邻接路由器间进行路由信息通告时，可以指定密码，从而确定邻接路由器的合法性。

(8) 支持以组播地址发送协议报文。

与广播方式相比，用组播地址来发送协议报文可以节省网络带宽资源。

4.4.3　协议操作

OSPF 的协议工作过程分为如下 5 个步骤。

1. 建立路由器的邻接关系

所谓“邻接关系”(Adjacency)是指 OSPF 路由器以交换路由信息为目的，在所选择的相邻路由器之间建立的一种关系。路由器首先发送拥有自身 Router ID 信息(Loopback 端口或最大的 IP 地址)的 Hello 报文。路由器标识(Router ID)不是我们为路由器起的名字，而是路由器在 OSPF 路由协议操作中对自己的标识。一般来说，在没有配置环回接口(Loopback interface，一种路由器上的虚拟接口，它是逻辑存在的，路由器上并没有这种物理接口，它是永久开启的)时，路由器的所有物理接口上配置的最大的 IP 地址就是这台路由器的标识。如果我们在路由器上配置了环回接口，则不论环回地址上的 IP 地址是多少，该地址都自动成为路由器的标识。当我们在路由器上配置了多个环回接口时，这些环回接口中最大的 IP 地址将作为路由器的标识。

如果路由器的某端口收到从其他路由器发送的含有自身 ID 信息的 Hello 报文，则它根据该端口所在网络类型确定是否可以建立邻接关系。

在点对点网络中，路由器将直接和对端路由器建立起邻接关系，并且该路由器将直接进入到第三步操作：发现其他路由器。若为 MultiAccess 网络，该路由器将进入选举步骤。

2. 选举 DR/BDR

不同类型的网络选举 DR 和 BDR 的方式不同。

MultiAccess 网络中有多个路由器，在这种状况下，OSPF 需要建立起作为链路状态和 LSA 更新的中心节点。选举利用 Hello 报文内的 ID 和优先权(Priority)字段值来确定。优先权字段值大小从 0 到 255，优先权值最高的路由器成为 DR。如果优先权值大小一样，则 ID 值最高的路由器选举为 DR，优先权值次高的路由器选举为 BDR。优先权值和 ID 值都可以直接设置。

3. 发现路由器

在这个步骤中，路由器与路由器之间首先利用 Hello 报文的 ID 信息确认主从关系，然后主从路由器相互交换部分链路状态信息。每个路由器对信息进行分析比较，如果收到的信息有新的内容，路由器将要求对方发送完整的链路状态信息。这个状态完成后，路由器之间建立完全相邻(Full Adjacency)关系,同时邻接路由器拥有自己独立的、完整的链路状态数据库。这一数据库将为路由计算提供基本依据。

在 MultiAccess 网络内,DR 与 BDR 互换信息,并同时与本子网内其他路由器交换链路状态信息。在 Point-to-Point 和 Point-to-MultiPoint 网络中,相邻路由器之间互换链路状态信息。

4. 选择适当的路由器

当一个路由器拥有完整独立的链路状态数据库后,它将采用 SPF 算法计算并创建路由表。OSPF 路由器依据链路状态数据库的内容,独立地用 SPF 算法计算出到每一个目的网络的路径,并将路径存入路由表中。目前最常用的 SPF 算法是 Dijkstra 算法。

OSPF 利用量度(Cost)计算目的路径,Cost 最小者即为最短路径。在配置 OSPF 路由器时可根据实际情况,如链路带宽、时延或经济上的费用设置链路 Cost 大小。Cost 越小,则该链路被选为路由的可能性越大。

5. 维护路由信息

当链路状态发生变化时,OSPF 通过 Flooding (洪泛)过程通告网络上其他路由器。OSPF 路由器接收到包含有新信息的链路状态更新报文时,将更新自己的链路状态数据库,然后用 SPF 算法重新计算路由表。在重新计算过程中,路由器继续使用旧路由表,直到 SPF 完成新的路由表计算。新的链路状态信息将发送给其他路由器。值得注意的是,即使链路状态没有发生改变,OSPF 路由信息也会自动更新,默认时间为 30 分钟。

4.4.4 路由器信息交互

1. OSPF 报文

OSPF 中有 5 种报文,分别是 Hello 报文(Hello Packet)、链路状态描述报文(Database Description Packet)、链路状态请求报文(Link State Request Packet)、链路状态更新报文(Link State Update Packet)及链路状态确认报文(Link State Acknowledgement Packet)。

在链路状态更新报文中,使用链路状态通告(LSA)描述链路状态更新信息。

2. LSA

当网络中的某些链路发生变化时,包括链路中断、路由器端口失效、甚至误码过多导致协议运行不正常等状态,与之直接相连的路由器就会向网络中发布反映这种变化的链路状态通告(LSA)。LSA 包含于链路状态更新报文中,这些链路通告分为 5 种:

- 路由器 LSA;
- 网络 LSA;
- 汇总 LSA(IP 网络);
- 汇总 LSA(自治域边缘路由器);
- 外部链路 LSA。

为了保证 LSA 能得到准确无误的传送和接收,需要使用链路状态确认分组进行确认,否则 LSA 就会被重新传送。

OSPF 的 LSA 中包含连接的接口、使用的 Metric 及其他变量信息。OSPF 路由器收集链接状态信息并使用 SPF 算法来计算到各节点的最短路径。LSA 也有如下几种不同功能的报文。

- LSA TYPE 1：由每台路由器为所属的区域产生的 LSA，描述本区域路由器链路到该区域的状态和代价。一个边界路由器可能产生多个 LSA TYPE 1。
- LSA TYPE 2：由 DR 产生，含有连接某个区域路由器的所有链路状态和代价信息。只有 DR 可以监测该信息。
- LSA TYPE 3：由 ABR 产生，含有 ABR 与本地内部路由器连接信息，可以描述本区域到主干区域的链路信息。它通常汇总默认路由而不是传送汇总的 OSPF 信息给其他网络。
- LSA TYPE 4：由 ABR 产生，由主干区域发送到其他 ABR，含有 ASBR 的链路信息，与 LSA TYPE 3 的区别在于 TYPE 4 描述到 OSPF 网络的外部路由，而 TYPE 3 则描述区域内的路由。
- LSA TYPE 5：由 ASBR 产生，含有关于自治域外的链路信息。除了存根区域和完全存根区域，LSA TYPE 5 在整个网络中发送。
- LSA TYPE 6：多播 OSPF(MOSF)，MOSF 可以让路由器利用链路状态数据库的信息构造用于多播报文的多播发布树。
- LSA TYPE 7：由 ASBR 产生的关于 NSSA 的信息。LSA TYPE 7 可以转换为 LSA TYPE 5。

在 RIP 等距离向量路由协议中，路由信息的交互是通过周期性地传送整张路由表的机制来完成的，该机制使距离向量路由协议无法高效地进行路由信息的交换。

在 OSPF 协议中，为了提高传输效率，在进行链路状态通告(LSA)数据包传输时，使用包含 LSA 头(Head)的链路状态数据库描述数据包进行传输，因为每个 LSA 头中不包含具体的链路状态信息，它只含有各 LSA 的标识(该标识唯一代表一个 LSA)，所以，该报文非常小。邻接路由器间使用这种字节数很小的数据包，首先确认在相互之间哪些 LSA 是对方没有的，而哪些 LSA 在对方路由器中也存在，邻接路由器间只会传输对方没有的 LSA。对于自己没有的 LSA，路由器会发送一个 LS Request 报文给邻接路由器来请求对方发送该 LSA，邻接路由器在收到 LS Request 报文后，回应一个 LS Update 报文(包含该整条 LSA 信息)，在得到对方确认后(接收到对方发出的 LS ACK 报文)，这两台路由器完成了本条 LSA 信息的同步。

由此可见，OSPF 协议采用增量传输的方法，使邻接路由器保持一致的链路状态数据库(LSDB)。

4.4.5　OSPF 配置示例

我们要配置的网络如图 4-19 所示，各个路由器配置命令如下。

路由器 A 配置：

```
interface ethernet 1
 ip address 192.168.1.1 255.255.255.0
router ospf 1
 network 192.168.0.0 0.0.255.255 area 1
```

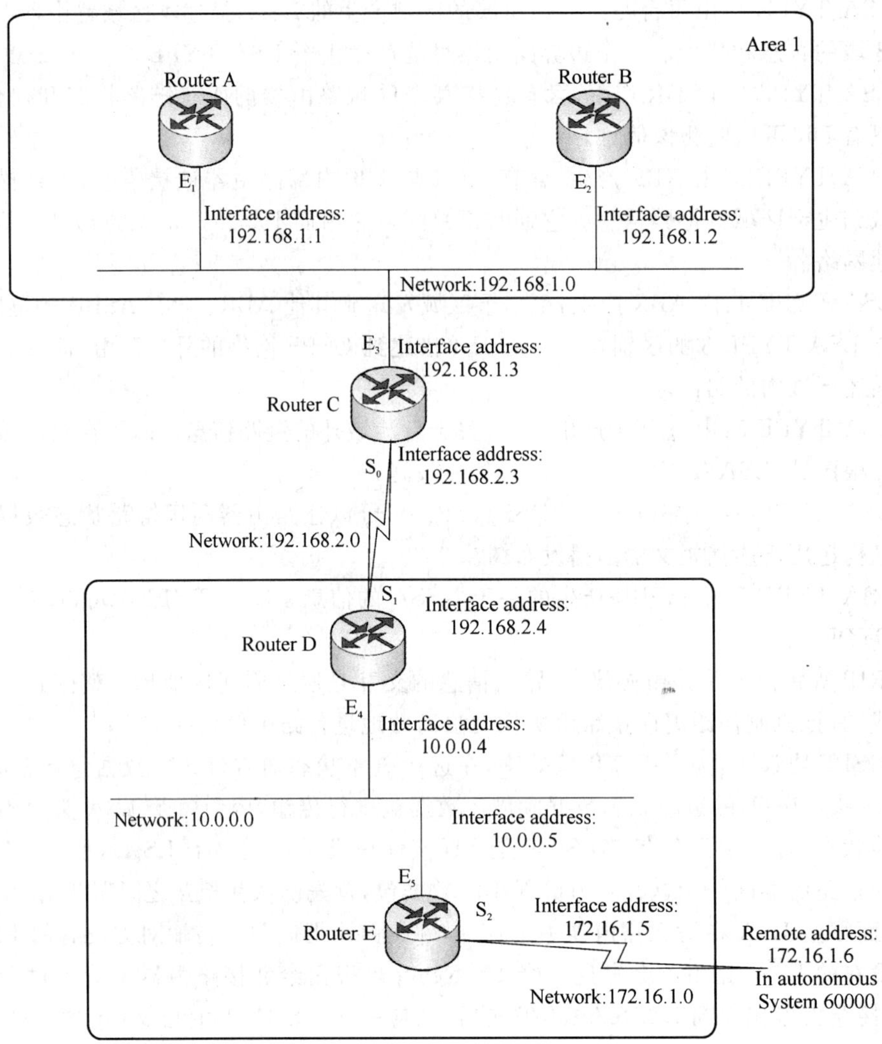

图 4-19 OSPF 的示例

路由器 B 配置：

```
interface ethernet 2
 ip address 192.168.1.2 255.255.255.0
router ospf 202
 network 192.168.0.0 0.0.255.255 area 1
```

路由器 C 配置：

```
interface ethernet 3
 ip address 192.168.1.3 255.255.255.0
interface serial 0
 ip address 192.168.2.3 255.255.255.0
```

```
router ospf 999
 network 192.168.1.0 0.0.0.255 area 1
 network 192.168.2.0 0.0.0.255 area 0
```

路由器 D 配置：

```
interface ethernet 4
 ip address 10.0.0.4 255.0.0.0
interface serial 1
 ip address 192.168.2.4 255.255.255.0
router ospf 50
 network 192.168.2.0 0.0.0.255 area 0
 network 10.0.0.0 0.255.255.255 area 0
```

路由器 E 配置：

```
interface ethernet 5
 ip address 10.0.0.5 255.0.0.0
interface serial 2
 ip address 172.16.1.5 255.255.255.0
router ospf 65001
 network 10.0.0.0 0.255.255.255 area 0
 redistribute bgp 109 metric 1 metric-type 1
```

命令注解：

- **interface** type number，进入接口配置模式。例如，interface ethernet 1，因特网接口 1 进入接口配置模式。
- **ip address** ip-address ip-address，配置此接口对应的网络。例如，ip address 172.16.1.5 255.255.255.0。
- **router ospf** process-id，启动 ospf 协议并进入路由器配置模式，process-id 为进程号。
- **network** address wildcard-mask **area** area-id，设置本接口所属网络，和区域号。例如，network 10.0.0.0 0.255.255.255 area 0。

4.5 BGP

4.5.1 IGP 与 BGP

因特网(Internet)并不是一个传统的计算机网络，而是网络的网络。由于历史的原因，因特网是由很多自治系统(AS，Autonomous Systems)组成的。

一个自治系统就是处于一个管理机构控制之下的路由器和网络群组。这个网络单位可以是一个简单的网络，也可以是由一个或多个普通的网络管理员来控制的网络群体，它是一个单独的可管理的网络单元(例如,一所大学、一个企业或者一个公司个体)。一个自治系统有时也被称为是一个路由选择域(Routing Domain)。一个自治系统将会分配一个全局唯一的16位号码,有时我们把这个号码叫做自治系统号(ASN),自治系统之间的关系如图4-20所示。

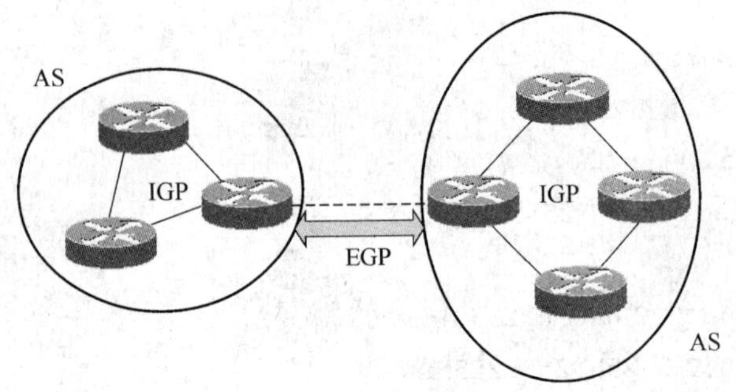

图 4-20　自治系统之间关系图

按照在自治系统中的位置,动态路由协议可分为内部网关协议(IGP,Interior Gateway Protocol)和外部网关协议(EGP,Exterior Gateway Protocol),按照所执行的算法,动态路由协议可分为距离向量路由协议(Distance Vector)、链路状态路由协议(Link State),以及思科公司开发的混合型路由协议,如图4-21所示。

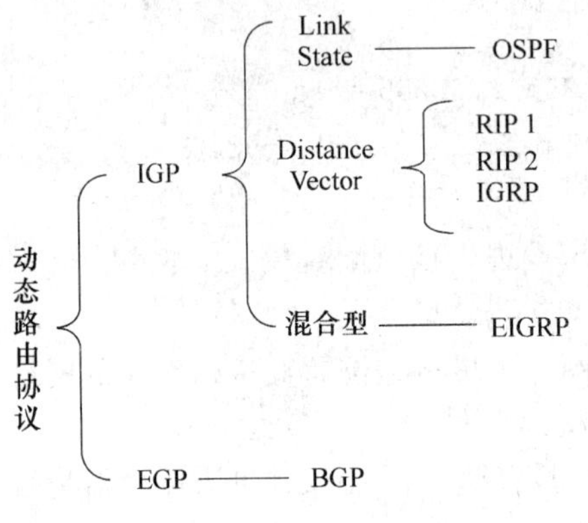

图 4-21　动态路由的分类

BGP采用可靠传输协议进行传输,BGP使用TCP端口号179建立连接。TCP是工作在网络协议第四层的可靠传输,因此,BGP就不需要进行组装、重传、确认和排序。

BGP的路由算法较为复杂,其路由开销不仅要考虑延迟、网络拥塞等技术因素,还必须考虑政治、安全、经济等方面的因素。

BGP基本上属于距离矢量协议,但又与RIP那样的距离矢量协议有着显著的不同。BGP路由器不仅维护到每个目标的开销值,还记录下到达该目标的路径,这样可以避免路径中出现循环,轻易地解决了距离矢量协议的循环路径问题。由于存储了路径信息,BGP有时也称为路径矢量协议。

4.5.2　BGP 术语

下面对 BGP 中的一些常用到的术语进行解释。

① 自治系统(Autonomous System)：一个自治系统被认为是在相同的管理控制下(使用一个或多个 IGP 控制域内路由，使用一个 EGP 控制域间路由)的一组设备。即使一个自治系统同一时刻运行多个 IGP，在其他自治系统看来，此自治系统仍然具有一致的内部路由规划。

② BGP 发言人：任何运行 BGP 路由进程的路由设备都称为 BGP 发言人。

③ 对等体(Peer)：当两个 BGP 发言人建立 TCP 连接时，称它们为对等体。邻居同对等体在概念上是相同的。

④ 外部边界网关协议(EBGP，External Border Gateway Protocol)：是用于在不同自治系统之间交换路由信息的路由协议。

⑤ 内部边界网关协议(IBGP，Internal Border Gateway Protocol)：是用于在同一个自治系统内的 BGP 对等体之间交换路由信息的路由协议。

⑥ 自治系统域间路由(Inter-AS routing)：自治系统域间路由是发生在不同自治系统之间的路由。

⑦ 自治系统域内路由(Intra-AS routing)：自治系统域内路由是发生在同一自治系统内部的路由。

4.5.3　BGP 消息

在建立一个 BGP 对等连接之前，两个邻居必须执行标准的 TCP 三次握手，并且打开一个到端口 179 的 TCP 连接。TCP 提供一个可靠连接所需要的分段、重传、确认以及排序功能，从而把 BGP 从这些任务中解脱出来。所有的 BGP 消息都通过 TCP 连接单播给一个邻居。

只有当接收到整个消息时 BGP 才处理此消息。BGP 要求消息最小为 19 B，最大到 4 096 B。基本消息报头格式可以分为 3 个字段：

- 16 B 的“标记”字段；
- 2 B 的“长度”字段；
- 1 B 的“类型”字段。

图 4-22 给出 BGP 消息报头的构成格式。

① 标记(Maker)：“标记”字段的长度是 16 B。“标记”字段用于检测一组对等体之间同步信号的丢失，并对进入的 BGP 消息进行认证。字段的值是由消息类型决定的，如果 Open 型消息不包含认证消息，标记字段必须设置为全 1。

图 4-22　BGP 消息报头格式

② 长度(Length)：“长度”字段的长度是 2 B，指示整个消息(包括标记字段)的长度。长度字段的值至少为 19 B，不超过 4 096 B。

③ 类型(Type)：“类型”字段的长度是 1 B，指示消息的代码类型。这个字段可能有 4 种

值，代表 4 种 BGP 消息类型，如表 4-2 所示。

表 4-2　类型字段的取值

类型值	消息类型
1	Open 消息
2	Update 消息
3	Notification 消息
4	Keepalive 消息

(1) Open 消息

TCP 会话建立起来以后，两个邻居都要发送一个 Open 消息。每个邻居都用该消息来标识自己，并用以规定自己的 BGP 运行参数。Open 消息包括固定大小的 BGP 报头和下列字段，如图 4-23 所示。

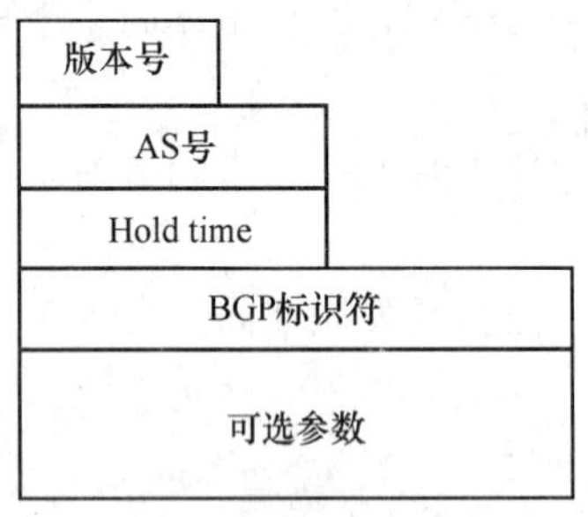

图 4-23　Open 消息格式

① BGP 版本号：它明确了发起正在运行的 BGP 版本(2、3 或者 4)。除非通过 neighbor version 命令使一个路由器运行较早的版本，否则缺省的版本是 BGP-4。如果一个邻居运行的是较早的 BGP 版本，它会拒绝版本 4 的 Open 消息；于是路由器将版本 4 改为版本 3，并且再发送一个确定了该版本的 Open 消息。这个协商过程一直持续到两个邻居对版本达成一致。

② AS 号：这是发起会话路由器的 AS 号。它用来决定该 BGP 会话是 EBGP(如果两邻居的 AS 号不同)，还是 IEGP(两邻居的 AS 号相同)。

③ Hold time：路由器收到一个 Keepalive 或是更新消息之前所允许经过的最大秒数。保持时间必须是 0 秒(在这种情况下，没有发送 Keepalive)或者至少 3 秒。如果两邻居之间的保持时间不同，那么这两个时间中较短的时间作为两者所接受的保持时间。

④ BGP 标识符：用来标识邻居的 IP 地址。

⑤ 可选参数：这个字段用于公布对一些可选功能的支持，如鉴别、多协议支持以及路由刷新等。

(2) Update 消息

Update 消息用来公布可用的路由、撤销的路由或者两者兼顾。Update 消息中包含固定长度的 BGP 报头及以下所示字段，如图 4-24 所示。

图 4-24　Update 消息格式

① 不可行路由长度：包含撤销路由字段的长度，长度为 2 B。值为 0 表示 Update 消息中没有撤销路由字段。

② 撤销路由：用来描述已经变成无法到达，并且正从业务中撤销的目的地的字节组(长度、前缀)。

③ 路由属性总长度：字段的长度为 2 B，包含路由属性字段的长度。

④ 路由属性：该字段是可变长度，包含一系列路由属性，用于追踪特定的路由信息，还用于决定路由和过滤路由。每个路由属性由＜属性类型，属性长度，属性值＞表示。

⑤ 网络层可到达信息(NIJRI)：这是一个或者多个(长度、前缀)用来公布 IP 地址前缀和前缀长度的字节组。例如，如果公布了地址 206.193.160.0/19，长度部分就是/19，前缀部分就是 206.193.160。

(3) Notification 消息

当检测到差错的时候就会发送 Notification 消息，通常这会导致 BGP 连接的终止。Notification 消息可以让网络管理员更有效地排除问题的错误代码和错误子代码。

(4) Keepalive 消息

Keepalive 消息用于确保对等体之间仍然是连接的。Keepalive 消息只由固定大小的 BGP 消息报头组成。发送 Keepalive 消息是为了重新启动 Hold time 计时器。

4.5.4　BGP 路由选择

到目前为止，读者应当基本了解了 BGP 发言人是如何交换路由信息的，但可能还不了解当 BGP 发言人接收路由信息后的处理过程以及 BGP 发言人如何决定本地使用哪一个路由和向对等体通告哪些路由。

当 BGP 发言人获取路由时，需要传递 BGP 发言人的路由信息库(RIB)。所有 BGP 发言人设备都包含 RIB，RIB 分为如下三部分。

(1) Adj-RIBs-In

每个 BGP 发言人对等体都有 Adj-RIB-In，这部分 RIB 保存进入的 BGP 路由。当 BGP 路由被放置后，然后经过输入策略引擎(Inbound Policy Engine)的处理。输入策略引擎根据路由器管理员预先设置的策略过滤路由或处理属性。如果 BGP 路由通过了输入策略过滤器，就被发送到 Loc-RIB。

(2) Loc-RIB

路由器使用 Loc-RIB 决定自己的 BGP 路由。然后路由器将 Loc-RIB 中的所有 BGP 路由发送到输出策略引擎(Outbound Policy Engine)。输出策略引擎是路由器管理员为了在放入 Adj-RIB-Out 之前过滤和处理 BGP 路由预先设置的策略。

(3) Adj-RIBs-Out

如果 BGP 路由通过输出策略引擎，路由将被放入 Adj-RIBs-Out。每个 BGP 发言人对等体都有 Adj-RIBs-Out。放入 Adj-RIBs-Out 的路由将被通告给 BGP 发言人的对等体。

对于每个被通告的 BGP 发言人，BGP 路由会继续此处理过程。图 4-25 给出了发生的所有步骤。

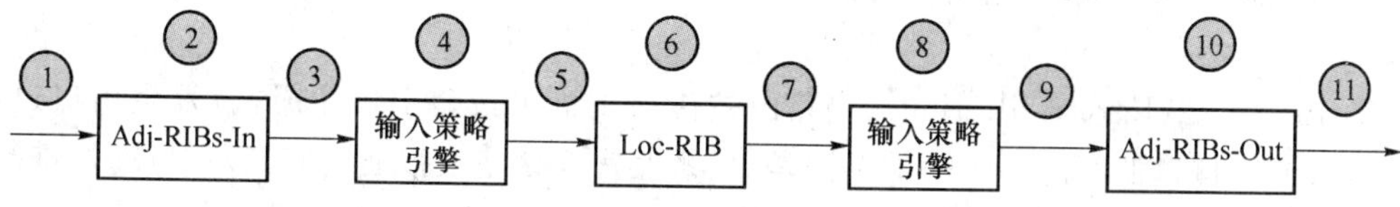

图 4-25　BGP 路由处理

① BGP 发言人接收 BGP 路由；

② 接收到的 BGP 路由被放入 Adj-RIBs-In；

③ BGP 路由被发送到输入策略引擎；

④ 输入策略引擎根据路由器管理员设置的策略，过滤和处理路由，在此被输入策略过滤掉的 BGP 路由被丢弃；

⑤ 余下的 BGP 路由转发到 Loc-RIB；

⑥ BGP 发言人保存 Loc-RIB 中的路由，路由器使用这些路由决定 BGP 路由；

⑦ BGP 路由转发到输出策略引擎；

⑧ 输出策略引擎根据路由器管理员设置的策略过滤和处理路由，在此被输出策略引擎过滤掉的路由被丢弃；

⑨ 通过输出策略引擎的 BGP 路由转发到 Adj-RIBs-Out；

⑩ 接收的 BGP 路由被保存到 Adj-RIBs-Out 中；

⑪ 所有保存在 Adj-RIBs-Out 中的路由被通告给所有 BGP 发言人的对等体。

4.5.5 选择过程

选择过程是决定 BGP 发言人接受什么路由、本地使用什么路由以及向对等体通告什么路由的实际过程。选择过程分为如下 3 个不同阶段。

① 阶段 1 负责计算从邻居 AS 学习到的路由的优先程度。此阶段也负责向本地 AS 中的 BGP 发言人通告具有最高优先程度的路由。

② 阶段 2 发生在阶段 1 结束之后，阶段 2 的责任包括决定到一个指定目的地的最佳路由，然后将此路由保存到 BGP 发言人的 Loc-RIB 中，BGP 发言人使用此阶段产生的路由来决定 BGP 路由。

③ 一旦更新了 BGP 发言人的 Loc-RIB，则阶段 3 就开始了，阶段 3 是 BGP 发言人根据输出策略引擎中设置的策略决定向邻居自治系统通告那些路由的过程。此阶段还能执行路由汇聚。

4.5.6 路由过滤

BGP 的路由过滤可以用来操纵影响 BGP 发言人查看路由的方法，也可以用于允许或拒绝某些被 BGP 发言人接受的路由或由发言人通告的路由。BGP 路由过滤可以分为入口过滤和出口过滤。

① 入口过滤(Ingress filtering)：当 BGP 发言人接收路由并传输给输入策略引擎时，就发生入口过滤。在这里，系统管理员可以创建一个策略，允许或拒绝某些路由。系统管理员也可以设置某些操纵 BGP 路由属性的策略。例如，系统管理员可以操控路由的本地优先选择级。

② 出口过滤(Egress filtering)：当路由被传递到输出策略引擎中时，就发生出口过滤。出口过滤同入口过滤相同。唯一的不同是 BGP 发言人在路由被通告到其对等体时，进行过滤并操纵那些路由器的 BGP 属性。

最常见的 BGP 路由过滤方法有 3 种，分别为路由映射、分配列表和前缀列表。

(1) 路由映射

与所有可用的过滤技术相比，路由映射为用户提供最大的路由决定能力。路由映射是一系列 set 和 match 语句，match 语句用于决定允许或拒绝哪些 IP 路由。如果特殊路由映射序列允许 IP 路由，set 语句可以用于操纵路径的属性。路由映射可以与入口过滤或出口过滤一样实现。

(2) 分配列表

分配列表是可以与入口过滤或出口过滤一样实现的过滤。它与路由映射不一样，路由映射可以实际操纵路由属性，分配列表只让用户允许或拒绝路由。分配列表将和访问列表或前缀列表结合在一起。访问列表或前缀列表将实际说明允许或拒绝哪些特殊的路由。

(3) 前缀列表

前缀列表同访问列表相似。前缀列表可以用于限制通告到路由器的信息或由路由器通告的信息。前缀列表提供的控制能力略高于访问列表。前缀列表与访问列表相比的优势是前缀列表的每一行都包含一个序号。这就允许添加、删除和修改前缀列表中的各行，不像对访问列表那样需要删除访问列表并重新创建访问列表。

4.5.7　BGP 同步

为了完整地理解 BGP 同步，必须理解过渡 AS 和存根 AS 之间的区别。

① 过渡 AS(Transit AS)是连接多个自治系统的自治系统，允许一个自治系统将学习到的路由传递给其他自治系统，如图 4-26 所示。

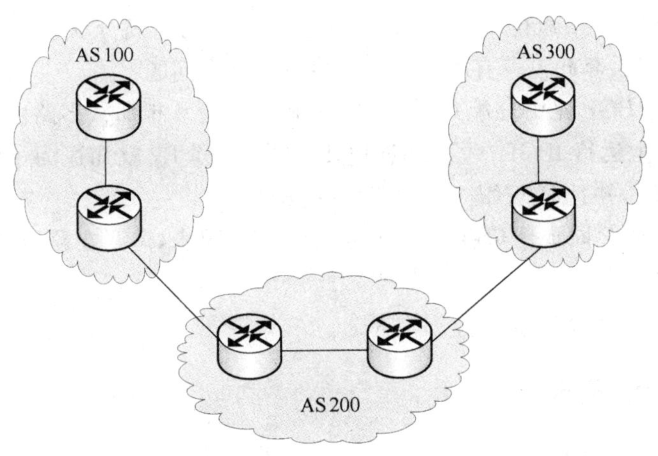

图 4-26　过渡 AS

在这个例子中，AS 200 是过渡 AS。从 AS 300 学习到的路由将通过 AS 200 的传递后被 AS 100 接收到。对于 AS 100 是同样的，AS 200 从 AS 100 学习到的路由将被经过过渡传递给 AS 300，换句话说，过渡 AS 是这样一种 AS：允许从其他 AS 学习到的路由经过它传递给另一个 AS。

② 存根 AS(Stub AS)是一种不允许信息经过它传递给另一个 AS 的 AS。图 4-26 中的 AS 100 和 AS 300 都是存根 AS。单宿主 AS 是只有一个入口点和出口点的自治系统。所有单宿主自治系统都是存根 AS。

BGP 同步要求在通告任何传递信息前和 IGP 保持同步。在 BGP 发言人向 EBGP 对等体通告从IBGP学习到的路由之前，它的路由必须和IGP保持同步。图4-27有助于更好地理解这个概念。

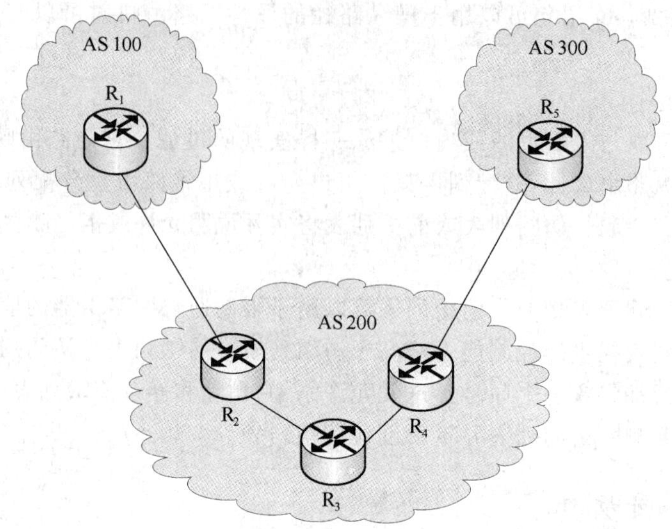

图4-27　BGP同步

在这个例子中，R_1 和 R_2 是EBGP对等体，R_2 和 R_4 是IBGP对等体，R_4 和 R_5 是EBGP对等体，R_3 不运行BGP。当 R_1 发送一个目的地为 R_5 的包时，这个包会被 R_2 接收，然后继续传递给 R_3。由于 R_3 不运行BGP，并且BGP路由还没有重新分配到IGP，所以 R_3 不知道如何到达 R_5，R_3 将丢弃此包。有两种方法可以解决这个问题：

- 可以重新将BGP路由分配到IGP，但是，IGP不能承担那么多路由从而会宕机；
- 可以在 R_3 上运行IBGP，并不启动BGP同步，这样 R_3 就知道为了到达 R_5 就必须将包传递给 R_4，并且 R_5 不需要和IGP保持同步。

默认情况下，BGP同步是开启的。为了关闭BGP同步，需要在路由器配置模式下输入以下命令：

```
No synchronization
```

4.5.8 BGP配置示例

BGP配置示例如图4-28所示。

路由器A配置：

```
router bgp 109
 network 131.108.0.0
 network 192.31.7.0
 neighbor 131.108.200.1 remote-as 167
 neighbor 131.108.234.2 remote-as 109
 neighbor 150.136.64.19 remote-as 99
```

路由器B配置：

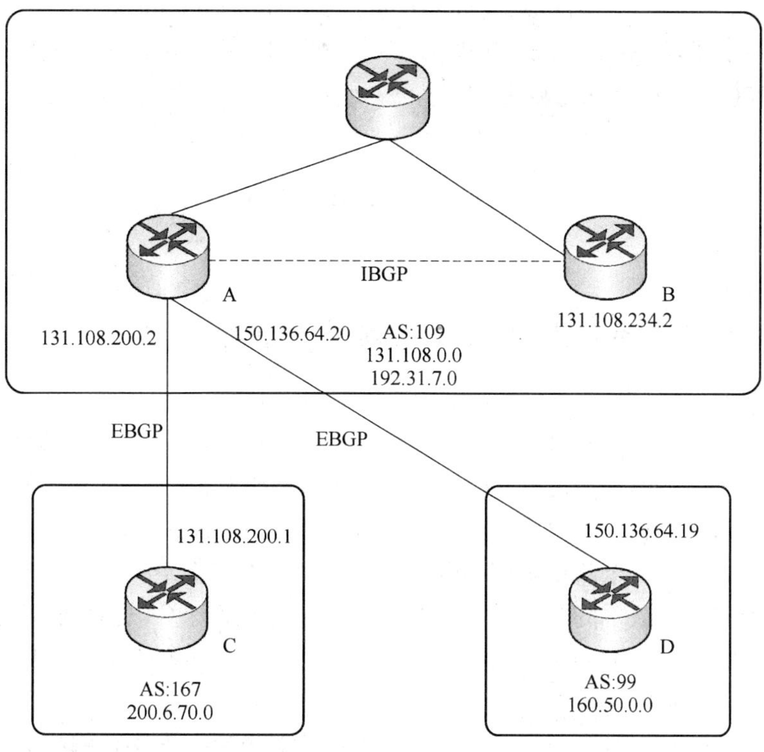

图 4-28　BGP 配置示例

```
router bgp 109
 network 131.108.0.0
 network 192.31.7.0
 neighbor 131.108.200.2 remote-as 109
```

路由器 C 配置：

```
router bgp 167
 network 200.6.70.0
 neighbor 131.108.200.2 remote-as 109
```

路由器 D 配置：

```
router bgp 99
 network 160.50.0.0
 neighbor 150.136.64.20 remote-as 109
```

命令注解：

- **router bgp** autonomous-system，启动 BGP 协议，例如，router bgp 109，路由器所属自治区域为 109；
- **network** network-number，标识本自治域内的网络并加入到 BGP 路由表，例如，network 200.6.70.0；

- **neighbor** {ip-address | peer-group-name} remote-as number,声明一个运行 BGP 的邻居路由器,例如,neighbor 150.136.64.20 remote-as 109,邻居路由器接口地址为 150.136.64.20,所属区域为 109。

4.6 路由重发布

4.6.1 在不同路由协议之间传递路由信息

路由重发布(Route Redistribution)允许不同路由协议之间交换路由信息。出于各种原因,在一个网络中很可能同时运行多种路由协议,譬如用户想从一个路由协议迁移到另一个路由协议,使用一个新路由协议但又想保存现有的路由协议,公司合并或吞并也会引入一个不同的路由协议,另外使用不同制造商的路由器也是一个原因。

在一个网络中,每一个路由协议都由自治系统(AS)分开。在一个自治系统的所有路由器(运行同一个路由协议)都有整个 AS 的完全知识。连接两个(或更多)自治系统的路由器叫做边界路由器(Border Router)。边界路由器把一个自治系统的路由信息广播到另一个自治系统,担任着"翻译"的工作。

在使用路由重发布之前,还有几个重要的因素需要考虑。重发布路由信息只能在相似的路由协议间进行,譬如不能再将 IPX 重发布到 IP(这将需要一个协议网关)。如果同时有多个边界路由器,还需要小心的规划以避免路由环路(从一个自治系统学习的信息又被送回同一个自治系统)。不同的路由协议收敛速度不同,这可能引起在不同的自治系统中路由更新滞后。

不同的路由协议有不同的(通常还是不兼容的)算法和度量。RIP 协议使用跳数作为度量,而 EIGRP 的度量基于几个因素(带宽、延迟、负载、可靠性和 MTU)。在路由重发布时,就需要将一个路由协议的度量翻译成另一个路由协议能理解的度量。

如果一个路由器从多个路由协议那里学习一个去往目的地的路由,这时就由管理距离(Administrative Distance)决定哪一个路由进入路由表。管理距离是用来衡量可信度的。关于度量和管理距离在路由重发布中的作用,后面还会具体介绍。

4.6.2 何时用路由重发布

除非遇到特殊的情况必须使用路由重发布,否则不要轻易使用。因为重发布使得配置和问题排错更复杂了,甚至会出现环路,使得网络瘫痪。

下面给出一些使用重发布的例子以便更好地理解重发布的使用。

① 情况一:在一个网络中有两个不同的路由协议。

假如你是你所在公司的网管,你所在的公司刚刚买了另一家公司,这两家公司使用不同的路由协议,你的公司的路由器运行的都是 OSPF 协议,而新公司的路由器运行的都是 RIP 协议。

为了将 OSPF 的路由注入 RIP,就需要将 OSPF 路由重发布到 RIP。同样的,将 RIP 的路由注入到 OSPF,需要将 RIP 重发布到 OSPF。双方路由都重发布称为相互重发布(Mutual Redistribution)。这个过程必须非常小心——这非常容易导致网络中的路由环路。

为了阻止路由环路,需要准确地控制哪条路由进入哪个路由协议。还必须知道不同的路由协议都是怎么工作的,例如,RIPv1 不支持无类网络。

图 4-29 是同时运行两个路由协议的企业网的例子,没有路由重发布,在 RIP 域中的路由器就不知道 OSPF 域中的路由知识,反之亦然。

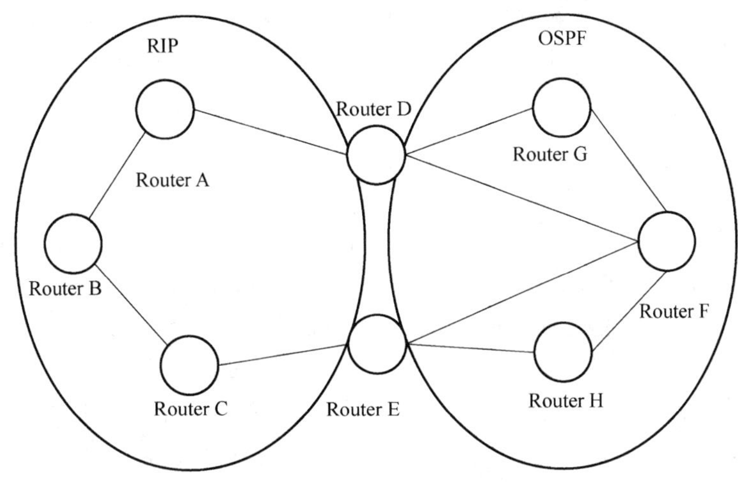

图 4-29　同时运行两个路由协议的企业网

② 情况二:有一些不支持现有网络中路由协议的设备。

某些防火墙和一些较低级的网络设备只支持单一路由协议,譬如 RIP。如果你的组织有一个支持 RIP 的防火墙,但整个网络用的是 OSPF,可能需要把网络设备都连接到防火墙,以使得网络中的路由器能看到它们。

要实现这个目的,需要配置最靠近这个防火墙的路由器使用 RIP 协议,然后重发布 RIP 路由到 OSPF。而很可能不需要重发布 OSPF 路由到 RIP,因为可以为这个运行 RIP 的防火墙配置一个指向最近路由器的默认路由。

③ 情况三:有一些静态路由需要被动态路由协议学习。

总有一些特殊情况,静态路由需要被放入动态路由协议中,例如 OSPF。实现的方式是使用 redistribute static 命令。这个命令将静态路由通过现有路由协议送到网络中的所有路由器。

4.6.3　路由重发布的影响因素

在做重发布时,要注意到各种路由协议的 AD、metrics、default metrics 对重发布路由条目的影响。

在思科 IOS 的特权模式下输入 show ip route,可以查看特定路由关联的度量值和管理距离。对于路由表条目,括号中的第一个值为管理距离(AD),第二个值即为度量值。

```
R2# show ip route
<output omitted>
```

```
Gateway of last resort is not set
D     192.168.1.0/24 [90/2172416] via 192.168.2.1 , 00:00:24 , Serial0/0
C     192.168.2.0/24 is directly connected , Serial0/0/0
C     192.168.3.0/24 is directly connected , FastEthernet0/0
C     192.168.4.0/24 is directly connected , Serial0/1
R     192.168.5.0/24 [120/1] via 192.168.4.1 , 00:00:24 , Serial0/0/0
D     192.168.6.0/24 [90/2172416] via 192.168.4.1 , 00:00:24 , Serial0/0/0
R     192.168.7.0/24 [120/1] via 192.168.4.1 , 00:00:08 , Serial0/0/1
R     192.168.8.0/24 [120/2] via 192.168.4.1 , 00:00:08 , Serial0/0/1
```

4.6.4 度量

当将一个路由协议重发布到另外一个路由协议时，要记住每一个路由协议的度量(Metrics)在重发布中扮演很重要的角色。每个路由协议使用不同的度量。

① RIP：跳数。选择跳数最少的路由作为最佳路径。

② IGRP 和 EIGRP：带宽、延迟、可靠性和负载。通过这些参数计算综合度量值，选择综合度量值最小的路由作为最佳路径。默认情况下，仅使用带宽和延迟。

③ IS-IS 和 OSPF：开销。选择开销最低的路由作为最佳路径。思科采用的 OSPF 使用的是带宽。

当路由被重发布时，必须定义一种被接收方协议能理解的度量。有两种方法来定义重发布时的这种度量。

可以单独为每个特定的重发布定义度量，例如：

```
R2(config)# router rip
R2(config-router)# redistribute static metric 1
R2(config-router)# redistribute ospf 1 metric 1
```

或者为所有的重发布默认设定为同一个度量（使用 default-metric 命令来节省工作，这个命令代替了为每个重发布单独的设定度量）：

```
//default-metric 是对所有重发布进 RIP 的路由协议使用相同的 metric 值
R2(config)# router rip
R2(config-router)# redistribute static
R2(config-router)# redistribute ospf 1
R2(config-router)# default-metric 1
```

4.6.5 管理距离

如果一个路由器运行超过一个路由协议，并且从这些路由协议都学到了去往同一个目的地的路由，这时候就需要选择一条最佳路由了。每个路由协议用自己的度量类型来决定最佳路由，但不能在不同的度量类型之间比较路由。管理距离（AD，Administrative Distance）正是用来解决这个问题的。

AD 是指一种路由协议的路由可信度。每一种路由协议按可靠性从高到低，依次分配一个信任等级,这个信任等级就叫 AD,如表 4-3 所示。对于两种不同的路由协议到一个目的地的路由信息,路由器首先根据管理距离决定相信哪一个协议。AD 值越低,则它的优先级越高。管理距离是一个从 0～255 的整数值,0 是最可信赖的,而 255 则意味着不会有业务量通过这个路由。

表 4-3　默认管理距离

路由来源	管理距离	路由来源	管理距离
直连	0	OSPF	110
静态	1	IS-IS	115
EIGRP 汇总路由	5	RIP	120
外部 BGP	20	外部 EIGRP	170
内部 EIGRP	90	内部 BGP	200
IGRP	100		

在 R_2 的路由表中,可以看到,R2 有一条通往 192.168.6.0/24 网络的路由,其 AD 值为 90:

```
D     192.168.6.0/24 [90/2172416] via 192.168.4.1 , 00:00:24 , Serial0/0/0
```

R_2 当前同时使用 RIP 和 EIGRP 路由协议。假设,R_2 使用 EIGRP 从 R_1 获悉通往 192.168.6.0/24 的路由,同时,也使用 RIP 从 R_3 获悉了该路由。RIP 的管理距离值 120,而 EIGRP 的管理距离值相对较低,为 90。这样,R_2 会将 EIGRP 所获悉的路由添加到路由表中,并且将发往 192.168.6.0/24 网络的所有数据包转发到路由器 1。

4.6.6　路由重发布的语法和实例

1. OSPF

下面是运行 OSPF 的路由器重发布静态、RIP、IGRP、EIGRP 和 IS-IS 路由:

```
R2(config)# router ospf 1
R2(config-router)# network 131.100.0.0 0.0.255.255 area 0
R2(config-router)# redistribute static metric 200 subnets
R2(config-router)# redistribute rip metric 200 subnets
```

OSPF 的度量是一个开销值,基于 108/bandwidth (带宽的单位是 bits/sec)。例如,以太网的 OSPF 开销值为 10:108/107 = 10。

要注意的是,如果一个度量没有被具体化,当从所有路由协议(除了 BGP)重发布路由时,会自动设为默认值 20。

2. RIP

下面是配置 RIP 路由器重发布静态、IGRP、EIGRP、OSPF 和 IS-IS 路由的命令:

```
R3(config)# router RIP 1
R3(config-router)# network 131.100.0.0
R3(config-router)# redistribute static
R3(config-router)# redistribute igrp 1
R3(config-router)# default-metric 1
```

RIP 的度量是基于跳数，最大度量是 15。任何大于 15 跳的路由都被认为是不可达，所以在 RIP 中可以用 16 作为不可达的度量。当将一个路由协议重发布到 RIP 时，可以用一个较低的度量(譬如 1)和一个高值的度量(譬如 10)来限制 RIP 的度量。

4.7 网络地址转换(NAT)

4.7.1 NAT 概述

所有公有 Internet 地址都必须向地区性 Internet 地址注册机构(RIR)进行注册。一个组织可以向 ISP 租用公有地址，只有公有 Internet 地址的注册拥有者才能将其分配给网络设备。

当前全球有 5 个 RIR：

- 美洲 Internet 地址注册机构(ARIN)；
- 欧洲 IP 网络协调中心(RIPE NCC)；
- 亚太网络信息中心(APNIC)；
- 拉丁美洲和加勒比海地区 Internet 地址注册机构(LACNIC)；
- AfriNIC。

但在 RFC1918 中，定义了一组 IP 地址，可以将这些 IP 地址用在内部网络中。这些 IP 地址的范围如表 4-4 所示。

表 4-4 私有 Internet 地址(RFC1918)

类	RFC1918 私有 IP 地址范围	CIDR 前缀
A	10.0.0.0～10.255.255.255	10.0.0.0/8
B	172.16.0.0～172.31.255.255	172.16.0.0/12
C	192.168.0.0～192.168.255.255	192.168.0.0/16

这些地址仅供私有内部网络使用。使用这些地址的分组不能通过 Internet 路由，因此，称为不可路由的地址。

与公有 IP 地址不同，私有 IP 地址是任何人都可使用的保留地址块。这意味着两个甚至大量网络都可能使用相同的私有地址。为保护公有 Internet 地址结构，ISP 将边界路由器配置成禁止将使用私有地址的数据流转发到 Internet。

与大多数组织可通过 RIR 获得的地址空间相比，私有编址提供的地址空间更大，因此，私有地址赋予了企业网络设计相当大的灵活性。这使得可采用更容易管理的编址方案，网络也更容易扩展。

然而，不能通过 Internet 路由私有地址，而有限的公有地址又不足以让组织能够给每台主机提供一个公有地址，因此，需要一种能够在网络边缘将私有地址和公有地址进行转换的机制。如果没有转换系统，组织网络中位于路由器后面的配置私有地址的主机将不能通过 Internet 连接到其他主机。

网络地址转换(NAT)提供了这种机制。在 NAT 面世前,使用配置私有地址的主机不能访问 Internet。NAT 面世后,公司可给部分或全部主机分配私有地址,并使用 NAT 提供对 Internet 的访问。

虽然网络内部的设备分配的是私有地址,但支持 NAT 的路由器保留一个或多个在网络外部有效的 Internet IP 地址。当客户端将分组发送到网络外部时,NAT 将客户端的内部 IP 地址转换为外部地址。在外部用户看来,进出网络的所有数据流都使用相同的 IP 地址(或位于同一个地址池中的地址)。

NAT 有很多用途,但最主要的用途是让网络能够使用私有 IP 地址以节省 IP 地址。NAT 将不可路由的私有内部地址转换为可路由的公有地址。NAT 还在一定程度上改善了网络的私密性和安全性,因为它对外部网络隐藏了内部 IP 地址。

支持 NAT 的设备通常位于末节网络的边界路由器上。末节网络中的主机要将分组传输给外部主机时,首先将分组转发给边界路由器,由它执行 NAT,将主机的内部私有地址转换为可路由的公有外部地址。

在 NAT 术语中,内部网络指的是地址需要转换的一组网络,外部网络指的是使用其他所有地址的网络。根据位于私有网络还是在公有网络(Internet)中以及数据流是进入还是离开,IP 地址有不同的称谓。

图 4-30 说明了各种 NAT 术语。假设对路由器 R_2 进行了配置,使其提供 NAT 功能。它有一个可供内部主机使用的公有地址池。本节讨论 NAT 时将使用下列术语。

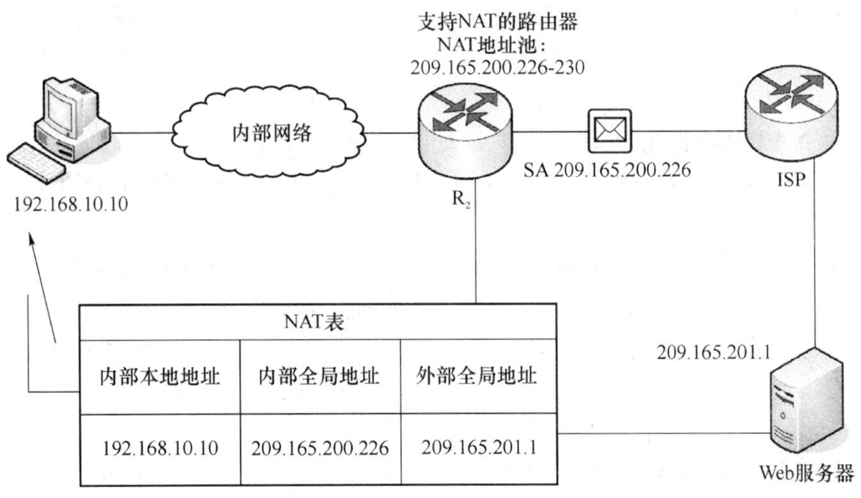

图 4-30 NAT 术语解释

① 内部本地地址:通常不是 RIR 或服务器提供商分配的 IP 地址,极有可能是 RFC 1918 中的私有地址。在图 4-30 中,将 IP 地址 192.168.10.10 分配给了内部网络中的主机 PC_1。

② 内部全局地址:内部主机发送的数据流离开 NAT 路由器时,分配给它们的有效公有地址。PC_1 将数据流发送到 Web 服务器 209.165.201.1 时,路由器 R_2 必须对数据流的地址进行转换。在这里,PC_1 的内部全局地址为 209.165.200.226。

③ 外部全局地址:分配给 Internet 主机的可达 IP 地址。例如,Web 服务器的可达 IP

地址为 209.168.201.1。

④ 外部本地地址:给外部网络中的主机分配的本地 IP 地址。在大多数情况下,该地址与外部设备的外部全局地址相同。

在 NAT 中,术语"内部"与 RFC1918 定义的私有地址并不是同义词;这里所说的"不可路由"地址也并非总是不能路由。管理员可配置路由器以便在私有子网中传输数据流,然而,如果管理员试图将使用私有地址的分组传输给 ISP,ISP 将丢弃它。这里所说的不可路由指的是不能在 Internet 中路由。

4.7.2 NAT 的工作原理

1. 转换内部本地地址

运行 NAT 进程的路由器通常连接了两个网络,并且将本地非注册的 IP 地址转换为全局已注册的 IP 地址,这些 IP 地址在 Internet 上是可路由的。NAT 的处理过程有 6 步,如图 4-31 显示。

① IP 地址为 10.3.4.25 的设备发送了一个数据包,并试图打开到 206.100.29.1 的连接。

② 当第一个数据包到达 NAT 边界路由器时,它首先检查是否有一个源地址项与 NAT 表中的地址相匹配。

③ 如果在 NAT 表中找到了一个匹配项,就继续进行第④步。如果没有找到匹配项,NAT 路由器就在其可用的 IP 地址池中选择一个地址。这样就创建了一个简单的项,使内部 IP 地址与外部 IP 地址相匹配。在本例中,NAT 路由器将地址 10.3.4.25 与地址 200.3.4.25 相匹配。

④ 然后 NAT 边界路由器用全局 IP 地址 200.3.4.25 代替内部 IP 地址 10.3.4.25,这使得目的主机将返回的数据包发送给 200.3.4.25,这是在 Internet 上已注册的 IP 地址。

⑤ 当 Internet 上的主机使用 IP 地址 206.100.29.1 对数据包进行应答时,它使用由 NAT 路由器分配的 IP 地址作为目的 IP 地址,这个地址是 200.3.4.25。

⑥ 当 NAT 边界路由器接收到来自 206.100.29.1 的应答,发现它带有目的地址为 200.3.4.25 的数据包时,NAT 路由器将再次检查其 NAT 表,NAT 表将显示 IP 地址 10.3.4.25 会接收此数据包。

对于每个单独的数据包来说,步骤②到步骤⑥是重复的。目的主机也可以在 NAT 设备之后,实际上可能与最开始发送数据包的主机使用同样的地址空间。发送方主机不可能知道这些,因为 NAT 对于主机来说是透明的。

2. 超载内部全局地址

通过允许 NAT 边界路由器为许多本地 IP 地址使用单个的全局 IP 地址,就可以减少内部全局 IP 地址中 IP 地址的数量,这种方法称为"超载"(Overload)。当启用 NAT 超载时,路由器在 NAT 表中维护额外的信息,以跟踪第 4 层协议信息。当多个本地 IP 地址映射到某个全局 IP 地址时,NAT 使用每台本地主机对应的协议号和 TCP/UDP 端口号,以得到独一无二的、可区别的全局 IP 地址。由于使用了 IP 地址池,地址池中会有多个 IP 地址,当使用超载时,会使得大量的内部主机地址被转换到外部 IP 地址的小地址池中。

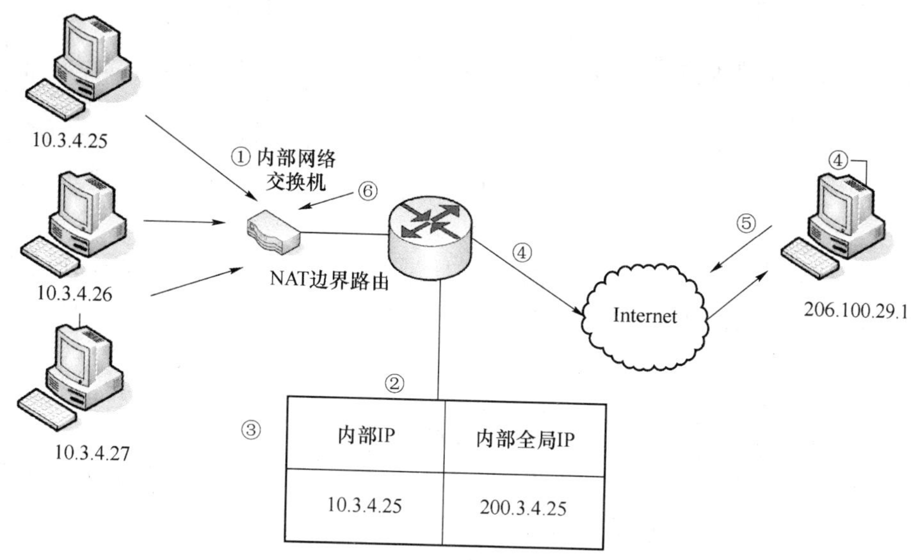

图 4-31　转换内部本地地址的过程

图 4-32 中显示了当一个内部全局 IP 地址代表多个内部本地 IP 地址时，NAT 是如何起作用的。TCP 端口号代表了全局 IP 地址的独一无二的部分，这些全局 IP 地址用来区分内部网络上的两个本地 IP 地址。

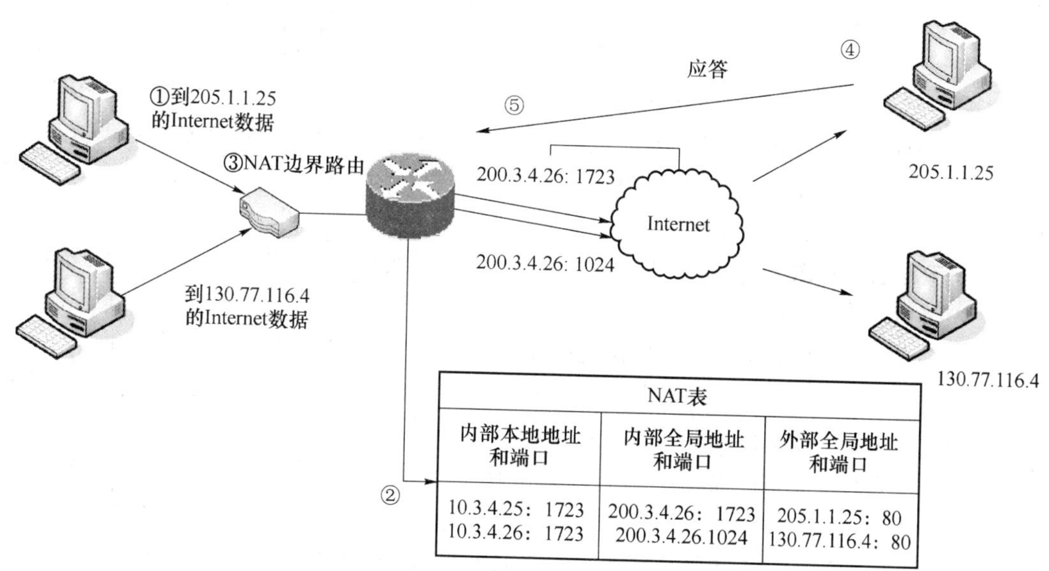

NAT表		
内部本地地址和端口	内部全局地址和端口	外部全局地址和端口
10.3.4.25：1723 10.3.4.26：1723	200.3.4.26：1723 200.3.4.26.1024	205.1.1.25：80 130.77.116.4：80

图 4-32　内部全局 IP 地址的 NAT 超载

当路由器将多个不可路由的内部 IP 地址转换为单个全局可路由的内部 IP 地址时，它执行下面的步骤，以超载内部全局 IP 地址。

① 内部 IP 地址为 10.3.4.25 的设备试图打开到外部网络上 IP 地址为 205.1.1.25 主机的连接。

② NAT 边界路由器接收到来自主机 10.3.4.25 的第 1 个数据包，就检查自己的 NAT 表，由于在 NAT 表中没有到此发送方主机的转换项，路由器就在 NAT 表中创建一

项。由于启用了超载，路由器需要保存足够的信息表项以转换返回的数据包。这种类型的表项称为扩展项，因为它包含了额外的信息，特别是协议号和 TCP/UDP 端口号。

③ 路由器用所选择的全局可路由 IP 地址和独一无二的端口号取代内部本地源 IP 地址 10.3.4.25，然后转发数据包。在本例中，源 IP 地址在 NAT 表中显示为 200.3.4.26:1723。

④ IP 地址为 205.1.1.25 的主机接收到数据包，并通过使用内部全局 IP 地址和始发数据包(200.3.4.26:1723)的源字段中的端口号，来应答 IP 地址为 10.3.4.26:1723。

⑤ NAT 边界路由器接收到来自 205.1.1.25 的送往 200.3.4.26 的数据包，它使用协议、内部全局 IP 地址和端口号作为关键字执行 NAT 表查找，然后路由器将地址转换回内部目的地址 10.3.4.25，并转发数据包。

步骤②到步骤⑤将继续进行，以维系所有后继的数据包传送，直到 TCP 连接被关闭为止。一旦关闭了 TCP 连接，NAT 路由器就删除 NAT 表中的表项。UDP 连接中不包含状态信息，因此，如果在规定时间内不活动，就将被删除。

IP 地址为 205.1.1.25 和 130.77.116.4 的主机都认为它们在与 IP 地址为 200.3.4.26 的单台主机进行通信。它们实际上在与不同的主机进行端到端的通信。由于端口号是有区别的，NAT 边界路由器就可以将数据包转发到内部网络中正确的主机上。事实上，通过使用大量可用的 TCP 和 UDP 端口号，就可以允许大约 64 000 台使用单个协议的不同主机共享单个内部全局 IP 地址。

3. 使用 TCP 负载分配

TCP 负载分配(TCP load distribution)是目的 IP 地址转换的一种动态形式，当建立从外部网络到内部网络的新连接时，所有的非 IP 流量无需转换即可通过，除非在接口上采用了另一种转换类型。图 4-33 显示了 TCP 负载分配步骤，下面展示将一个虚拟 IP 地址映射到几个实际 IP 地址时，NAT 的处理过程。

① 在图 4-33 中，PC 使用全局 IP 地址 206.2.2.25，试图打开到 IP 地址为 200.1.1.25 的虚拟主机的 TCP 连接。

② NAT 边界路由器接收到这个新的连接请求，并创建一个新的转换，因为在 NAT 表中没有现成的转换，这样就将下一个实际 IP 地址 10.3.4.25 分配为内部本地 IP 地址，并将此信息添加到 NAT 表中。

③ 然后 NAT 边界路由器用所选择的实际 IP 地址取代目的 IP 地址，并转发数据包。

④ 实际 IP 地址为 10.3.4.25 的主机接收到数据包，并对 NAT 边界路由器进行应答。

⑤ NAT 边界路由器接收到来自服务器的数据包，并使用内部本地 IP 地址和端口号及外部 IP 地址和端口号作为关键词执行另一个 NAT 表查找。然后 NAT 边界路由器将源地址转换为虚拟 IP 地址，并转发数据包。只要转换表项存在，数据包就将从那个实际 IP 地址传送到外部主机。

⑥ 到虚拟 IP 地址的下一个连接请求会导致 NAT 边界路由器将 10.3.4.26 分配为内部本地 IP 地址，这个过程持续进行，直到用完了地址池中的所有 IP 地址，然后路由器从地址池的开始处再重新开始。

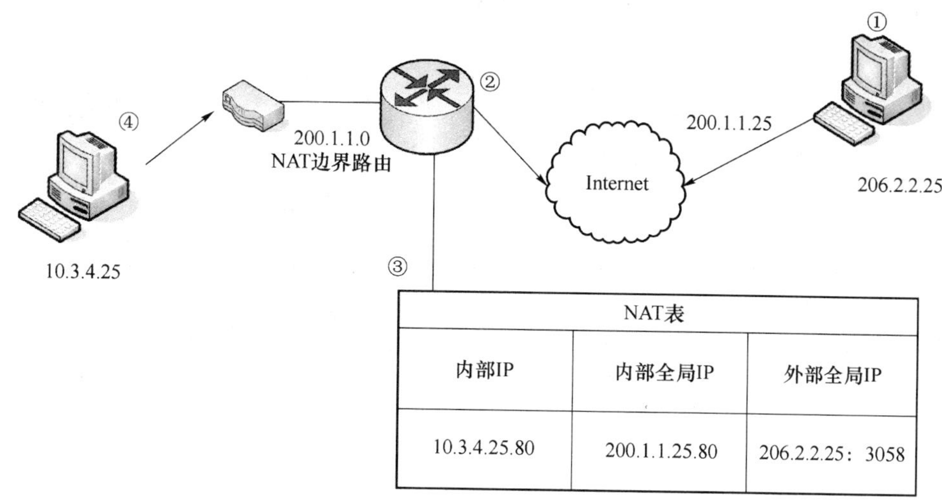

图 4-33　TCP 负载分配步骤

下面先看几个例子，然后再定义什么是重叠网络。假定内部网络使用了一个 IP 地址范围，这个 IP 地址范围由另一个公司所有，并被那个公司用在了 Internet 上。另一种情况是，一个公司与另一个公司合并了，它们使用同样的 RFC1918 地址，但又不想重新进行编号。图 4-34 显示了 NAT 转换重叠地址的例子。

在转换重叠地址时，可遵循如下步骤。

① 在内部网络中 IP 地址为 221.68.20.48 的主机，试图通过使用其完全正式域名，打开到外部网络的 Web 服务器的连接。这个请求触发了从主机到 IP 地址为 124.1.8.14 的域名服务器(DNS)的名字——地址查找。

② NAT 边界路由器将外来的请求转换到出站 IP 地址池，在本例中为 169.1.45.2，然后路由器截取返回的 DNS 应答，并检测在应答(221.68.20.47)中的 IP 地址是否与它正在转换的数据包的 IP 地址范围相匹配。这并不是内部网络想要与之进行通信的(正确的)主机，它是内部网络上的主机的重叠 IP 地址。

③ 要让内部主机与外部网络上的主机进行通信，而不是与内部网络中的(错误的)主机进行通信，NAT 边界路由器就创建了一项简单的转换，它能够将重叠 IP 地址映射到来自内部 IP 地址池上，在本例中，这个 IP 地址为 10.12.1.2。

④ NAT 边界路由器用从地址池中分配的这个地址取代 DNS 应答中的 IP 地址，并将应答转发到 IP 地址为 221.68.20.48 的主机。

⑤ 在内部网络中的主机发起到外部网络中 IP 地址为 10.12.1.2 的 Web 服务器的连接，路由器将源 IP 地址转换为 169.1.45.2，将目的 IP 地址转换为 221.68.20.47，目的 IP 地址将接收数据包，并继续进行转换。

⑥ 对于每个在内部主机和外部主机之间进行传送的数据包，路由器将执行 NAT 表查找。用 221.68.20.47 取代目的地址，用 169.1.45.2 取代源地址。

这里有两个地址池，一个用于从内部到外部的流量，另一个用于从外部到内部的流量。要让重叠 NAT 起作用，内部设备必须使用外部设备的域名。内部设备不能使用外部设备的 IP 地址，因为它是内部网络中另一台主机的 IP 地址。

当内部设备与外部设备进行通信时，为了让上面的配置有助于重叠，它必须使用外部设备的域名。

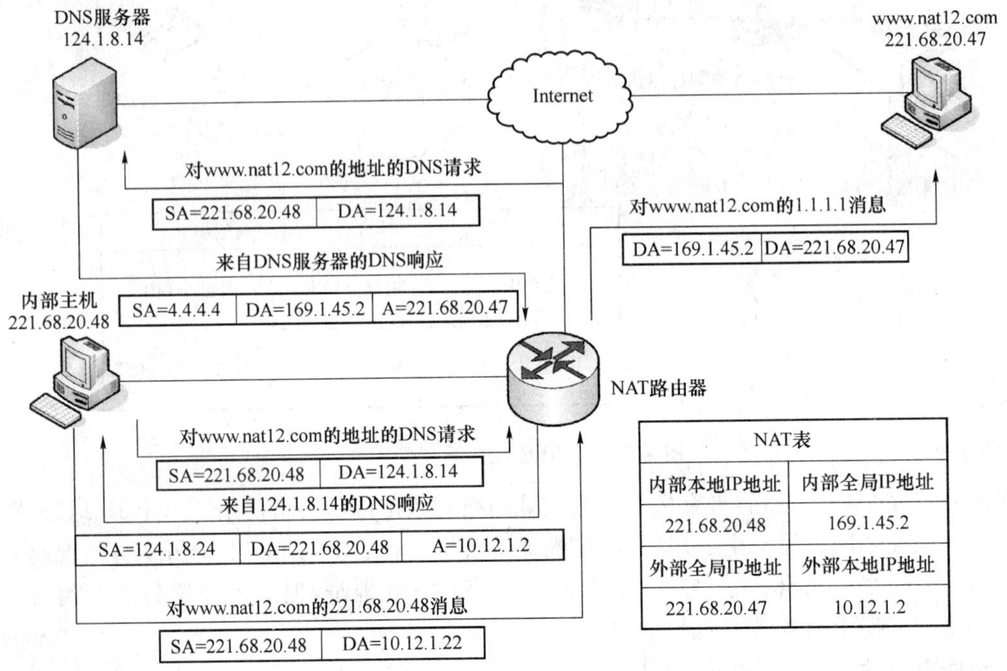

图 4-34　NAT 转换重叠地址

4.7.3　NAT 配置方法

1. 配置静态 NAT

静态 NAT 在内部地址和外部地址之间建立一对一映射。静态 NAT 让外部设备能够连接到内部设备。例如，用户可能想将一个内部全局地址映射到分配给 Web 服务器的内部本地地址。

配置静态 NAT 很简单，只需指定要转换的地址并在合适的接口上配置 NAT 即可。下面是 Cisco 路由器的静态 NAT 配置。

```
interface FastEthernet0/0
 ip address 192.168.1.31 255.255.255.0
 ip nat outside
!
interface FastEthernet0/1
 ip address 13.1.1.10 255.255.255.0
 ip nat inside
!
ip nat inside source static 13.1.1.20 192.168.1.31
```

静态转换是手工配置的。不同于动态转换，这些转换将始终出现在 NAT 表中。

2. 配置动态 NAT

静态 NAT 建立内部地址与公有地址之间的永久性映射，而动态 NAT 将私有 IP 地址映射到 NAT 地址池中的公有地址。

动态 NAT 的配置与静态 NAT 不同，但也有些相似之处。与静态 NAT 相似，配置动态 NAT 时也需将接口指定为内部或外部接口，但不是创建到 IP 地址的静态映射，而使用一个内部全局地址池。下面是 Cisco 路由器的动态 NAT 配置：

```
interface FastEthernet0/0
 ip address 192.168.1.31 255.255.255.0
 ip nat outside
!
interface FastEthernet0/1
 ip address 13.1.1.10 255.255.255.0
 ip nat inside
!
ip nat pool ww 192.168.1.32 192.168.1.36 netmask 255.255.255.0
ip nat inside source list 101 pool ww
!
access-list 101 permit ip 13.1.1.0 0.0.0.255 any
```

3. 配置使用单个公有 IP 地址的 NAT 重载

配置重载的方法有两种，具体使用哪种取决于 ISP 如何分配公有 IP 地址。一种情形是 ISP 只给组织分配了一个公有 IP 地址，另一种情形是 ISP 给组织分配了多个公有 IP 地址。下面是 Cisco 路由器的重载 NAT 配置：

```
interface FastEthernet0/0
 ip address 192.168.1.31 255.255.255.0
 ip nat outside
!
interface FastEthernet0/1
 ip address 13.1.1.10 255.255.255.0
 ip nat inside
!
ip nat inside source list 101 interface FastEthernet0/0 overload
ip classless
!
access-list 101 permit ip 13.1.1.0 0.0.0.255 any
```

只有一个公有 IP 地址时，重载配置通常将该公有地址分配给连接到 ISP 的外部接口。所有内部地址离开外部接口时都将被转换为同一个 IP 地址。

配置与动态 NAT 相似，只是没有使用地址池，而使用关键字 interface 指定外部 IP 地址，因此不需要定义 NAT 地址池。关键字 overload 导致在转换中添加端口号。

4. 配置使用公有 IP 地址池的 NAT 重载

如果 ISP 提供了多个公有 IP 地址，可将 NAT 重载配置成使用地址池。这种配置与一对一的动态 NAT 配置的主要区别是使用了关键字 overload。关键字 overload 启用端口地址转换。下面是 Cisco 路由器的使用地址池 NAT 重载配置：

```
interface FastEthernet0/0
 ip address 192.168.1.31 255.255.255.0
 ip nat outside
!
interface FastEthernet0/1
 ip address 13.1.1.10 255.255.255.0
 ip nat inside
!
ip nat pool ww 192.168.1.32 192.168.1.36 netmask 255.255.255.0
ip nat inside source list 101 pool ww overload
!
access-list 101 permit ip 13.1.1.0 0.0.0.255 any
```

第 5 章 网络安全

5.1 网络安全概述

网络安全是一门综合性的科学，它涉及了计算机、网络技术、通信技术、信息安全技术、数学和信息论等学科。

从狭义的保护角度来看，计算机网络安全是指计算机及其网络系统资源和信息资源不受自然和人为有害因素的威胁和危害，从广义来说，凡是涉及到计算机网络上信息的保密性、完整性、可用性、真实性和可控性的相关技术和理论都是计算机网络安全的研究领域。网络的安全问题包括两方面内容：

- 网络的系统安全；
- 网络的信息安全。

当网络系统的硬件、软件及其系统中的数据受到偶然的或者恶意的破坏、更改、泄露时，网络就处于不安全的状态。因此，网络安全从本质上来说就是要最终解决网络信息的安全。

- 计算机网络安全的重要性在于以下方面。
- 计算机网络可能成为敌对势力的攻击目标。
- 计算机网络访问控制、逻辑连接数量不断增加，软件规模空前膨胀，任何隐含的缺陷、失误都能造成巨大损失。
- 计算机系统使用的场所正在转向工业、农业、野外、天空、海上、宇宙空间、核辐射环境等异常环境，这些环境都比机房恶劣，出错率和故障的增多必将导致可靠性和安全性的降低。
- 随着计算机系统的广泛应用，操作人员、编程人员和系统分析人员的失误或缺乏经验都会造成系统的安全功能不足。
- 计算机网络安全问题涉及许多学科领域，是一个非常复杂的综合问题，随着系统应用环境的变化而不断变化。
- 从认识论的高度看，人们往往首先关注对系统的需要、功能，然后才被动地从现象注意系统应用的安全问题。

因此，计算机网络安全必需考虑和解决网络信息的保密性、完整性、可用性、可控性和可审查性，而这也是网络安全的五大特征。

- 保密性：信息不泄露给非授权用户、实体或过程，或供其利用的特性。
- 完整性：数据未经授权不能进行改变的特性。即信息在存储或传输过程中保持不被修改、不被破坏和丢失的特性。

➢ 可用性:可被授权实体访问并按需求使用的特性。即当需要时能否存取所需网络安全解决措施的信息。例如,网络环境下拒绝服务、破坏网络和有关系统的正常运行等都属于对可用性的攻击。

➢ 可控性:对信息的传播及内容具有控制能力。

➢ 可审查性:出现安全问题时提供依据与手段。

目前计算机网络面临的主要威胁来自于 4 个方面:计算机网络实体面临威胁(实体为网络中的关键设备);计算机网络系统面临威胁(典型安全威胁);恶意程序的威胁(如计算机病毒、网络蠕虫、间谍软件、木马程序);计算机网络威胁的潜在对手和动机(恶意攻击/非恶意)。

典型的网络安全威胁包括:窃听、重传、伪造、篡改、非授权访问、拒绝服务攻击、行为否认、旁路控制、电磁/射频截获、人员疏忽等。

网络安全威胁的发展趋势呈现以下特征:与 Internet 更加紧密结合,利用一切可以利用的方式进行传播;所有病毒都有混合型特征,破坏性大大增强;扩散极快,更加注重欺骗性;利用系统漏洞将成为病毒有力的传播方式;无线网络技术的发展,使远程网络攻击的可能性加大;各种境外情报、谍报人员将越来越多地通过信息网络渠道收集情况和窃取资料;各种病毒、蠕虫和后门技术越来越智能化,并出现整合趋势,形成混合性威胁;各种攻击技术的隐秘性增强,常规防范手段难以识别;分布式计算技术用于攻击的趋势增强,威胁高强度密码的安全性;一些政府部门的超级计算机资源将成为攻击者利用的跳板;网络管理安全问题日益突出。

而造成计算机网络的不安全主要因素又包括以下几个方面。

➢ 偶发因素:如电源故障、设备的功能失常及软件开发过程中留下的漏洞或逻辑错误等。

➢ 自然灾害:各种自然灾害对计算机系统构成严重的威胁。

➢ 人为因素:人为因素对计算机网络的破坏也称为人对计算机网络的攻击。可分为几个方面:被动攻击、主动攻击、邻近攻击、内部人员攻击、分发攻击。

本章旨在介绍网络安全的解决方案以期从不同角度考察如何保障网络安全。

5.2 虚拟专用网

虚拟专用网(VPN,Virtual Private Network)的概念最早是从专线引入的,使用特殊的技术在公共网络上建立特定用户专用网络,这样可以在保证用户安全的同时降低使用成本。这个概念后来被引入 Internet,VPN 支持以安全的方式通过公共互联网络远程访问企业资源。与使用专线或电话连接企业的网络接入服务器(NAS)不同,VPN 用户首先通过本地 ISP 的 NAS,然后 VPN 软件利用与本地 ISP 建立的连接在用户和企业 VPN 服务器之间创建一个跨越 Internet 或其他公共互联网络的 VPN。

在 Internet 网络上,VPN 的实现方式就是在公网上建立某种形式的链路作为 IP 的隧道进行异地网点互联。在公网上实现 VPN ,用户只需要付出到网络服务提供商的本地线路费用，并且在没有数据传输时可以断开连接，进一步节省了开销。

VPN 常用在下列的一些场合。

(1) 使用 VPN 连接局域网

一般而言，可以采用以下两种方式使用 VPN 连接远程局域网络，如图 5-1 所示。

① 使用专线连接分支机构和企业局域网。不需要使用价格昂贵的长途专用电路，分支机构和企业端路由器可以使用各自本地的专用线路通过本地的 ISP 连通 Internet。通过与本地 ISP 建立的连接和 Internet 网络，VPN 软件在分支机构和企业端路由器之间创建一个虚拟专用网络。

② 使用拨号线路连接分支机构和企业局域网。也可以不使用专线，分支机构端的路由器可以通过拨号方式连接本地 ISP。

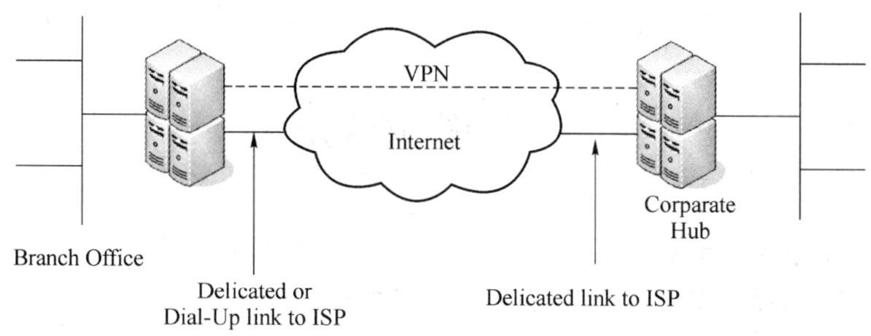

图 5-1　通过 VPN 连接分支机构

应当注意在以上两种方式中，都是通过使用本地电路在分支机构和企业部门与 Internet 之间建立连接，因此 VPN 可以大大节省电路的费用。

(2) 通过 VPN 访问敏感的数据

在企业的内部网络中，一些部门存储有重要的数据，为确保数据的安全性，传统的方式只能把这些部门同整个企业网络断开形成孤立的小网络。这样做虽然保护了部门的重要信息，但是物理上的中断，使其他部门的授权用户无法通过网络访问敏感数据，造成通信上的困难。

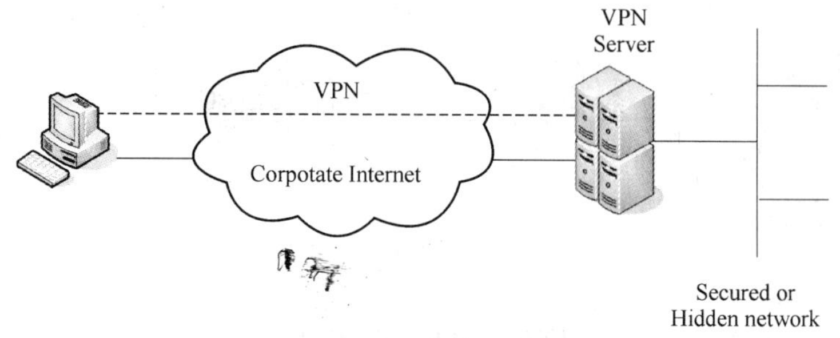

图 5-2　通过 VPN 访问敏感数据

采用 VPN 方案，通过使用一台 VPN 服务器既能够实现与整个企业网络的连接，又可以保证保密数据的安全性，如图 5-2 所示。企业网络管理人员通过使用 VPN 服务器，指定只有符合特定身份要求的用户才能连接 VPN 服务器获得访问敏感信息的权利。此外，可以对所有 VPN 数据进行加密，从而确保数据的安全性。

一般来说,企业在选用一种远程网络互联方案时都希望能够对访问企业资源和信息的要求加以控制,所选用的方案应当既能够实现授权用户与企业局域网资源的自由连接、不同分支机构之间的资源共享,又能够确保企业数据在公共互联网络或企业内部网络上传输时安全性不受破坏。因此,一个成功的 VPN 方案应当能够满足以下所有方面的要求。

① 用户验证:VPN 方案必须能够验证用户身份并严格控制只有授权用户才能访问 VPN。另外,方案还必须能够提供审计和计费功能,显示何人在何时访问了何种信息。

② 地址管理:VPN 方案必须能够为用户分配专用网络上的地址并确保地址的安全性。

③ 数据加密:对通过公共互联网络传递的数据必须进行加密,确保网络其他未授权的用户无法读取该信息。

④ 密钥管理:VPN 方案必须能够生成并更新客户端和服务器的加密密钥。

⑤ 多协议支持:VPN 方案必须支持公共互联网络上普遍使用的基本协议。

5.3 重叠 VPN 技术

VPN 的基本原理是利用隧道技术,把数据封装在隧道协议中,利用已有的公网建立专用数据传输通道,从而实现点到点的连接。这好比专线连接一样,在公网上建立某种形式的链路作为隧道,进行异地网点互联,并保证安全性。按照实现原理划分,VPN 可以分为两大类:重叠 VPN 和对等 VPN 技术。

如图 5-3 所示,早期的 VPN 都是重叠型的,其本质是一种"静态"VPN,所有的配置与部署都需要手工完成,而且具有 N^2 问题,一旦 VNP 中增加或者删除一个客户,整个路由表都会受到影响,维护起来相当麻烦,因而不适合大规模的应用和部署。典型的重叠型 VPN 技术包括:GRE VPN、IPSec VPN、SSL VPN 和 L2TP VPN 技术。在本节中我们将逐一对这些技术进行详细介绍。

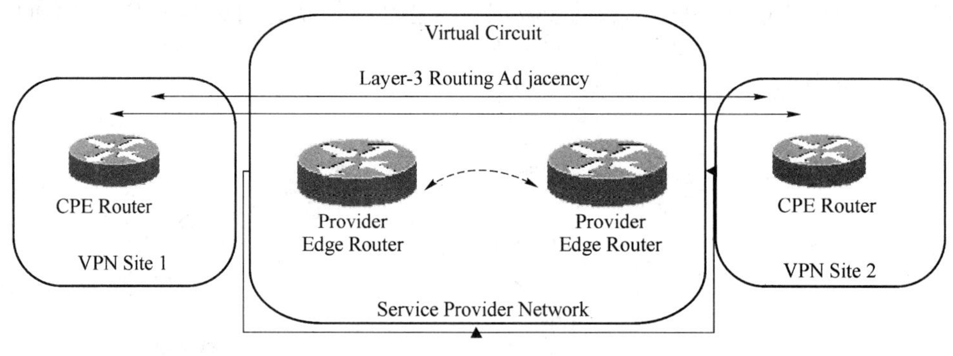

图 5-3 重叠 VPN 模型图

5.3.1 GRE VPN

GRE 是 Generic Routing Encapsulation 的缩写,即通用路由封装。所谓 GRE 是一种封装方法,它规定了在一种协议上封装并转发另一种协议的通用方法。在 VPN 中使用

GRE 封装非常普遍，采用 GRE 封装的 VPN 就被称为 GRE VPN。GRE 首先将有效载荷封装在一个 GRE 包中，然后将此 GRE 包封装在其他某协议中并在网络中转发。

为了更通用的目的，GRE 忽略掉了很多协议相关的细微差别。GRE 协议试图提供一种简单的封装机制来把封装的问题从其原来的规模(N^2)降低到另一个更容易控制的规模。

1. GRE 封装的包格式

当系统有一个数据包需要被封装并传送到某个目的地时，我们称该数据包为净载数据包(Payload packet)，净载数据包首先被封装在一个 GRE 数据包中，所得的 GRE 数据包可以封装在另一种协议中，然后被转发。我们称外层协议为传输协议(Delivery protocol)。GRE 数据包的格式如图 5-4 所示。

图 5-4　封装 GRE 后数据包的格式

这里我们主要关心的是 GRE 头部的结构，GRE 数据包的头部格式如图 5-5 所示。

0 1 2 3 4 5 6 7 8 9 0 1 2 3 4 5 6 7 8 9 0 1 2 3 4 5 6 7 8 9 0 1

C	Reserved0	Ver	Protocol Type
Checksum(optional)		Reserved 1(optional)	

图 5-5　GRE 数据包的头部格式

对 GRE 头部格式的各域解释如下。

- Checksum Present(bit 0)：如果该域为 1，那么 Checksum 和 Reserved1 域都出现并且 Checksum 域包含有效信息。
- Reserved0(bit 1～12)：数据包接收者必须丢弃 bit1～5 中任一位为非 0 的数据包，除非接收者使用 RFC1701。bit 6～12 保留以备后用，这些比特位必须按 0 发送，并且在接收时必须忽略掉。
- Version Number(bit 13～15)：Version Number 域必须包含值 0。
- Protocol Type(2 octets)：Protocol Type 域包含净载数据包的协议类型。这些协议在 RFC1700 中定义为"ETHER TYPES"。应用程序如果接收到一个包含未列于 RFC1700 中的协议类型的数据包应该丢弃该数据包。
- Checksum(2 octets)：Checksum 域是包含了 GRE 头部和净载数据包的校验和，该域仅在 Checksum Present 位为 1 时出现。
- Reserved1(2 octets)：该域保留以待将来使用。如果出现，传输时必须为 0。Reserved1 域仅在 Checksum 域出现时出现(也就是说，Checksum Present 置为 1)。

此外，在利用 GRE 封装数据包时，我们应该注意以下几点特殊约定。

- 当 IPv4 作为 GRE 的净载时，Protocol Type 域必须置为 0x800。
- 当 IPv4 数据报文作为 GRE 数据报的净载，隧道端点在拆封该 GRE 数据报文时，IPv4 净载报文头部的目的地址必须用来转发该数据报文，同时净载报文的 TTL 必须递减。在转发这样的数据报文时应该注意，因为如果净载报文的目的地址正好是该 GRE 报文的封装者时(即隧道的另一端)，可能出现环路。这种情形下，数据报文必须丢弃。
- 当 GRE 数据报文封装于 IPv4 数据报文中时，应该使用 IPv4 协议号 47(参考 RFC1700)。

2. GRE VPN 的工作原理

GRE VPN 采用了隧道技术，两个站点的路由器之间通过公网连接彼此的物理接口，两个路由器上分别建立一个虚拟接口(Tunnel)，两个虚拟接口之间建立点对点虚拟连接，形成一条跨越公网的隧道。

其中，物理接口具有承载协议地址和相关配置，而虚拟接口则具有载荷协议的地址和相关配置。载荷数据包经过了 GRE 和承载协议的封装后，通过物理接口发送到公网，公网的设备进行相应的路由，发送数据包到 VPN 网络的对端路由器，然后由路由器拆去数据包承载协议和 GRE 的头部，提交到相应的协议栈，进行私网内正常的数据包转发。

下面举例说明 GRE 的工作过程，如图 5-6 所示，站点 A 和站点 B 所在的是私有 IP 网络，它们之间通过运行 IP 协议的公网相连。路由器 RTA 和路由器 RTB 分别通过 E0/0 口与私有网络相连，S0/0 与 IP 公网相连，路由器 RTA 和路由器 RTB 的 E0/0 和 Tunnel 0 接口均具有私有 IP 地址，而 S0/0 接口具有公网 IP 地址。如果不采取一定的措施，A 和 B 两个站点不能直接通信，因为私网的 IP 数据包，不会被公网路由转发。如果采用 GRE 协议封装，当站点 A 通过公网向站点 B 发送数据时，数据包转发的过程如下。

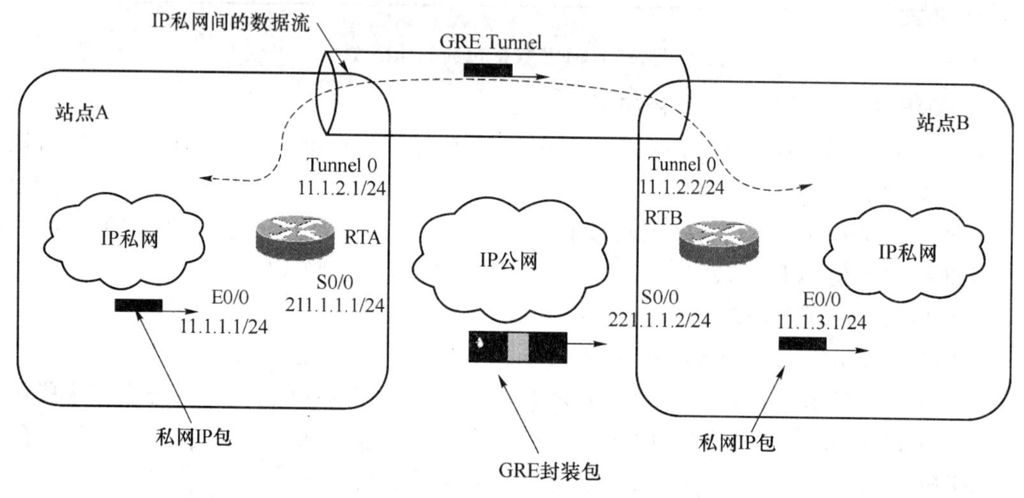

图 5-6 GRE VPN 实例图

- 站点 A 首先把数据包发送到路由器 RTA，RTA 收到 IP 数据包时，根据数据包的目的 IP 地址，查找路由表，找出 IP 数据包的转发路径。
- 如果 IP 数据包是通过 Tunnel 0 接口向外转发的，则根据配置对私网 IP 数据包进行

GRE 封装，再加以公网 IP 封装，变成一个公网 IP 数据包，其目的地址是 RTB 的公网地址，由 RTA 的 S0/0 物理接口负责把此数据包发出。

- 此数据包穿过 IP 公网，到达 RTB，RTB 解开封装，把得到的私网 IP 包交给自己的 Tunnel 0 接口，再进行下一步的 IP 路由。

总之，无论承载或载荷协议是哪一种协议，它工作的过程是：隧道起点路由查找、GRE 封装、承载路由协议转发、中途转发、解封装和隧道终点载荷协议路由查找。

5.3.2　L2TP VPN

第二层隧道协议（L2TP，Layer Two Tunneling Protocol）和点对点隧道协议（PPTP，Point-to-Point Tunneling Protocol）是典型的链路层 VPN 协议。L2TP 用来整合多协议拨号服务至现有的因特网服务提供商。

点对点协议（PPP，Point-to-Point Protocol）定义了多协议跨越第二层点对点链接的一个封装机制。特别地，用户通过使用众多技术（如拨号 POTS、ISDN、ADSL 等）通过第二层连接到网络访问服务器（NAS），然后在第二层连接上运行 PPP 协议。在这样的配置中，第二层终点和 PPP 会话终点处于相同的物理设备（如 NAS）中。

L2TP 扩展了 PPP 模型，允许第二层和 PPP 终点处于不同的由分组交换网络相互连接的设备中。通过 L2TP 协议，用户在第二层连接到一个访问集中器（如调制解调器池、ADSL DSLAM 等）上，然后这个集中器将 PPP 通过隧道连接到 NAS。

L2TP 的分离方式明显的一个好处是，第二层连接可以在一个（本地）电路集中器上完成，然后通过共享网络（如帧中继电路或 Internet）扩展逻辑 PPP 会话到一个企业自有的 NAS 上。从用户角度看直接在 NAS 上完成第二层连接与使用 L2TP 没有什么区别。L2TP 主要用于通过 Internet 接入企业内部网络。

L2TP 使用以下两种信息类型，即控制信息和数据信息。控制信息用于隧道和呼叫的建立、维持和清除。数据信息用于封装隧道所携带的 PPP 帧。控制信息利用 L2TP 中的一个可靠控制通道来确保发送。

1. L2TP 协议结构

L2TP 协议的头部格式如图 5-7 所示。

											12	16	32 bit
T	L	X	X	S	X	O	P	X	X	X	X	VER	Length
Tunnel ID													Session ID
Ns(opt)													Nr(opt)
Offset Size (opt)													Offset Pad (opt)

图 5-7　L2TP 协议的头部格式

L2TP 协议头部的各个域的解释如下。

- T：T 位表示信息类型。若是数据信息，该值为 0；若是控制信息，该值为 1。
- L：当设置该字段时，说明 Length 字段存在，表示接收数据包的总长。对于控制信息，必须设置该值。

- X :X 位为将来扩展预留使用。在导出信息中,所有预留位被设置为 0,导入信息中该值忽略。
- S:如果设置 S 位,那么 Nr 字段和 Ns 字段都存在。对于控制信息,S 位必须设置。
- O: 当设置该字段时,表示在有效负载信息中存在 Offset Size 字段。对于控制信息,该字段值设为 0。
- P:如果 Priority(P)位值为 1,表示该数据信息在其本地排队和传输中将会得到优先处理。
- Ver:Ver 位的值总为 002。它表示 L2TP 的版本信息。
- Length:信息总长,包括头、信息类型 AVP 以及另外的与特定控制信息类型相关的 AVPs。
- Tunnel ID:识别控制信息应用的 Tunnel(隧道)。如果对等结构还没有接收到分配的 Tunnel ID,那么 Tunnel ID 必须设置为 0。一旦接收到分配的 Tunnel ID,所有目的地址更远的数据包必须和 Tunnel ID 一起被发送。
- Call ID:识别控制信息应用的 Tunnel 中的用户会话。如果控制信息在 Tunnel 中不应用单用户会话(例如,一个 Stop-Control-Connection-Notification 信息),Call ID 必须设置为 0。
- Nr:期望在下一个控制信息中接收到的序列号。
- Ns:数据或控制信息的序列号。
- Offset Size & Pad:该字段规定通过 L2TP 协议头的字节数,协议头是有效负载数据起始位置。Offset Padding 中的实际数据并没有定义。如果 Offset 字段当前存在,那么 L2TP 头在 Offset Padding 的最后 8 位字节后结束。

2. L2TP VPN 工作原理

L2TP 协议是第二层转发协议(L2F,Layer Two Forwarding)和 PPTP 相互结合的产物,主要由访问集中器(LAC,L2TP Access Concentrator)和网络服务器(LNS,L2TP Network Server)构成。LAC 支持客户端的 L2TP,用于发起呼叫、接收呼叫和建立隧道,LNS 是所有隧道的终点。在传统 PPP 连接中,用户拨号连接的终点是 LAC,L2TP 使得 PPP 协议的终点延伸到 LNS。L2TP 的 VPN 隧道建立过程如下:

- 由用户发起连接请求(通常是向本地服务提供商发送一个 PPP 连接请求);
- 该请求被送往 LAC;
- LAC 通过 RADIUS 服务器验证用户,并获得该用户的目的 LNS;
- LAC 向 LNS 发送已协商的 PPP 参数;
- LNS 再次认证用户。
- LNS 向 LAC 发送接受消息,建立隧道。

L2TP 的工作过程如图 5-8 所示。

5.3.3 IPSec VPN

Intenet 安全协议(IPSec,Internet Protocol Security)是一种由 IETF 设计的端到端的确保 IP 层通信安全的机制,IPSec 不是一个单独的协议,而是一组协议。

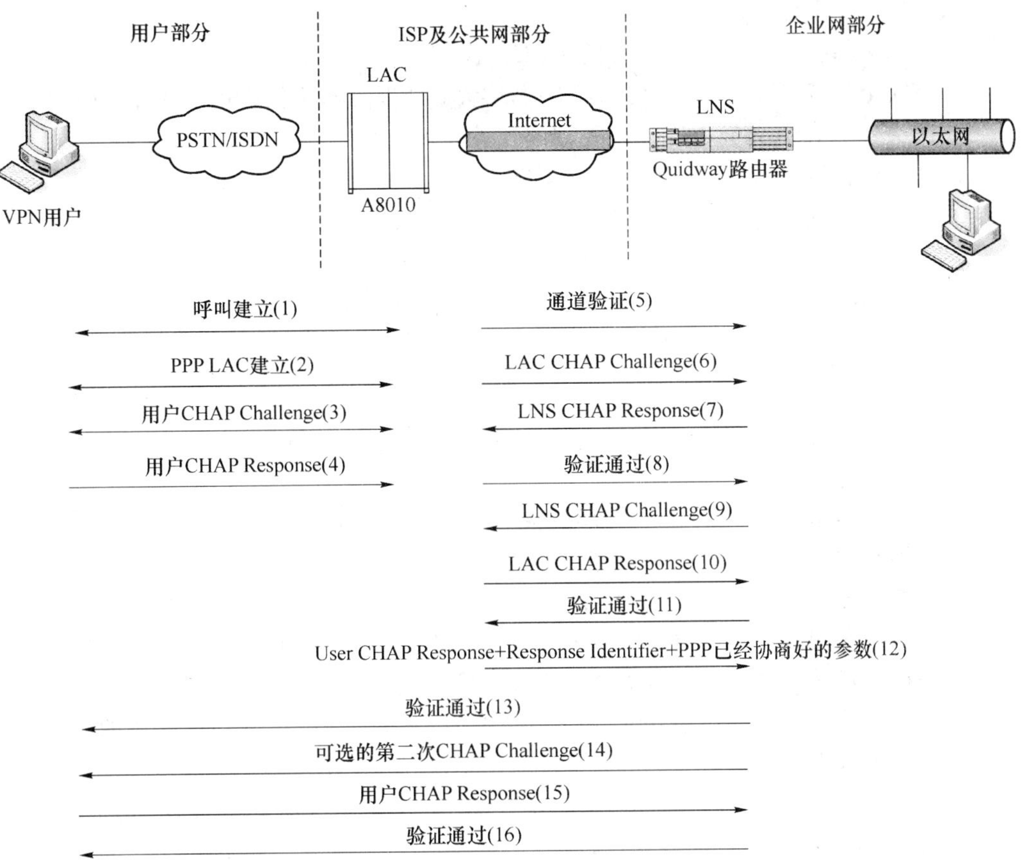

图 5-8　L2TP 的工作过程

IPSec 包括安全协议、密钥管理协议、安全关联以及加密、认证算法等。IPv4 对 IPSec 的支持是可选的，IPv6 必须支持 IPSec。RFC2401 定义了 IPSec 的基本结构，其各组件之间的结构关系如图 5-9 所示。

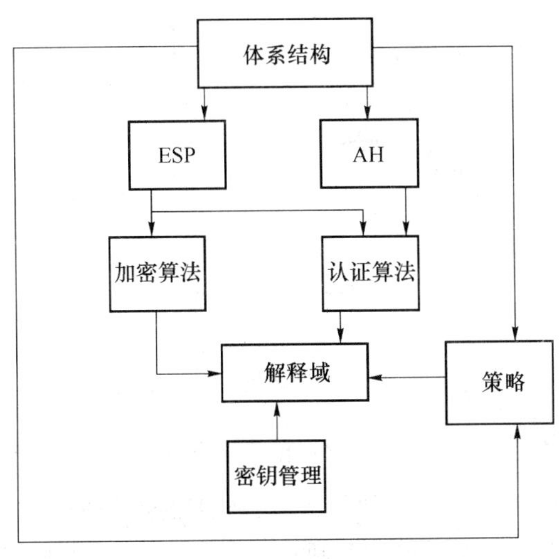

图 5-9　IPSec 基本结构

IPSec 包括了以下几个方面。

- IPSec 体系结构：包含了一般的概念、安全需求。
- 封装安全载荷(ESP)：定义了 ESP 加密及认证处理的相关包格式和处理规则。
- 验证头(AH)：定义了 AH 认证处理的相关包格式和处理规则。
- 加密算法：描述各种加密算法如何用于 ESP 中。
- 验证算法：描述各种身份验证算法如何用于 AH 和 ESP 中。
- 密钥管理(IKE)：密钥管理的一组方案，其中 IKE 是默认的密钥自动协商协议。
- 解释域：密钥协商协议彼此相关各部分的标识符及参数。
- 策略：决定两个实体之间能否通信，以及如何进行通信。

IPSec 具有以下功能。

- 作为一个隧道协议实现了 VPN 通信：IPSec 作为第三层的隧道协议，可以在 IP 层上创建一个安全的隧道，使两个异地的私有网络连接起来，或者使公网上的计算机可以访问远程的企业私有网络。
- 保证数据来源可靠：在 IPSec 通信之前双方先用 IKE 认证对方身份并协商密钥，只有 IKE 协商成功后才能通信。由于第三方不知道验证和加密的算法和相关密钥，因此，无法冒充发送方，即使冒充，也会被接收方检测出来。
- 保证数据完整性：IPSec 通过验证算法功能保证数据从发送方到接收方的传送过程中的任何数据篡改和丢失都可以被检测出来。
- 保证数据机密性：IPSec 通过加密算法使只有真正的接收方才能获得真正的发送内容，而他人无法获知数据的真正内容。

1. IPSec 体系结构

如图 5-10 所示，IPSec 体系框架包含了 3 个最重要的协议：AH、ESP 和 IKE。

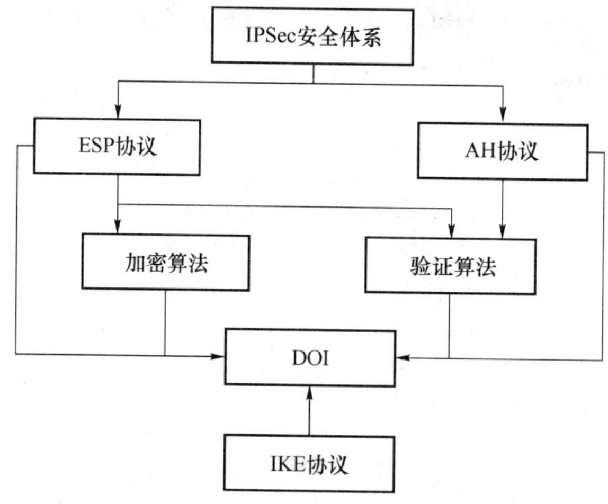

图 5-10　IPSec 框架

(1) AH 为 IP 数据包提供如下 3 种服务：无连接的数据完整性验证、数据源身份认证和防重放攻击。数据完整性验证通过哈希函数(如 MD5)产生的校验来保证，数据源身份认证通过在计算验证码时加入一个共享密钥来实现，AH 报头中的序列号可以防止重放攻击。

(2) ESP 除了为 IP 数据包提供 AH 已有的 3 种服务外，还提供另外两种服务：数据包加密、数据流加密。加密是 ESP 的基本功能，而数据源身份认证、数据完整性验证以及防重放攻击都是可选的。数据包加密是指对 IP 包进行加密。客户端计算机一般加密 IP 包的载荷部分。路由器则对整个 IP 包加密，源端路由器并不关心 IP 包的内容，对整个 IP 包进行加密后传输，目的端路由器将该 IP 包解密后将原始 IP 包继续转发。

AH 和 ESP 可以单独使用，也可以嵌套使用。通过这些组合方式，可以在两台安全网关(防火墙和路由器)，或者主机与安全网关之间使用。

(3) IKE 协议负责密钥管理，定义了通信实体间进行身份认证、协商加密算法以及生成共享的会话密钥的方法。IKE 将密钥协商的结果保留在安全联盟(SA)中，供 AH 和 ESP 以后通信时使用。IKE 协议将在第 5.6 节详细描述。

(4) 解释域(DOI)为使用 IKE 进行协商 SA 的协议统一分配标识符。共享一个 DOI 的协议从一个共同的命名空间中选择安全协议和变换、共享密码以及交换协议的标识符等，解释域将 IPSec 的这些属性联系到一起。

2. 验证头协议(AH)

验证头协议(AH，Authentication Header)由 RFC2402 定义，该协议可以提供无连接的数据完整性、数据来源验证和抗重放攻击服务。

AH 协议对 IP 层的数据使用密码学中的验证算法，从而使得对 IP 包的修改可以被检测出来。具体的说，这个验证算法是密码学中的 MAC 算法，MAC 算法将一段给定的任意长度的报文和一个密钥作为输入，产生一个固定长度的输出报文，称为报文摘要或指纹。MAC 算法一般是由 Hash 算法演变而来，也就是将输入报文和密钥结合在一起然后应用 Hash 算法。这种 MAC 算法称为 HMAC，例如 HMAC-MDS、HMAC-SHA1、HMAC-RIPEMD-160。

通过 HMAC 算法可以检测出对 IP 包的任何修改，不仅包括对 IP 包的源/目的 IP 地址的修改，还包括对 IP 包载荷的修改，从而保证了 IP 包内容的完整性和 IP 包来源的可靠性。为了使通信双方能产生相同的报文摘要，通信双方必须采用相同的 HMAC 算法和密钥。对同一段报文使用不同的密钥来产生相同的报文摘要是不可能的。因此，只有采用相同的 HMAC 算法并共享密钥的通信双方才能产生相同的验证数据。

AH 协议和 TCP、UDP 协议一样，是被 IP 协议封装的协议之一。一个 IP 包的载荷是否是 AH 协议，由 IP 协议头部中的协议字段判断，正如 TCP 协议是 6，UDP 协议是 17 一样，AH 协议是 51。如果一个 IP 包封装的是 AH 协议，在 IP 包头(包括选项字段)后面紧跟的就是 AH 协议头部，格式如图 5-11 所示。

AH 协议头部各域的解释如下。

- 下一个头字段：表示 AH 头之后是什么。此字段在传输模式下，是处于保护中的上层协议的值，比如 UDP 或 TCP 协议的值；而在隧道模式下，值是 4。
- 在 IPv6 协议中，AH 头是一个 IPv6 的扩展头，它的载荷长度字段是从 64 位字表示的头长度中减去一个 64 位字。在 IPv4 协议中，AH 采用 32 位字来计算，因此，减去两个 32 位字(或一个 64 位字)。
- SPI 字段中包含 SPI，SPI 和外部 IP 头的目的地址一起用于识别对这个包进行数据

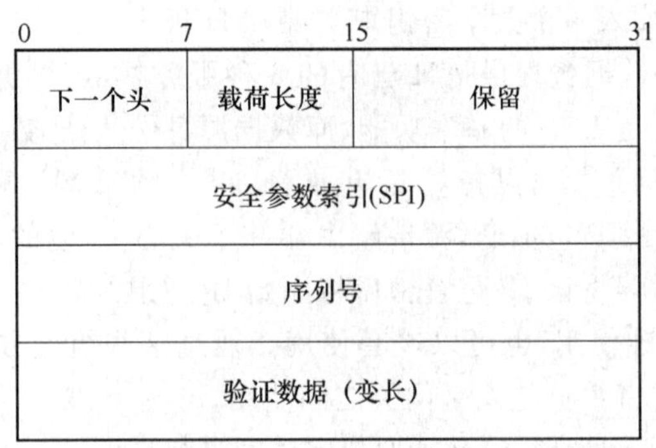

图 5-11 AH 协议头部

验证的安全联盟。

➢ 序列号是一个单项递增的计算器，等同于 ESP 协议中使用的序列号。

➢ 验证数据字段是一个可变长度的字段，其中包括完整性校验的结果。AH 协议定义了两个强制实现的数据验证算法：HMAC-SHA-96 和 HMAC-MD5-96。和 ESP 协议一样，完整性验证的输出结果中取出前 96 比特放在数据包的末尾。

AH 协议可以用于传输模式或者隧道模式。不同之处在于被保护的是上层协议数据或一个完整的 IP 包。在任何情况下，AH 协议都要对包括外部 IP 头在内的所有数据进行验证。

AH 工作在传输模式时，保护的是端到端的通信。通信的终点必须是 IPSec 终点，AH 头被插在数据报中，紧跟在 IP 头之后（和任意选项）和需要保护的上层协议之前，对这个数据报进行安全保护，如图 5-12 所示。

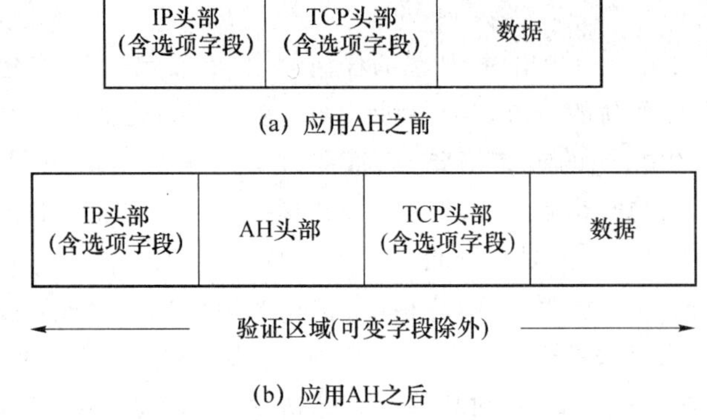

图 5-12 AH 协议的传输工作模式

AH 用于隧道模式时，它将自己保护的 IP 报文封装起来，另外，在 AH 头之前另外添加了一个新的 IP 头。"里面的"IP 报文中包含了通信的原始信息，而"外面的"IP 数据报则包含了 IPSec 端点的地址，如图 5-13 所示。

3. 封装安全载荷(ESP)

与 AH 一样，封装安全载荷（ESP，Eneapsulating Security Payload）协议也是一种增强 IP 层安全的 IPSec 协议，由 RFC2406 定义。ESP 协议除了可以提供无连接的完整性、数据来源验证和抗重放攻击服务之外，还提供数据包加密和数据流加密服务。

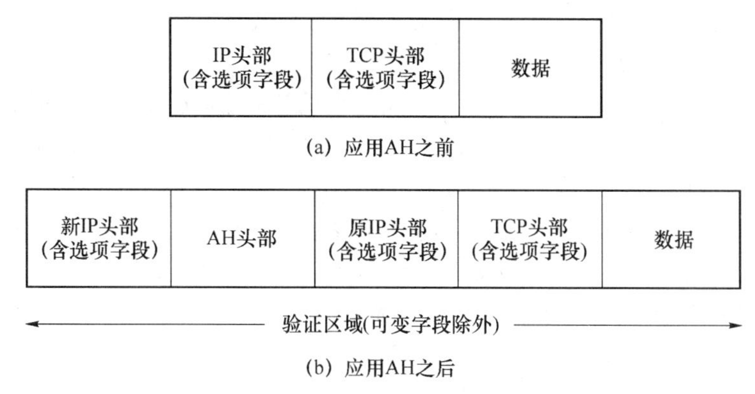

图 5-13　AH 协议的隧道工作模式

ESP 协议提供数据完整性和数据来源验证的原理和 AH 一样也是通过验证算法实现的。然而，与 AH 相比 ESP 验证的数据范围要小一些。ESP 协议规定了所有 IPSec 系统必须实现的验证算法：HMAC-MD5、HMAC-SHA1、NULL。其中，NULL 认证算法是指实际不进行认证。

数据包加密服务通过对 IP 包载荷加密实现。数据流加密是通过隧道模式下对整个 IP 包加密实现。ESP 的加密采用的是对称密钥加密算法，与公钥加密算法相比，对称密钥加密算法可以提供更大的加密/解密吞吐量，不同的 IPSec 实现其加密算法也有所不同。为了保证互操作性，ESP 协议规定了所有 IPSec 系统都必须实现的算法：DES-CBC、NULL。其中，NULL 加密算法是指实际不进行加密，之所以有 NULL 算法是因为加密和认证都是可选的，但是 ESP 协议规定加密和认证不能同时为 NULL。换句话说，如果采用 ESP，加密和认证至少必选其一，当然也可以二者都选，但是不能二者都不选。

ESP 协议和 TCP、UDP、AH 协议一样，是被 IP 协议封装的协议之一。一个 IP 包的载荷是否是 ESP 协议，由 IP 协议头部中的协议字段判断，ESP 协议字段是 50。若 IP 包封装的是 ESP 协议，在 IP 包头(包括选项字段)后面紧跟的就是 ESP 协议头部，格式如图 5-14 所示。

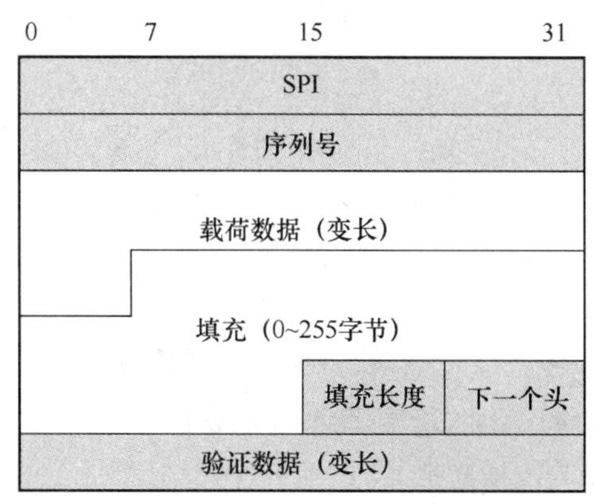

图 5-14　ESP 头部格式

ESP 头部格式的各个字段解释如下。

➢ SPI 是一个 32 位整数，与源/目的 IP 地址、IPSec 协议一起组成的三元组可以为该 IP

包唯一确定一个 SA(安全联盟)。关于 SA 的概念可参见本节“IPSec VPN 的两种工作模式的比较”中的介绍。

➢ 序列号是一个 32 位整数,作为一个单调递增的计数器,为每个 ESP 包赋予一个序号。当通信双方建立 SA 时,计数器初始化为 0。SA 是单向的,每发一个包外出的 SA 的计数器增 1,每接收一个包进入的 SA 的计数器增 1。该字段可以用于抵抗重放攻击。

➢ 载荷数据是变长字段,包含了实际的载荷数据。不管 SA 是否需要加密,该字段总是必需的。如果采用了加密,该部分就是加密后的密文,如果没有加密,该部分就是明文。如果采用的加密算法需要一个初始向量(IV,Initial Vector),IV 也是在本字段中传输的。该加密算法的规范必须能够指明 IV 的长度以及在本字段中的位置。本字段的长度必须是 8 位的整数倍。

➢ 填充字段包含了填充位。

➢ 填充长度是一个 8 位字段,以字节为单位指示了填充字段的长度,其范围为[0,255]。

➢ 下一个头是 8 位字段,指明了封装在载荷中的数据类型,如 6 表示 TCP 数据。

➢ 验证数据是变长字段。只有选择了验证服务时才会有该字段,包含了验证的结果。

和 AH 一样,ESP 也有两种运行模式:传输模式和隧道模式。ESP 工作在传输模式时,保护的是 IP 包的载荷,如 TCP、UDP、ICMP 等,也可以是其他 IPSec 协议的头部。ESP 插入到 IP 头部(含选项字段)之后,任何被 IP 协议所封装的协议(如传输层协议或者 IPSec 协议)之前,如图 5-15 所示。

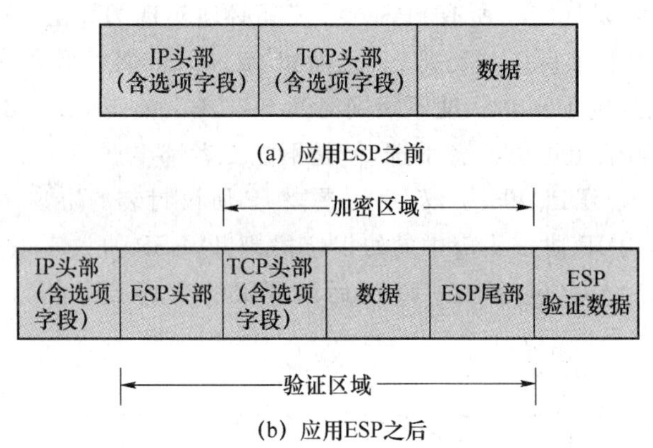

图 5-15　ESP 协议的传输工作模式

ESP 工作在隧道模式时,保护的是整个 IP 包,对整个 IP 包进行加密。ESP 插入到原 IP 头部(含选项字段)之前,在 ESP 之前再插入新的 IP 头部,如图 5-16 所示。

ESP 隧道模式的验证和加密能够提供比 ESP 传输模式更加强大的安全功能,因为隧道模式下对整个原始 IP 包进行验证和加密,可以提供数据流加密服务,而 ESP 在传输模式下不能提供流加密服务,因为源、目的 IP 地址不被加密。

4. IPSec VPN 的两种工作模式比较

前面介绍 AH 和 ESP 协议时已经提到 IPSec VPN 有两种工作模式:传输模式和隧道模式。AH 和 ESP 都支持这两个模式,因此有 4 种组合:传输模式的 AH、隧道模式的 AH、传输模式的 ESP、隧道模式的 ESP。

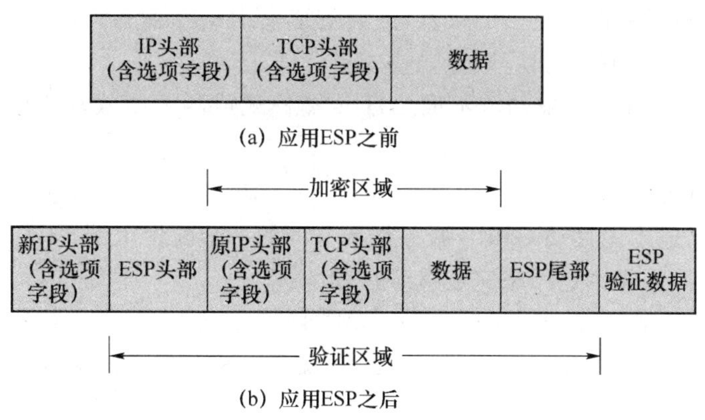

图 5-16 ESP 协议的隧道工作模式

(1) 传输模式

传输模式要保护的内容是 IP 包的载荷，可能是 TCP/UDP 等传输层协议，也可能是 ICMP 协议，还可能是 AH 或 ESP 协议(在嵌套的情况下)。传输模式为上层协议提供安全保护。通常状况下，传输模式只用于两台主机之间的安全通信。在应用 AH 协议时，被验证的区域是整个 IP 包，包括 IP 包头部，因此源 IP 地址、目的 IP 地址是不能修改的，否则会被检测出来。然而，如果该包在传送过程中经过 NAT 网关，其源/目的 IP 地址将被改变，会造成到达目的地址后的完整性验证失败。因此，AH 在传输模式下和 NAT 是冲突的，不能同时使用，或者说 AH 不能穿越 NAT。

和 AH 不同，ESP 不会对整个 IP 包进行验证，IP 包头部(含选项字段)不会被验证。因此，ESP 不存在像 AH 那样的和 NAT 模式冲突的问题。如果通信的任何一方具有私有地址或者在安全网关背后，双方的通信仍然可以用 ESP 来保护其安全，因为 IP 头部中的源/目的 IP 地址和其他字段不会被验证，可以被 NAT 网关或者安全网关修改。

当然，ESP 在验证上的这种灵活性也有缺点：除了 ESP 头部之外，任何 IP 头部字段都可以修改，只要保证其校验和计算正确，接收端就不能检测出这种修改，所以 ESP 传输模式的验证服务要比 AH 传输模式弱一些。如果需要更强的验证服务并且通信双方都是公有 IP 地址，应该采用 AH 来验证，或者将 AH 认证与 ESP 验证同时使用。

(2) 隧道模式

隧道模式保护的内容是整个原始 IP 包，隧道模式为 IP 协议提供安全保护。通常情况下，只要 IPSec 双方有一方是安全网关或路由器，就必须使用隧道模式。隧道模式的数据包有两个 IP 头：内部头和外部头。内部头由路由器背后的主机创建，外部头由提供 IPSec 的设备(可能是主机，也可能是路由器)创建。隧道模式下，通信终点由受保护的内部 IP 头指定，而 IPSec 终点则由外部 IP 头指定，如 IPSec 终点为安全网关，则该网关会还原出内部 IP 包，再转发到最终目的地。

隧道模式下，AH 验证的范围也是整个 IP 包，因此，上面讨论的 AH 和 NAT 的冲突在隧道模式下也存在。而 ESP 在隧道模式下内部 IP 头部被加密和验证，而外部 IP 头部既不被加密也不被验证。不被加密是因为路由器需要这些信息来为其寻找路由；不被验证是为了能适用于 NAT 等情况。

不过，隧道模式下将占用更多的带宽，因为隧道模式要增加一个额外的 IP 头部。因此，如果带宽利用率是一个关键问题，则传输模式更合适。

尽管 ESP 隧道模式的验证功能不像 AH 传输模式或隧道模式那么强大，但 ESP 隧道模式提供的安全功能已经足够。

5. IPSec VPN 应用实例

下面是一个通过中国移动 GPRS 服务接入上网的一个配置示例。GPRS 是通过拨号接通接入服务器的，拨号脚本是用来完成拨号过程的：

```
chat-script gprs "" at ok atd\t timeout 10 connect \c
crypto ipsec transform-set china-mobile esp-3des esp-md5-hmac 配置加密转换集
!
crypto ipsec dpd-time 0
crypto map bb 100 ipsec-isakmp 配置 IPSEC 加密图，重 IKE 获得密钥
 set transform-set china-mobile
 set peer 10.132.2.246
 match address 100
!
crypto isakmp policy 100 配置 IKE
 authentication pre-share 使用预共享密钥
 encryption 3des
 group 2
 hash md5
 lifetime 7200
!
crypto isakmp key shanyi address 10.4.3.162
!
interface fastethernet 0/0
 ip address 172.31.4.218 255.255.255.252
!
interface fastethernet 0/1
 ip address 13.10.80.11 255.0.0.0
!
interface fastethernet 3/0
!
interface serial 1/0
 physical-layer async
 encapsulation ppp
 keepalive 30
 ip address negotiated
 crypto map bb
```

```
 no cdp enable
 dialer in-band
 dialer string *99***1#
 dialer-group 1
 enable-auto-crypto
 line inact-timer 0
 line flowcontrol NONE
 line speed 115200
 line script dialer gprs
 line auto-reset enable
 line auto-dial
 async mode dedicated
!
ip route 0.0.0.0 0.0.0.0 serial 1/0
ip route 172.31.2.125 255.255.255.255 172.31.4.217
!
access-list 100 permit ip host 172.31.2.125 host 172.31.2.55
dialer-list 1 protocol ip permit
!
end
```

5.3.4　SSL

SSL 协议最初由 Netscape 公司提出，此后由 IETF 进行标准化，形成了传输层安全协议（TLS，Transport Layer Security protocol）。SSL/TLS 协议的设计目标是提高 Web 服务的安全性。SSL VPN 的优点主要集中在其易用性、更强的访问控制能力以及低廉的费用。

1. SSL 的体系结构

SSL 设计目标是为 TCP 提供一个可靠的端到端的安全服务，SSL 并不是一个单独的协议，而是两层结构的协议集合，包含 SSL 记录协议、握手协议、修改密文规约协议和告警协议，如图 5-17 所示。

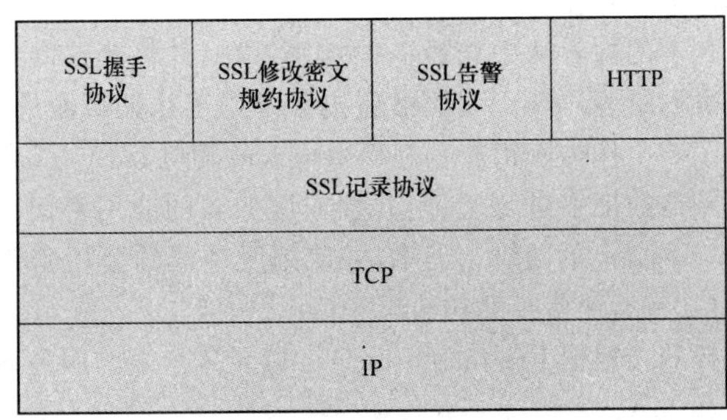

图 5-17　SSL 协议族

2. SSL 连接与 SSL 会话

SSL 的连接是点对点的关系。SSL 连接是暂时的，每一个连接和一个会话关联。一个 SSL 连接描述了数据怎样发送和接收。其中与 SSL 连接有关的信息包括如下内容。

➢ 服务器客户的随机数据服务器和客户端为每一个连接所选择的字节序列。

➢ 服务端及客户用来计算 MAC 的密钥。

➢ 客户/服务器进行数据加解密的对称密钥。

➢ 当数据机密采用 CBC(加密块链接)方式时，每一个密钥保持一个 IV(初始化向量)。它由 SSL 握手协议初始化，以后保留每次最后的密文数据块作为下一个记录的 IV。

➢ 服务器和客户为每一个连接的数据发送与接收维护单独的顺序号。

一个 SSL 会话是指在客户与服务器之间的一个关联。会话由握手协议创建，一个会话可能有多个连接。通信两端都保留一个与会话有关的信息，这些信息包括如下内容。

➢ 会话的标识符：服务器选择的一个任意字节序列，用以标识一个活动的和可激活的会话状态。

➢ 对方证书：一个 X. 509 证书(如果不需要就为空)。

➢ 压缩算法：加密前进行数据压缩的算法。

➢ 密文规约：指明数据加密算法、MAC 散列算法和其他一些相关参数。

➢ 主密码：与对等主机共享的一个 48 位的“主人隐私”。

➢ 可重新开始标志：指明会话是否能用于产生一个新的连接。

3. 握手协议

SSL 握手协议完成对服务器和客户端(可选)的认证并确立用于保护数据传输的加密密钥。必须在传输任何应用数据之前完成握手，一旦握手完成，数据就被分成一系列经过保护的记录进行传输。握手的目的包括：

➢ 客户端与服务器需要就一组用于保护数据的算法达成一致；

➢ 确立一组由那些算法所使用的加密密钥；

➢ 选择对客户端进行认证。

SSL 握手协议负责建立当前会话状态的参数。双方协商统一的版本，选择密码算法，进行认证，并且使用公钥加密技术通过一系列交换的消息在双方之间生成共享密钥。整个握手过程描述如下。

(1) 客户端将它所支持的算法列表连同一个密钥产生过程中用作输入的随机数，发送给服务器端。

(2) 服务器根据列表的内容从中选择一种加密算法，并将其连同一份包含服务器公用密钥的证书发回给客户端。该证书还包含了用于认证目的的服务器标志，服务器同时还提供了一个作为密钥产生过程中输入的随机数。

(3) 客户端对服务器的证书进行验证，并抽取服务器的公用密钥。然后再产生一个称为 Pre-master-secret 的随机密码串，并使用服务器的公用密钥对其进行加密。最后，客户端将加密后的信息发送给服务器。

(4) 客户端与服务器端根据 Pre-master-secret 以及客户端与服务器的随机数独立计算出加密密钥和 MAC 密钥。

(5) 客户端将所有握手消息的 MAC 值发送给服务器。

(6) 服务器将所有握手消息的 MAC 值发送给客户端。

经过第一步和第二步，客户端告诉服务器它所支持的算法，服务器选择其中的一种算法。当客户端收到了服务器在第二步所发的消息时，它也会知道这种算法。这样双方就都知道了要使用何种算法进行工作了。

光确立算法还不够，还必须确立一组加密密钥。确立加密密钥是通过第二步和第三步来实现的。在第二步中，服务器向客户端提供其证书，这样就可以允许客户端给服务器发送密钥。经过第三步后，客户端与服务器端都知道了 Pre-master-secret。客户端知道 Pre-master-secret 是因为这是他产生的，而服务器则是通过解密得到 Pre-master-secret 的。第三步是握手过程中很关键的一步，所有要被保护的数据都依赖于 Pre-master-secret 的安全。因为客户端使用服务器的公有密钥(从证书中抽取)来加密共享密钥，而服务器使用其私有密钥来对共享密钥进行解密。握手的剩余步骤主要用于确保这种交换过程的安全进行。然后在第四步，客户端和服务器分别使用相同的密钥导出函数计算出密钥。第五步和第六步用以防止握手本身遭受篡改。

客户端提供多种算法的情况非常常见，某些强度弱，某些强度强，攻击者可以删除客户端在第一步所提供的所有高强度加密算法，于是就迫使服务器选择一种弱强度的算法。第五步与第六步的 MAC 交换就能阻止这种攻击，因为客户端的 MAC 是根据原始消息计算得出的，而服务器的 MAC 是根据攻击者修改过的消息计算得出的，这样，经过检查就会发现不匹配。由于客户端与服务器端所提供的随机数为密钥产生过程的输入，所以握手不会受到重放攻击的影响。这些消息是首个在新的加密算法与密钥下加密的消息。

在初始化过程结束后，客户端和服务器已就使用的加密算法达到一致，并拥有了一组与那些算法一起使用的密钥。更重要的是，它们可以确信攻击者没有干扰握手过程，所以磋商过程反映了双方的真实意图。

这个握手过程是通过双方相互发送一系列消息来完成的，图 5-18 显示了握手过程所使用的一系列消息。

4. 告警协议

告警协议用来为 SSL 对等实体传递相关警告信息。它将警告消息以及它们的严重程度传递给会话中的主体。警告消息也和由记录层处理的应用数据一样，用当前连接状态所指定的方式来压缩和加密。警告消息由两部分组成，级别和警告信息，如图 5-19 所示。

警告级别分为一般警告和致命错误两个级别。如果是致命级别的警告，则通信双方应立即关闭连接。双方都需要忘记任何与该失败的连接相关的会话标识符、密钥和秘密。如果是一般警告，则发出警示信息，双方可以缓存信息以恢复该连接。

5. 修改密文规约协议

修改密文规约协议是一个简单的特定协议。其目的是为了表示密码策略的变化，它包括一个单一的消息，由记录层按照密码规约中所指定的方式进行加密和压缩。在握手完成之前，双方都要发送这个消息，以通知对方其后的记录将用刚刚协商的密码规范以及相关联的密钥来保护。

6. 记录协议

上层的握手协议完成了密码算法的相互交换和认证。SSL 记录协议由一系列经过加密、受完整性保护的记录组成。每条记录都由一个短小的头信息和一个加密的数据块构成，

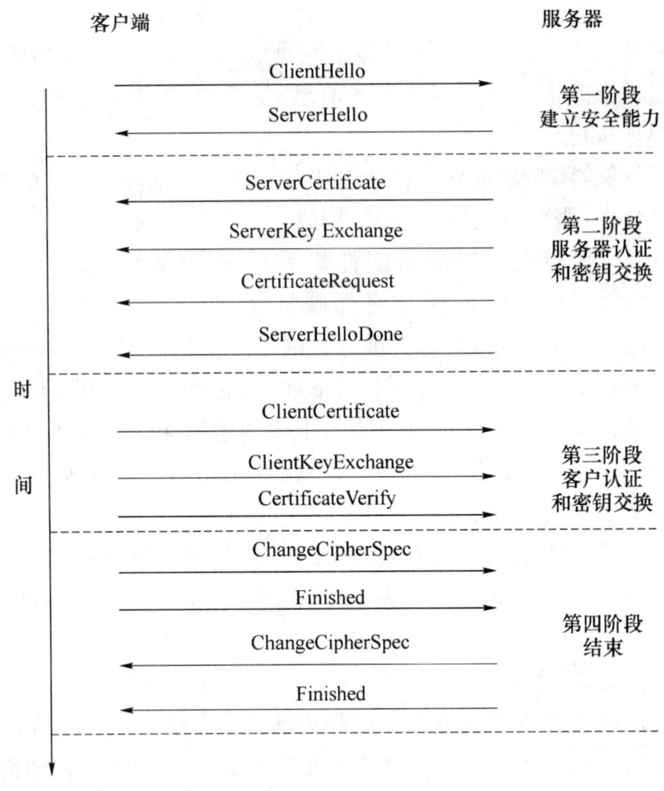

图 5-18　SSL 协议握手过程

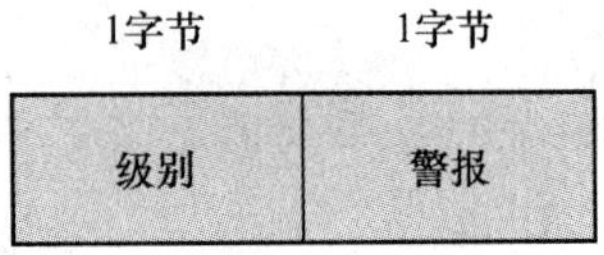

1字节	1字节
级别	警报

图 5-19　SSL 协议警告消息

其组成字段如下：

- 内容类型(8 位)；
- 版本；
- 加密块的长；
- 数据；
- MAC；
- 填充值；
- 填充长度。

其中，前三个字段是记录头信息，没有加密，后四个字段是加了密的。记录头信息的工作就是为接收实现提供对记录进行解释所必需的信息，包括内容类型、长度和 SSL 版本。长度字段可以让接收方知道它要从线路上读取多少字节才能对消息进行处理，版本号只是一项确保每一方使用所磋商的版本的冗余性检查。

SSL 支持 4 种内容类型：application-data、alert、handshake、change-cipher-spec。所有

发送和接收的数据都以 application-data 类型来发送，其余类型用于对通信进行管理。

7. SSL VPN 工作原理

如图 5-20 所示，SSL VPN 服务器是构建 SSL VPN 的关键设备。它一般架设在局域网(LAN)的前端，作为 VPN 的门户。SSL VPN 服务器对客户进行身份认证，并与其建立 SSL 隧道，其后在客户和内部服务器之间提供信息转发的服务。SSL 隧道建立在客户机与 SSL VPN 服务器之间，目的是为了在 Internet 等其他不受信任的公众网络上安全地传输数据。在 LAN 内部，SSL VPN 服务器与内部服务器之间既可以传输明文信息，也可以建立 SSL 通道进行加密信息传输，这取决于对安全性的要求。

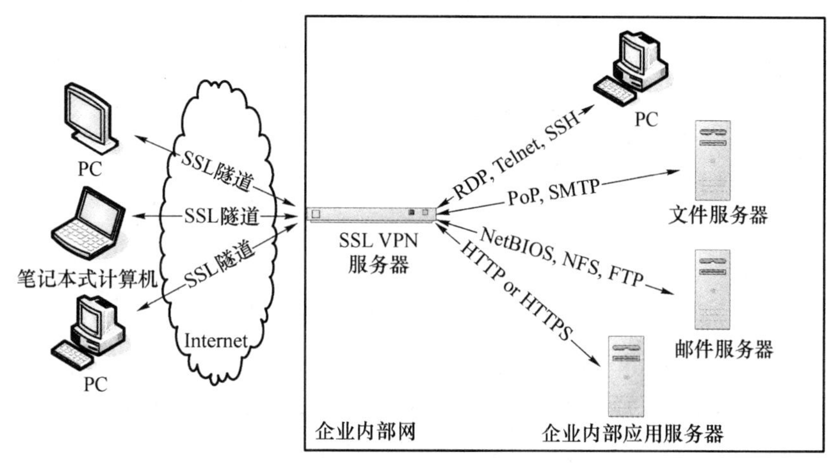

图 5-20　SSL VPN 工作原理

SSL VPN 服务器处于 VPN 的瓶颈位置，它是所有 SSL 隧道共同的端点，VPN 内所有的流量都要在这里进行 SSL 封装或解封，然后被转发，因此 VPN 服务器的计算量非常庞大，其处理速度决定了整个 VPN 的通信质量。相关的测试研究表明，所有基于 Linux 的开源 SSL VPN 解决方案的百兆网带宽利用率都低于 50%，即使在 VPN 服务器上使用 Pentium IV 2.0G 的处理器。SSL VPN 厂商通常要在 VPN 服务器上额外安装昂贵的 SSL 加速硬件来分担其 SSL 计算负载，才能满足高端或者大规模局域网的要求。这在一定程度上消弱了 SSL VPN 价格低廉的优点。

5.4　对等 VPN

从实现原理的角度来看，对等 VPN 和重叠 VPN 不同。对等 VPN 的模型是 CE-to-PE，也就是要在 CE(客户端)与 PE(服务提供商端)之间交换专用网路由信息，然后由 PE 将这些专用网路由在公共网中传播，这样专用网路由会自动地传播到其他的 PE 上。

对等 VPN 会使专用网路由信息泄露到公网上，所以必须通过路由进行严格控制，即通过路由确保同一个 VPN 的 CE 路由器上只能有本 VPN 的路由。所以通常 CE 与 PE 之间运行的路由协议，与公共网上运行的路由协议是不同的。典型的对等 VPN 技术是

MPLS VPN。

1. BGP MPLS VPN

如图 5-21 所示，网络由运营商的骨干网与用户的各个站点组成，所谓 BGP MPLS VPN 就是对站点集合的划分，一个 VPN 就对应一个由若干位置组成的集合。其中包含如下组成部分。

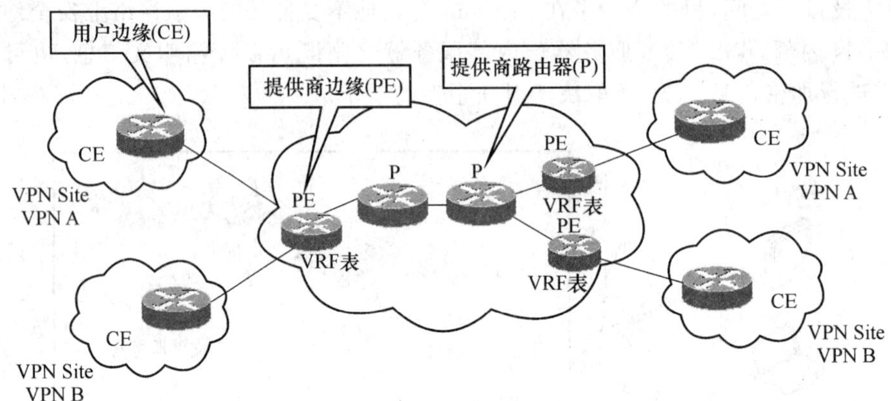

图 5-21 BGP MPLS VPN 连接模型

- CE(Custom Edge)：用户 Site 中直接与服务提供商相连的边缘设备，一般是路由器。
- PE(Provider Edge)：骨干网中的边缘设备，它直接与用户的 CE 相连。
- P 路由器(Provider Router)：提供商路由器，它是骨干网中不与 CE 直接相连的设备。
- VPN Site：VPN 用户的站点，是 VPN 中的一个孤立的 IP 网络，该网络内部本身是 IP 互联的，但是和其他站点(或者是子网)不具有连通性。公司总部、分支机构都是站点的具体例子。CE 通常是 VPN 站点中的一个路由器或三层交换设备甚至是一个主机。一个 CE 设备总是被认为处于一个单独的站点，但是一个站点可以同时属于多个 VPN。
- VRF：每个 PE 都维护和管理一系列的转发表，其中一个转发表叫做“默认的转发表”或者叫“全局转发表”，其他的转发表叫“VPN 路由转发表”(VPN Routing and Forwarding tables)。如果一个报文通过 AC 到达 PE，该 AC 没有同任何 VRF 关联的话，那么将使用全局的路由表为该报文的目的地址查找路由。可以简单的理解为，全局的转发表存放的是公网的路由(保证 SP 网络中本身 PE 和 PE，PE 和 P 之间能够互通)，VRF 存储的是 VPN 站点的私有路由。

在一个 BGP/MPLS VPN 网络中，需要解决以下 3 个问题。

(1) 本地路由冲突问题，即在同一台 PE 上如何区分不同 VPN 的相同路由。

(2) 路由在网络中的传播问题，两条相同的路由，都在网络中传播，对于接收者如何分辨彼此。

(3) 报文的转发问题，即使成功地解决了路由表的冲突，但是当 PE 接收到一个 IP 报文时，它又如何能够知道该发给哪个 VPN？因为 IP 报文头中唯一可用的信息就是目的地址，而很多 VPN 中都可能存在这个地址。

2. 地址冲突问题

在 BGP/MPLS VPN 网络中，解决地址主要依靠专用路由器(PE)来解决。传统的，每个PE只保留自己VPN的路由,P路由器只保留公网路由,而现在将这些所有设备的功能,合在一台PE上完成。每一个VRF可以看成虚拟的路由器,好像是一台专用的PE设备。该虚拟路由器包括如下元素:

- 一张独立的路由表,当然也包括了独立的地址空间;
- 一组归属于这个VRF的接口的集合;
- 一组只用于本VRF的路由协议,对于每个PE,可以维护一个或多个VRF,同时维护一个公网的路由表(也叫全局路由表),使多个VRF实例相互分离独立,这样地址冲突可以从根本上解决。

3. 路由传播问题

为了区别来自不同VPN的路由信息,PE使用八位组的路由标识(RD)对来自不同VPN的路由信息进行标识。这个八位组的路由标识作为四位组的IP地址前缀的扩展构成了一个新的地址类(VPN-IPv4地址)。RD不参与路由发布的过程,它所起的作用仅仅是区分属于不同VNP站点的路由。RD和VRF之间建立了一对一的映射关系,VRF发布路由信息的同时,要携带相应的RD信息。

PE路由器之间使用BGP来发布VPN路由。标准BGP对每个IP前缀只能安装和发布一个路由。由于每个VPN有自己的地址空间,意味着同样的IP地址会被任意数目的VPN所使用,在每个VPN中这个地址表示一个不同的系统。这样就需要允许BGP对不同VPN的相同的IP前缀可以安装和发布多个路由,同时要使用特定的策略来决定哪一条路由被哪个站点所使用。为此多协议BGP使用了新的地址簇VPN-v4地址。

一个VPN-v4地址有12个字节,开始是8字节的RD,接下去是4字节的IP地址。如果两个VPN使用相同的IP地址,PE路由器为它们添加不同的RD,转换成唯一的VPN-v4地址,不会造成地址空间的冲突。

使用VPN-v4地址解决了VPN路由在公共网络中传递时的地址空间冲突问题,但由于这已经不再是原有的IP地址簇的地址结构,不能被普通的路由协议所承载,同时每一个用户网络都是独立的系统,它们之间经过服务提供商的路由信息传递使用IGP协议显然是不适合的,于是我们需要将BGP协议作一定的扩展,用它来承载新的VPN-v4地址簇路由,同时传递附加在路由上的Route Target属性。

通过RD与VPN-IPv4地址解决了路由在网络中的传播,两条相同的路由都可以在网络中传播。

4. 报文转发问题

在MPLS VPN中,因为采用了两层标签栈结构,所以P路由器并不参与VPN路由信息的交互,VPN站点内部是通过CE与PE、PE与PE之间的路由交互知道属于某个VPN的网络拓扑信息。

可以归纳为如下3个步骤。

(1) CE与PE之间的路由交换如图5-22所示,在PE上为不同的VPN站点配置VRF。PE维护多个独立的路由表,包括公网和私网路由表(VRF),其中公网路由表包含到达其他PE和P的路由,由骨干网的IGP产生,私网路由表包含本VPN可到达的路由(即属于该VPN的不同站点之间的路由)。CE与PE之间通过采用静态路由、动态路由协议(如OSPF、RIP等)进行路由信息的交互。当PE从某个接口接收到来自CE的路由信息时,将该路由导入对应的 VRF。

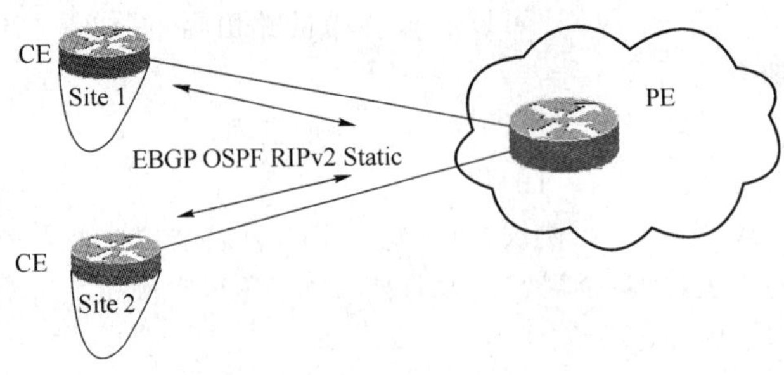

图 5-22　CE 与 PE 之间的路由交换

(2) PE 与 PE 之间的路由交换如图 5-23 所示，PE 通过维持 IBGP 确保路由信息被分发给所有其他的 PE。当 PE 分发路由信息时，将同时携带路由所在 VRF 的 RD，即将路由的 IPv4 地址前缀转化为 VPN-IPv4 地址。分发的具体路由信息(VPN-IPv4 路由信息)包括该路由的 VPN-IPv4 地址前缀、下一跳地址(即 Ingress PE 的 VPN-IPv4 地址通常是 PE 上的 Loopback 接口地址，其 RD=0)、分配给该路由的 VPN 标签(用来标识属于哪个 VPN 或者说是哪个 VRF)和该路由所在 VRF 的 Export RT。

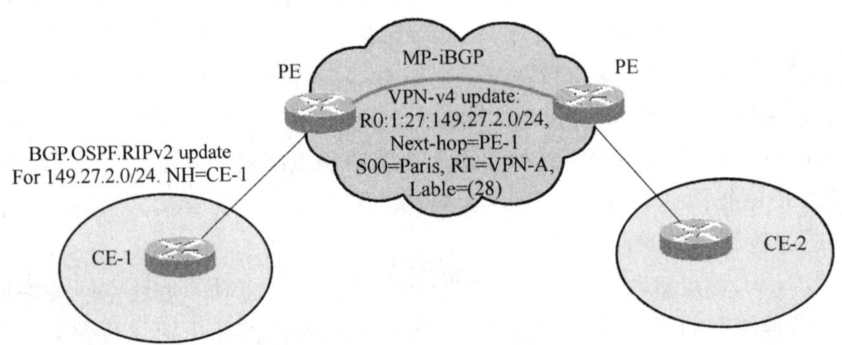

图 5-23　PE 与 PE 之间的路由交换

(3) PE 与 CE 之间的路由交换如图 5-24 所示，PE 与 CE 之间的路由交换即为 MP-IBGP 把路由注入到 PE 上的 VRF 然后通过 PE 与 CE 上运行的路由协议再分发给 CE 的过程。

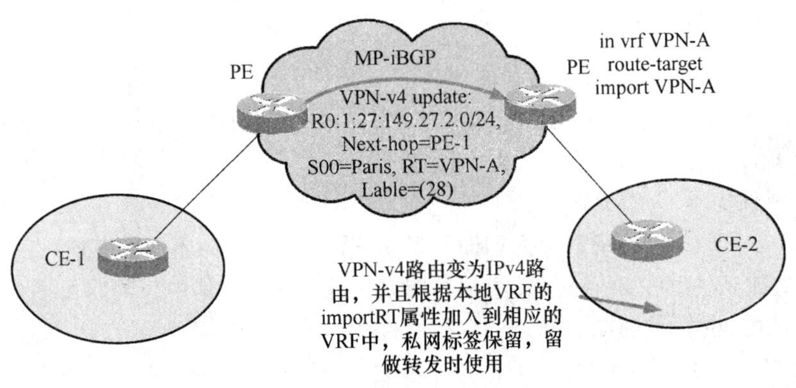

图 5-24　PE 与 CE 之间的路由交换

在 MPLS VPN 中，属于同一的 VPN 的两个站点之间转发报文使用两层标签来解决，在入口 PE 上为报文打上两层标签，第一层(外层)标签在骨干网内部进行交换，代表了从 PE 到对端 PE 的一条隧道，VPN 报文打上这层标签，就可以沿着 LSP 到达对端 PE，这时候就需要使用第二层(内层)标签，这层标签指示了报文应该到达哪个站点或 CE。这样根据内层标签，就可以找到转发的接口。可以认为内层标签更具体一些，代表了通过骨干网相连的两个 CE 之间的一个隧道。

5．BGP MPLS VPN 配置示例

有两个 VPN 用户 VPNA 和 VPNB，如图 5-25 所示。VPNA 在福州和上海有自己的站点，VPNB 在北京和上海有自己的站点，现在要 VPNA 内的用户可以访问自己福州和上海的资源，VPNB 内的用户可以访问自己北京和上海的资源，两个 VPN 之间不能互相访问。

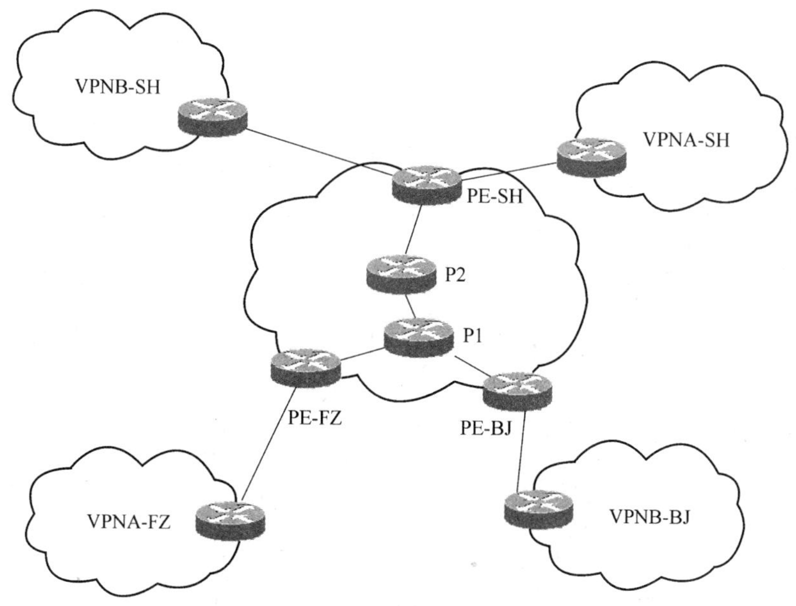

图 5-25　MPLS BGP VPN

解答如下。

(1) 第一步，配置 PE(以 PE_SH 为例)

① 配置 VRF

在 PE_SH 上定义两个 VRF，VRFA_SH 和 VRFB_SH，分别为这两个 VRF 定义 R 值和 RT 值，并把 VRF 和对应的接口关联起来。

```
#定义 VRF
ip vrf VRFA_SH
rd 1:100
route-target both 1:100
!
ip vrf VRFB_SH
rd 1:200
```

```
route-target both 1:200
#把 VRF 和接口关联起来
interface Ethernet 1/0
ip vrf forwarding VRFA_SH
ip address 192.168.16.2 255.255.255.0
!
interface Ethernet 1/2
ip vrf forwarding VRFB_SH
ip address 173.154.23.2 255.255.255.0
```

② 配置 BGP 协议

```
#配置 PE 对等体
router bgp 1
neighbor 10.10.10.10 remote-as 1
neighbor 10.10.10.10 update-source loopback 0
!
neighbor 20.20.20.20 remote-as 1
neighbor 20.20.20.20 update-source loopback 0
!
address-family vpnv4 unicast
neighbor 10.10.10.10 activate
neighbor 20.20.20.20 activate
exit-address-family
#通过 EBGP 配置 CE 对等体
address-family ipv4 vrf VRFA_SH
neighbor 192.168.16.1 remote-as 65003
neighbor 192.168.16.1 update-source eth1/0
exit-address-family
!
address-family ipv4 vrf VRFB_SH
neighbor 173.154.23.1 remote-as 65002
neighbor 173.154.23.1 update-source eth1/2
exit-address-family
```

③ 配置骨干网路由协议

```
#骨干网运行 OSPF 传递路由信息
router ospf 10
network 10.25.12.0 0.0.0.255 area 0
network 10.10.10.10 0.0.0.0 area 0
#配置 MPLS
mpls router ldp
```

```
interface Ethernet 1/1
ip address 211.139.54.96 255.255.255.0
label-switching
mpls ip
```

(2) 第二步:配置 CE(以 VPNB_SH 为例)

```
# 配置 PE 对等体
router bgp 65002
neighbor 173.254.23.2 remote-as 1
neighbor 173.254.23.2 update-source eth1/0
redistribute ospf
```

(3) 第三步:配置 P 路由器(以 P1 为例)

```
#配置 OSPF
router ospf 10
network 10.25.12.0 0.0.0.255 area 0
network 10.78.36.0 0.0.0.255 area 0
#配置 MPLS
mpls router ldp
interface Ethernet1/0
ip address 10.25.12.24 255.255.255.0
label-switching
mpls ip
interface Ethernet1/1
ip address 10.78.36.63 255.255.255.0
label-switching
mpls ip
```

使用 BGP/MPLS 实现的 3 层 VPN 主要有如下特点。

- VPN 的隧道是在网络服务提供商的 PE 上建立的,而不是在用户的 CE 之间建立的。VPN 的路由也是在 PE 和 PE 之间传递,而不在 CE 之间传递,这样用户就无需维护自己的 VPN。
- 将 VPN 隧道的部署及路由发布变为动态实现,这样有利于 VPN 的规模扩大,可以很容易实现添加一个新的 VPN 或者是新的站点加入到一个现有的 VPN 中。
- 支持地址重叠(不同 VPN 可以使用相同的地址空间)。
- 在服务提供商的网络中,VPN 的业务流使用标签交换转发而不是传统的路由转发,能够达到和用户租用专线一样的安全性。
- 可以利用 MPLS 技术实现流量工程,支持用户的各种 QoS 需求。

5.5 IKE

5.5.1 IKE 协议简介

在用 IPSec 保护 IP 数据包之前必须建立一个安全联盟(SA)。Internet 密钥交换协议(IKE)就是用来在通信双方之间建立和维护 SA 的。IKE 是一种混合协议,它是基于由 Internet 安全联盟和密钥管理协议(ISAKMP)定义的一个框架,包括了两个密钥管理协议 Oakley 和 SKEME 的一部分。ISAKMP 集中了安全联盟管理减少了连接时间,Oakley 生成并管理用来保护信息的密钥。为保证通信的成功和安全,IKE 分为两个阶段:阶段 1 和阶段 2。

IKE 有两个版本,通常称定义在 RFC2407、RFC2408、RFC2409 的 IKE 协议为 IKE v1。后来随着对性能、安全性的更高要求,又增加了 NAT 穿越、遗传认证、远程地址采集等内容,IKE v2 的消息协商过程对 IKE v1 进行了简化。

5.5.2 IKE vl

IPSec 中的认证是由 IKE 协议完成的,IKE v1 协议定义了自己的两种密钥交换方式,IKE v1 协议分为两个阶段进行工作。

在 IKE v1 协议的第一阶段,通信各方彼此间建立了一个已通过身份验证和安全保护的通道,即建立 IKE 的安全联盟(SA)。IKE v1 协议的第二阶段利用这个既定的安全联盟为 IPSec 的其他协议协商具体的安全联盟。

第一阶段是第二阶段的基础,ISAKMP 的安全联盟是双向的,建立后任何一方都可以利用它发起后面的交换。在阶段 1 交换 IKE v1 采用两种方式:身份保护交换("主模式"交换)和根据基本 ISAKMP 文档制订的野蛮交换("野蛮模式"交换)。阶段 2 只协商代表服务的安全联盟,这些服务可以是 IPSec(如 AH 或 ESP)或任何其他密钥和协商参数的服务。

"主模式"交换包括 6 条交换的消息,前两条消息协商策略,接着两条消息交换 D-H 密钥和辅助数据,最后的两个消息验证 D-H 交换。所谓 D-H 交换即 Diffie-Hellman 密钥交换算法,是一种建立密钥的方法,它可使得两个用户安全地交换一个秘密密钥以便用于以后的报文加密。

"野蛮模式"交换包括 3 条消息,前两条消息协商策略、交换 D-H 密钥和辅助数据及身份,第二条消息还要对响应者进行验证,第三条消息对发起者进行验证,并提供参与交换的证据。"野蛮模式"效率高,但有时不能协商某些属性,只能由发起者指定。

5.5.3 IKE v2

IKE v1 是一个由诸多协议组成的混合体,除了 3 个主体组成部分(RFC2407、2408、2409)之外,后来随着安全需求的不断增高,又有如 NAT 穿越、遗传认证、远程地址采集等内容补充到 IKE 协议族当中,使得整个协议越来越庞杂,也为工程实现造成了一些困难。

IETF一直在对版本IKE v1的不合理部分积极地征集修改意见，其IPSec工作组于2004年5月推出了最新一版的IKE协议草案——IKE v2，版本号是2-14。IKE第二版整合了上述协议，形成了一个完整的IKE协议。它保留了IKE v1的基本功能，同时兼顾了高效性、安全性、健壮性和复杂性的需要，大幅度精简了原有协议，并针对在此之前对IKE v1研究过程中发现的问题进行了修订。

IKE v2对于IKE v1主要的改进体现在以下几个方面。

(1) 协议的简化

IKE v2简化和统一了IKE的协议规范。它用一个独立的单一文档代替了原有密钥交换协议中RFC2407(IpseeDOI)、RFC2408(ISAKMP)和RFC2409(IKE)的内容，从而使以前IKE相关的策略和安全属性的定义分散于各处缺乏一致性的问题得到了改善。同时它删除了原有协议中的DOI、SIT、域名标识符和提交位等功能不强、难以理解且容易混淆的数据结构。

(2) 协商次数的减少

将第一阶段"主模式"交换的消息条数由6条减少到4条，第二阶段的消息由3条减少到2条。

(3) 载荷的变化

IKE v2不再保留所谓的基本模式、野蛮模式、新群模式和身份保护模式。消息头不是发起者和响应者的Cookie，而是双方的安全联盟索引(SPI)。IKE v2定义了新的安全联盟载荷，不再保留IKE v1中的数据属性载荷、建议载荷和变换载荷，而是将其作为一个统一载荷的不同子结构(Substructure)放在一起。在安全联盟载荷通用头部后面删除了解释域(DOI)和情形标志(SIT)。

第一次定义了独立的加密载荷，加密载荷所包含的内容有一个正常载荷包含的通用头部、一个称为初始化向量(W)的随机值、经过加密之后的其他载荷、填充值和完整性校验数据。

不再保留杂凑载荷和签名载荷，而是定义了新的验证载荷。在它的验证方法(Auth Method)域中，定义了3种常用的验证方式：RSA数字签名、共享密钥消息完整性代码、DSS数字签名。载荷中还带有一个可变长的域，用于装载验证数据。

新定义了通信量选择载荷，它分担了原来ID载荷的一部分功能，通信流量选择符(TS)允许通信双方使用它们自己SPD中的某些信息与对方进行通信。

辅助性载荷种类中添加了配置载荷和扩展认证载荷。另外给出了流量选择符(Trafic Selectors)的载荷形式不必重载ID载荷。

IKE v2对协议做了一些简化，协商还是分成两个阶段完成，阶段1是初始化交换，主要协商IKE SA。阶段2是创建子SA交换，主要在阶段1产生的IKE SA的保护下，产生新的IPSec SA。IKE v2还定义了各种交换载荷的报文格式。

(4) 初始化交换

IKE v2的初始化交换主要是协商IKE SA，通常情况下通过4条消息交换完成。所有交换的消息由请求和响应对构成。前两条消息对IKE SA初始化，主要协商加密算法、交换nonce随机数载荷和Oiffie-Hellman公共值交换。后两条消息认证前面交换的消息。部分消息是由IKE SA的初始化交换加密的，对交换双方的身份信息提供了隐密保护。

(5) 创建子 SA 交换

IKE v2 初始化交换完成后,协商双方已生成一对 IKE SA,双方还可以协商新的子 SA。协商双方都可以作为新的协商发起者,创建子 SA 交换通过一对发起和请求消息构成。IKE v2 创建子 SA 交换的消息受到初始化交换协商好的加密和认证算法的保护。

5.6 网络数据安全性与密钥管理

随着 Internet 的普及,越来越多的商务活动将通过网络进行,即电子商务。电子商务的开展相应的引发出如下一些新的网络安全问题。

➢ 保密性:如何保证保密信息在公共网络的传输过程中不被窃取。

➢ 完整性:如何保证交易信息不被中途篡改及通过重复发送进行虚假交易。

➢ 认证与授权:须对双方进行认证,以保证交易双方身份的正确性。

➢ 不可抵赖:交易完成后,需保证交易的任何一方无法否认已发生的交易。

目前广泛采用公钥基础设施(PKI,Public Key Infrastructure)技术来解决电子商务中的这些问题。

PKI 技术采用证书管理公钥,通过第三方的可信任机构(CA,Certificate Authority)认证中心,把用户的公钥和用户的其他标识信息(如姓名、身份证号等)一起进行数字签名形成数字证书,然后基于 PKI 结构和数字证书保证信息传输的保密性、完整性、身份的真实性和交易的不可抵赖性。

如果要在网络上传送一个机密文件,我们要对文件加密,如果使用对称密钥加密算法加密文件,为使接收方能够看到文件,需要让他知道解密用的密钥。如何安全地传输密钥就成了一个问题。如果改用公开密钥技术加密文件,可以解决密钥传输的问题,但又有了一个新的问题产生,那就是如何才能保证这个公钥就是文件接收者的?如果我们得到了一个冒充的公钥,并用这个公钥对文件加密传输,冒充者就可以看到保密的信息。为解决这个问题,我们需要设立一个仲裁机构它能提供我们需要的正确的公钥,这个机构就是 CA。

PKI 是一种使用公开密钥加密技术的安全基础平台的技术规范,可以解决密钥的发布、管理和使用。PKI 将用户公开密钥与用户的其他标识信息(如名称、E-mail、身份证号等)绑定为一个整体,然后使用可信的第三方机构 CA 对其进行数字签名。PKI 以公开密钥技术为基础,以数据机密性、完整性、身份认证和行为的不可否认为安全目的。信任服务体系提供基本 PKI 数字证书认证机制的实体身份鉴别服务,从而建立全系统范围内一致的信任基准,为实施电子商务提供支持。

PKI 的主要目的是通过自动管理密钥和证书,为用户建立起一个安全的网络运行环境,使用户可以在多种应用环境下方便地使用加密和数字签名技术,从而保证网上数据的机密性、完整性、有效性。同时 PKI 是一个普适性的基础,也就是说 PKI 是一个大环境的基本框架,只要遵循需要的原则,不同的实体就可以方便地使用基础设施提供的服务。

一个典型、完整、有效的 PKI 体系必须是安全的和透明的,用户在获得加密和数字签名服务时不需要详细地了解 PKI 是怎样管理证书和密钥的。为了达到这个目的,它必须由认证机关(CA)、证书库、密钥备份及恢复系统、证书作废处理系统和证书应用管理系统等基本构件组成，构建一个 PKI 系统也要围绕这 5 个部分进行。

1. 认证机关(CA)

CA 是证书的签发机构，它是 PKI 的核心。众所周知，构建密码服务系统的核心内容是如何实现密钥管理，公钥体制涉及一对密钥，即公钥和私钥，而 CA 中心就是作为网络中受信任的第三方，专门解决公钥体系中公钥的合法性问题。

CA 为每个使用公开密钥体系的用户发放一个数字证书。数字证书是一种权威的电子文档，用于证明某一主体(如人、服务器等)的身份以及公开密钥的合法性。从技术上来说，证书的作用就是绑定主体的身份与公钥的匹配关系，而 CA 正是确立这种绑定关系的机构。同时为了保证数字证书不被攻击者伪造和篡改，CA 将对数字证书进行数字签名。归纳起来，CA 的职责有以下几点。

① 接收验证最终用户数字证书的申请。

② 确定是否接受最终用户数字证书的申请——证书的审批。

③ 向申请者颁发、拒绝颁发数字证书——证书的发放。

④ 接收、处理最终用户的数字证书更新请求——证书的更新。

⑤ 接收最终用户数字证书的查询、撤销。

⑥ 产生和发布证书废止列表(CRL)。

⑦ 数字证书的归档。

⑧ 密钥归档。

⑨ 历史数据归档。

其中最为重要的是 CA 自己的一对密钥的管理，它必须确保其高度的机密性，防止他人伪造证书。CA 的公钥在网上公开，整个网络系统必须保证完整性。

证书作为 CA 签发的电子文档，其主要内容如表 5-1 所示。

表 5-1　x.509 标准的数字证书内容

字　段	意　义
版本号	用来区分 x.509 的不同版本
序列号	证书唯一的标识
签名算法标示符	用来指定 CA 签发证书时使用的签名算法
认证机构	发证机构唯一的标识
有效期	指定证书在哪两个时刻区间内有效
主题信息	证书持有者的有关信息
公钥信息	公钥及该公钥的使用方法、用途等信息
认证机构的数字签名	确保证书在发放后没有被篡改过
证书扩展	确保证书在发放后没有被篡改过

表中的“公钥信息”是一项重要的内容，它既规定了证书中最重要的内容——公钥——的值，也规定了该证书所公证的公钥的用途。一般公钥有两大类用途：用于验证数字签名和用于加密信息。

对于不同用途的公钥，在管理上有着截然不同的政策。

① 签名密钥对:签名密钥对由签名私钥和验证公钥组成。签名私钥具有日常生活中公章、私章的效力,为保证其唯一性,签名私钥绝对不能作备份和存档,丢失后只需要重新生成新的密钥对,原来的签名可以使用旧公钥的备份来验证。验证公钥需要存档,用于验证旧的数字签名。用作数字签名的这一对密钥一般可以有较长的生命期。

② 加密密钥对:加密密钥对由加密公钥和脱密私钥组成。为防止密钥丢失时丢失数据,脱密私钥应该进行备份,同时还可能需要进行存档,以便能在任何时候脱密历史密文数据。加密公钥无需备份和存档,加密公钥丢失时,只需重新产生密钥对。加密密钥对通常用于分发会话密钥,这种密钥应该频繁更换,故加密密钥对的生命周期较短。

不难看出,这两对密钥的密钥管理要求存在互相冲突的地方,因此,系统必须针对不同的用途使用不同的密钥对,在实际使用中必须为用户配置两张证书,一张用于数字签名,另一张用于数据加密。

在实际的 CA 系统中,往往将 CA 系统分为两个部分(RA 和 CP)来分别实现 CA 的职责和功能。RA(Registry Authority)即审核授权部门,它负责对证书申请者进行资格审查,并决定是否同意给该申请者发放证书,承担因审核错误引起的,为不具备资格的证书申请者发放证书所引起的一切后果。CP(Certificate Processor)即证书操作部门,它负责为已授权的证书申请者制作、发放和管理证书,并承担因操作运营错误所产生的一切后果,包括失密和为非授权者发放证书等。它可以由审核部门自己承担,也可以委托给第三方担任。

2. 证书库

证书库就是证书集中存放地,是网上的一种公共信息库,用户可以从此处获得其他用户的证书。构造证书库的最佳方法是采用支持 LDAP 协议的目录系统,用户或相关的应用通过 LDAP 来访问证书库。系统必须保证证书库的完整性,防止伪造和篡改证书。

3. 密钥备份及恢复系统

如果用户丢失了用于脱密数据的密钥,则密文数据将无法被脱密造成数据丢失。为避免这种情况的出现,PKI 应该提供备份与恢复脱密密钥和验证公钥的机制。密钥的备份与恢复应该由可信的机构来完成,例如,CA 可以充当这一角色。值得强调的是,密钥备份与恢复只能针对脱密密钥和验证公钥,签名密钥是不能做备份的。

由于密钥,特别是私钥,是一种高度敏感的安全信息,所以无论是密钥的备份还是恢复,都必须经过谨慎的处理,以确保密钥的私密性和完整性。

4. 证书作废处理系统

证书作废处理系统是 PKI 的一个重要的组件。同日常生活中的各种证件一样,证书在 CA 为其签署的有效期内也可能需要作废。为此 PKI 必须提供作废证书的一系列机制。作废证书一般通过将证书列入作废证书表(CRL)来完成。通常系统中由 CA 负责创建并维护一张 CRL,而用户在验证证书时检查该证书是否在 CRL 之列。CRL 一般存放在目录系统中,证书的作废处理必须在安全及可验证的情况下进行,系统还必须保证 CRL 的完整性。

5. 证书应用管理系统

证书应用管理系统如图 5-26 所示,包括客户端证书应用管理软件和服务器端证书应用管理软件。针对不同的应用,具有不同的功能和性能。完成对某一确定的证书的应用和管理任务,主要具有应用该证书进行加密、签名、验证签名。并具有证书的保存、证书的安全、证书的可信度验证等功能。

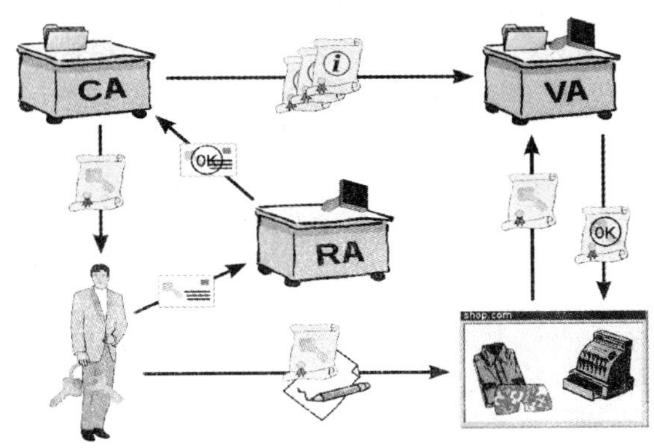

图 5-26　证书管理系统

5.7　防火墙

随着人们对网络安全问题的日益关注，作为网络安全基本防护设备的防火墙，其安全性已越来越受到重视。防火墙是一种广泛采用的网络安全措施，它能保护网络免受外来攻击，确保只有合法的信息流才能进出被保护的网络。防火墙对进出网络的数据报文进行分析、检测和过滤，保证对合法流量的保护和对非法流量的抵御。

在本节中，我们将重点介绍防火墙的基本概念、作用、实现原理、安全策略以及其发展趋势。

5.7.1　防火墙的基本概念与作用

所谓防火墙是指两个网络（主要是外部网 Extranet 和内部网 Intranet）之间实施访问控制策略的一组设备。

从理论上来说，防火墙必须具有以下 3 个方面的特性。

(1) 在 Extranet 和 Intranet 之间传输的数据一定要通过防火墙。

(2) 只有被授权的合法数据，即防火墙系统中安全策略允许的数据才可以通过防火墙。

(3) 防火墙本身不受各种攻击的影响。

从防火墙的特点可以看出，防火墙是通过在网络边界上建立起来的安全系统来隔离内网和外网，以确定哪些内部服务或用户能访问外网，以及允许哪些外部服务访问内部服务或用户，阻挡外部非法入侵，以保护内部网络的信息安全。

概括来说，防火墙主要有以下几个作用。

(1) 管理进、出网络的访问。防火墙允许网络管理员定义一个中心“扼制点”来防止非法用户进入内部网络，禁止存在安全脆弱性的服务进出网络，并抗击来自各种路线的攻击。防火墙能够简化安全管理，因为网络安全性是在防火墙系统上得到实施，而不是分布在内部网络的各个主机上的。

(2) 保护网络中脆弱的服务。防火墙通过过滤存在安全缺陷的网络服务来降低内部网遭受攻击的威胁,因为只有经过选择的网络服务才能通过防火墙。

(3) 内部地址隐藏。防火墙是部署网络地址转换(NAT,Network Address Translation)的合适位置,因此防火墙可以用来缓解地址空间短缺的问题,也可以隐藏内部网络的结构。

(4) 日志与统计。防火墙是审计和记录 Internet 使用量的一个最佳地点。防火墙可以对正常网络使用情况做出统计,通过对统计结果的分析,可以优化防火墙性能,使网络资源得到更好的利用。

(5) 检测和报警。在防火墙上可以很方便地监视网络的安全性,并产生报警。网络管理员通过防火墙日志可以审查常规记录并及时响应报警,以便知道防火墙或内部网络是否正受到攻击。

(6) DMZ(非军事区)。防火墙将 DMZ 网段和内部网段分开,并在此部署 WWW、FTP 等服务器,将其作为向外部发布内部信息的地点。

总而言之,在构建安全网络环境的过程中,防火墙作为第一道安全防线,具有不可替代的作用。

5.7.2 防火墙实现技术

防火墙实现技术虽然出现了许多,但总体来讲可分为“包过滤(Packet filtering)型”和“应用代理型”两大类。其中,包过滤型又分为简单包过滤型和状态检测型;应用代理型又分为应用网关型和自适应代理型。前者以以色列的 Checkpoint 防火墙和美国 Cisco 公司的 PIX 防火墙为代表,后者以美国 NAI 公司的 Gauntlet 防火墙为代表。

1. 包过滤型防火墙

包过滤型防火墙工作在 OSI 网络参考模型的网络层和传输层,它根据数据包头源地址、目的地址、端口号和协议类型等标志确定是否允许通过。只有满足过滤条件的数据包才被转发到相应的目的地,其余数据包则被从数据流中丢弃。

包过滤方式是一种通用、廉价和有效的安全手段。之所以通用,是因为它不是针对各个具体的网络服务采取特殊的处理方式,适用于所有网络服务。之所以廉价,是因为大多数路由器都提供数据包过滤功能,所以这类防火墙多数是由路由器集成的。之所以有效,是因为它能很大程度上满足绝大多数企业的安全要求。

根据包过滤技术的特点,参照隔离交换系统通用体系结构,可以得出,采用包过滤技术的隔离交换系统的数据接收和转发模块所面向的是单个网络数据包。根据对数据包的处理策略的不同,包过滤型防火墙可分为:简单包过滤型和状态检测型。

2. 简单包过滤型防火墙

简单包过滤防火墙又称静态包过滤防火墙,它是根据定义好的过滤规则审查每个数据包,以便确定其是否与某一条包过滤规则匹配。过滤规则基于数据包的报头信息进行制订。报头信息中包括 IP 源地址、IP 目标地址、传输协议(TCP、UDP、ICMP 等)、TCP/UDP 目标端口、ICMP 消息类型等。简单包过滤防火墙简单实用,实现成本较低,在应用环境比较简单的情况下,能够以较小的代价在一定程度上保证系统的安全;但它的安全性并不高,它仅仅根据数据包的包头信息进行静态的访问控制,无法检测出动态的非法数据包。简单包过滤型防火墙如图 5-27 所示。

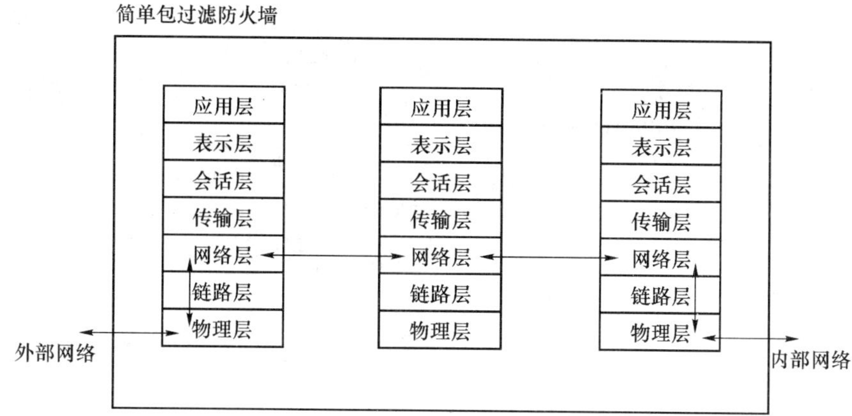

图 5-27　简单包过滤防火墙示意图

3. 状态检测防火墙

状态检测防火墙又称为动态包过滤防火墙，是在静态包过滤防火墙基础上的功能扩展。状态检测防火墙摒弃了静态包过滤防火墙仅考查数据包的 IP 地址等几个参数，而不关心数据包连接状态变化的缺点，在防火墙的核心部分建立状态连接表，并将进出网络的数据当成一个个的会话，利用状态表跟踪每一个会话状态。

状态检测防火墙监测无连接状态的远程过程调用和用户数据报之类的端口信息，而静态包过滤和应用网关防火墙都不支持此类应用。但是状态检测防火墙对软硬件的要求比较高，而且软件的配置也比较复杂，这种状态检测可能造成网络连接的某种迟滞。状态检测防火墙如图 5-28 所示。

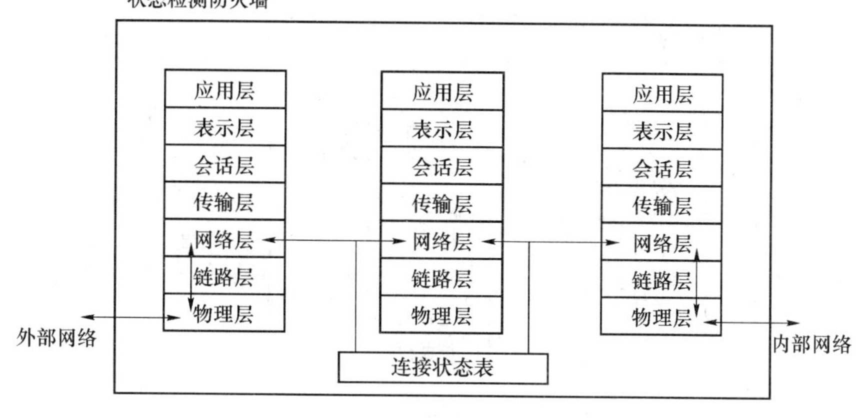

图 5-28　状态检测防火墙示意图

4. 应用代理(Application Proxy)型防火墙

应用代理型防火墙是工作在 OSI 的最高层，即应用层。其特点是完全“阻隔”了网络通信流，通过对每种应用服务编制专门的代理程序，实现监视和控制应用层通信流的作用。其典型网络结构如图 5-29 所示。

应用代理技术将安全保护能力提高到了应用层。根据提供代理的层次的不同，应用代理防火墙可分为：应用网关型和自适应代理型。

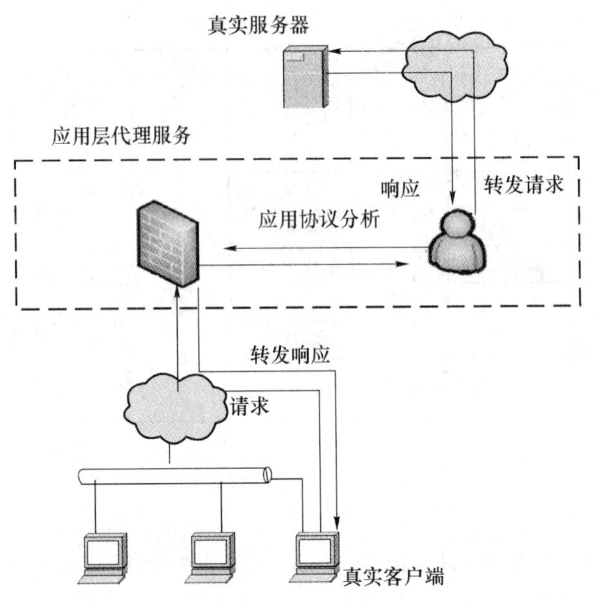

图 5-29 应用代理防火墙网络结构图

(1) 应用网关型防火墙

应用网关型防火墙通过代理技术参与到一个 TCP 连接的全过程。防火墙检查进出的数据包,通过自身复制传递数据,防止在受信主机与非受信主机间直接建立联系。从内部发出的数据包经过这样的防火墙处理后,就好像是源于防火墙外部网卡一样,从而可以达到隐藏内部网结构的作用。应用网关型防火墙能够理解应用层上的协议,因此可以做复杂一些的访问控制。应用网关型防火墙如图 5-30 所示。

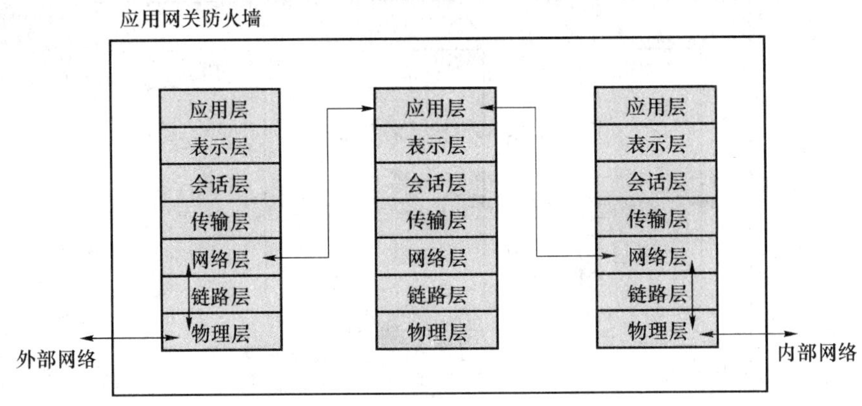

图 5-30 应用网关型防火墙示意图

(2) 自适应型防火墙

自适应代理型防火墙结合了应用代理型防火墙的安全性和包过滤防火墙的高速度等优点,在不损失安全性的基础上将应用代理型防火墙的性能提高 10 倍以上。

组成这种类型防火墙的基本要素有两个:自适应代理服务器(Adaptive proxyServer)与动态包过滤器(Dynamic Packet Filter)。在自适应代理服务器与动态包过滤器之间存在一个控制通道。在对防火墙进行配置时，用户仅仅将所需要的服务类型、安全级别等信息通过相应 Proxy 的管理界面进行设置即可。然后，自适应代理就根据用户的配置信息，决定是使用代理服务从应用层代理请求还是从网络层转发数据包。如果是后者，它将动态地通知包过滤器增减过滤规则，满足用户对速度和安全性的双重要求。自适应代理型防火墙如图 5-31所示。

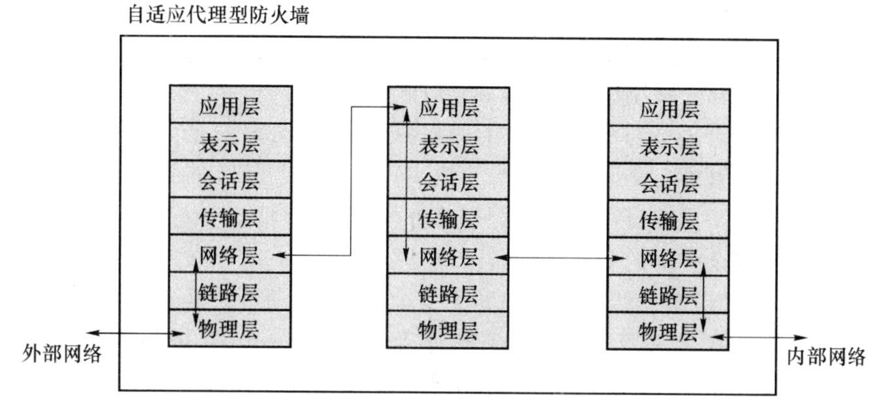

图 5-31　自适应代理型防火墙示意图

应用代理型防火墙的最突出的优点就是安全。由于它工作于最高层，所以它可以对网络中任何一层数据通信进行筛选保护，而不是像包过滤那样，只是对网络层的数据进行过滤。

此外应用代理型防火墙采取的是一种代理机制，它可以为每一种应用服务建立一个专门的代理，所以内外部网络之间的通信不是直接的，而都需先经过代理服务器审核，通过后再由代理服务器代为连接，根本没有给内、外部网络计算机任何直接会话的机会，从而避免了入侵者使用数据驱动类型的攻击方式入侵内部网。

应用代理型防火墙的最大缺点就是速度相对比较慢，当用户对内外部网络网关的吞吐量要求比较高时，应用代理型防火墙就会成为内外部网络之间的瓶颈，因为防火墙需要为不同的网络服务建立专门的代理服务，在自己的代理程序为内、外部网络用户建立连接时需要时间，所以给系统性能带来了一些负面影响，但通常不会很明显。

5.7.3　防火墙安全策略

防火墙规则通常由 3 个部分组成：规则号、过滤域（又称为网络域）和动作域。规则号是规则在访问控制列表中的顺序，保证了数据包匹配的次序。过滤域可以由许多项构成，在包过滤型防火墙中，过滤域通常有 5 项（通常称为五元组）：源 IP 地址、源端口、目的 IP 地址、目的端口和协议。应用代理型防火墙采用代理技术将安全保护能力提高到了应用层，可以对应用层多种协议过滤，包括：HTTP、FTP、STMP 等，过滤域除了包过滤型防火墙定义的常用五元组，还包括内容过滤项，如 HTTP 中的 URL 等。动作域通常只有两种选择：接受（即允许数据包通过防火墙），或拒绝（即不允许数据包通过）。

防火墙安全策略是一组防火墙规则的集合，用以决定当各种数据包到来时应该采取的操作，这些规则互相作用以达到系统安全目标。

不同的防火墙进行规则匹配的顺序也不同，一般有如下两种匹配策略。

➢"单触发"处理：是指根据数据包匹配上的第一条规则，执行该规则的动作。

➢"多触发"处理：是指数据包对所有规则进行匹配之后，将执行最后一个被匹配成功的规则所指定的动作。

有些防火墙（如 ipfilter）默认支持"多触发"策略，但只允许个别拥有特别优先权并且没有更深入匹配的规则使用该策略。

有些防火墙（如 iptables）采用更复杂的处理逻辑，其允许有规律的规则链接成分支，同时使用特定的动作去改变链与链之间的控制方向。

通常我们使用的防火墙都是采用单触发顺序匹配的防火墙安全策略。

防火墙安全策略管理也是防火墙安全策略实现的重点。传统的防火墙安全管理主要依靠管理员自身的经验。而在目前大规模分布式环境下，防火墙设备越来越多，一般的管理员很难同时拥有管理复杂多样的防火墙设备所需的各项知识。基于策略的安全管理技术将策略和管理相分离，管理对象从传统防火墙转为安全策略，管理员只需通过配置策略即可实现对防火墙的管理和配置。采用安全策略管理平台（SPM，Security Policy Managerment）实现对防火墙安全策略整体配置、更新、分发，能够达到安全策略统一管理、更新的目的，同时提高了防火墙系统的可用性、可靠性。

SPM 采用集成化网络安全防卫思想，遵循 P^2DR^2 安全模型，应用集成防卫的理论与技术，采用分布式的体系结构，通过集中化的安全管理控制将为用户提供一套完整的安全策略的制定、发布、执行的平台。在降低网络安全管理成本的同时，能有效地保护网络和系统的安全。

SPM 是围绕着 P^2DR^2 模型的思想建立一个完整的信息安全体系框架。该框架包含的主要内容为：Policy（安全策略）、Protection（防护）、Detection（检测）、Response（响应）和 Recover（恢复）。P^2DR^2 模型如图 5-32 所示。

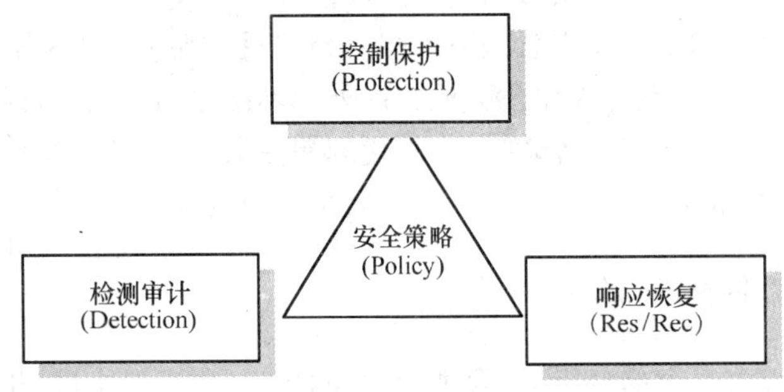

图 5-32　P^2DR^2 模型

目前安全管理平台提供的功能主要包括以下内容。

➢策略制订：在线策略，离线策略，采用基于时间的策略执行。

➢策略发布：采用基于用户的策略管理，即时生效。

➢终端保护：补丁分发，注册表保护，漏洞扫描，网络入侵防御，防病毒联动。

➢控制管理：外设管理，非法接入管理，IP 管理，配置管理，应用管理，用户管理。

➢检测审计：主机监控，在线病毒监管，屏幕监控，日志配置管理，日志维护，日志分析。

防火墙安全策略管理的复杂性可能会限制防火墙安全的有效性。在大型企业网络中存在成千上万条规则，而且不同管理员对规则进行着编辑，防火墙安全策略存在潜在不一致的可能性非常大。但是目前大多数安全管理平台在策略制订时并没有对安全策略进行一致性检测，就有可能导致安全策略得不到有效的执行或产生严重的安全漏洞。

5.7.4 防火墙发展趋势

以用户为导向的高性能、多端口、高细粒度控制是防火墙未来发展的主要方向。针对攻击手段的多样化，防火墙技术也不断发展创新。总体来讲，主要有如下4个发展方向。

(1) 大幅度提升性能

应用ASIC和网络处理器(NP)架构的防火墙在设计上可以实现真正的千兆线速转发，适应现在或将来千兆和万兆网络防火墙的需要，因此可以说ASIC和NP架构是未来高速防火墙技术的发展方向。其中NP更具发展潜力，NP架构的防火墙在性能处理能力上比X86架构防火墙更加灵活，其突出优点是完全可编程，系统的“硬件”功能可以通过软件模块的方式方便地进行修改、完善。同时对于特殊应用或安全隐患，基于NP的防火墙可以实现定制开发，快速推出相应的升级版本，能够以更快的速度适用不同的网络环境。

在NP架构下，防火墙可以大大提高网络数据包的处理效率，对于复杂的高层协议内容分析，则利用NP微引擎和内核之间的通信机制提交给内核完成。未来防火墙在处理器上采取专用的NP芯片以提高性能是技术发展的方向。

(2) 在传统技术上另辟蹊径

当前，过滤技术已经相当完善，从包到协议、从应用到内容、从内核空间到应用空间、从简单到复杂，过滤技术已经把能涉及的都涉及了。但是，人们采用防火墙的目的是执行访问控制，而不完全是过滤，过滤技术是一种访问控制技术，但不是访问控制技术的全部。而且包过滤技术需要对海量数据包检查计算，对防火墙性能要求越来越高，所以需要从技术上另辟蹊径。事实上，现在已经有不少办法来实现新的访问控制技术，如身份认证和智能访问控制技术。

(3) 功能不断扩展

由于传统防火墙在实际应用中存在着种种局限，在提高防火墙自身功能和性能的同时，就必须将网络安全技术与防火墙技术进行整合，以适应网络安全整体化、立体化的要求，才能最大限度地发挥防火墙的作用。由于NP等技术的出现，防火墙的性能将极大地提高；其他安全技术(如入侵检测、防病毒、防御拒绝服务攻击等)完全可以集中在一台防火墙内，实现网络安全设备之间的联动，实现对网络的立体防护。

(4) 应用部署上突破原来的网络边界

传统的防火墙把检查机制集中在网络边界的单点，形成网络访问的瓶颈。大量的应用级检测、过滤计算都会使防火墙的吞吐能力大幅下降，降低传统防火墙在大型网络中的应用效能。

目前出现一种新型防火墙，那就是“分布式防火墙”(Distributed Firewalls)。它是在目前传统的边界式防火墙基础上开发的。与传统的、单一防火墙相比，分布式防火墙安全体系具有以下特点：分布式防火墙布置非常灵活，用过滤器可以隔离一个或多个资源，由于过滤器在设计上的特点，它可以在不影响网络拓扑结构的情况下透明接入，不需要对原网络软硬件作任何设置改变;分布式防火墙是集中管理,在一台管理站上可添加、删除、修改资源,并可对所有的资源进行权限设置,大大方便了管理员使用;由于过滤器是专用的过滤设备,除了管理站命令外,过滤器和管理站的通信均使用带签名的加密包,安全可靠;分布式防火墙中用得最多的是过滤器,过滤器本身设备简单,价格优势很大。

第 6 章　网络管理

6.1　网络管理概述

网络管理是指网络管理人员通过网络管理系统对网络上的资源进行集中化管理的操作，是监督、组织和控制网络通信服务以及信息处理所必需的各种活动的总称。它可以使网络中的各种资源得到更加高效的利用，当网络出现故障时能及时做出报告和处理，并协调、保持网络的高效运行。

网络管理的目的是对组成网络的各种硬软件设施的综合管理，以达到充分利用这些资源的目的，并在计算机网络运行出现异常时能及时响应和排除故障。网络管理系统的主要功能是对各种网络资源进行监测、控制和协调，对各种信息以各种可视化的方式呈现给网络管理人员；在网络出现故障时，可以及时进行报告和处理，尤其是向管理员报警，以便尽快得到维护；接受网络管理人员的指令或根据对上述信息的处理结果向网络中的设备发出控制指令，同时监视指令执行的结果，保证网络设备按照网络管理系统的要求工作。

国际标准化组织 ISO/IEC 7498-4 中对网络管理定义了故障管理、计费管理、配置管理、性能管理、安全管理 5 个不同管理领域。故障管理是网络管理中最基本的功能之一。用户都希望有一个可靠的计算机网络，当网络中某个部分失效时，网络管理系统必须能够迅速找到故障并及时排除。

当前一个计算机网络往往都是由众多不同的厂家的不同设备构成的，要有效地管理这样的一个网络系统，就要求各个网络设备提供一个统一的网络管理接口，即网络管理的标准化。在网络管理标准化以前的相当长的时间里，管理者要学习从各种不同网络设备获取数据的方法。因为各个生产厂家使用专用的方法收集数据，相同功能的设备，不同的生产厂商提供的数据采集方法可能大相径庭。在这种情况下，制定一个行业标准的紧迫性越来越明显。20 世纪 80 年代中后期，不同的工作组开发出不同的网络管理方案，其中有 3 个主要的网络管理模型，即 HEMS/HEMP、SGMP 以及 ISO 和 CCITT 联合制定的 CMIS/CMIP。IAB 为了集中网络管理的研究，希望在众多的网络管理方案中选择一个最佳的，并且它要适合 TCP/IP 网络，特别是 Internet 的管理方案，最终 HEMS 被放弃，SGMP 和 CMIS/CMIP 被保留，分别作为短期和长期的解决方案。ISO 的方案虽然功能详尽，但是实现起来过于复杂，在实际应用中并没有得到太多厂家的支持，最终为短期解决方案的 SGMP 由 SNMP 所取代。SNMP 协议用于监控和管理网络设备，它规范了管理信息库(MIB)、传送信息的格式、传送消息的规程等。相对 ISO 的 CMIS/CMIP，SNMP 更加简单实用，因此，它从诞生以来,便得到了网络设备生产厂家的广泛支持。为了提高传递管理信息的有效性、减少管理站的负担、满足网络管理员监控网段性能的要求,IETF 又开发了 RMON 以解决 SNMP 在日益扩大的分布式互联中所面临的局限性。

本章将对两种网络管理技术 SNMP 和 RMON 以及网络管理系统的架构进行介绍。

6.2 SNMP

6.2.1 SNMP 介绍

SNMP 是一种基于 TCP/IP 的网络管理协议,它的主要设计思想是尽可能简单,以便缩短网络管理系统研制周期。为了方便网络管理员对网络节点设备的管理,SNMP 的设计目标是保证设备管理信息可以在网络中任意两个节点间传递,这样,网络管理员可以在网络的任何节点上进行如下网络节点设备的管理操作:管理信息检索、管理参数修改、故障定位及诊断、监视网络性能、检测分析网络差错、配置网络设备、网络容量规划和网络管理报告生成等。在网络正常工作时,SNMP 可实现统计、配置和测试等功能,当网络出故障时,可实现各种差错检测和恢复功能。

SNMP 采用轮询机制,建立在 UDP 协议之上,并提供了最基本的功能集,因此,SNMP 适于在小型网络环境中使用。当前,SNMP 得到了广泛应用,受到许多网络管理产品的支持,已成为网络管理领域事实上的标准。

1990 年 5 月,IETF 在 RFC1157 中定义了 SNMP 的第一个版本 SNMP v1,RFC1157 和 RFC1155 一起提供了一种监控和管理计算机网络的方法。SNMP 虽然在 20 世纪 90 年代初得到了迅猛发展,但是也暴露出明显的不足,比如基于 SNMP 协议的网络管理系统难以实现大数据量数据传输、缺少身份验证和加密机制等。为了解决这些问题,IETF 于 1993 年发布了第二个 SNMP 版本 SNMP v2,该版本不仅从一定程度上弥补了 SNMP v1 存在的缺陷,而且扩展了一些新功能,具有了一些新特征,比如:①实现了大数据量的同时传输,提高了效率和性能;②丰富了故障处理能力;③支持分布式网络管理;④扩展了数据类型;⑤加强了数据定义语言。

但是,SNMP v2 也存在不足,最主要的是 SNMP v2 在安全性能方面没有得到彻底改善,SNMP v2 没有实现诸如身份验证、访问控制、远程安全配置、加密等能力。针对 SNMP v2 存在的安全缺陷,IETF 于 1996 年发布了 SNMP v2 的修改版本 SNMP v2c,虽然 SNMP v2c 增强了安全功能,但是由于它继续使用了 SNMP v1 的基于明文密钥的身份验证方式,因此,它的安全性仍然没有得到根本改善。

1998 年 1 月,IETF 正式形成 SNMP v3,SNMP v3 在 SNMP v2 基础上增加了安全和管理机制,对应的文件系列是 RFC2271～2275,该系列文件规定了一套专门的网络安全和访问控制规则,而且定义了包含验证服务和加密服务在内的安全机制。

6.2.2 SNMP 体系结构

SNMP 网络管理系统由网络管理站和网络管理代理组成,SNMP 协议是规定了网络管理站和网络管理代理之间如何传递管理信息的应用层协议。

在每个网络管理系统中必须有一个作为网络管理控制中心的网络管理站，网络管理站运行管理进程，该管理进程给被管网络设备发送各种查询报文，并且接收来自被管设备的响应及陷阱(TRAP)报文，然后展示查询结果。而在每个被管网络设备中运行着网络管理代理进程，代理进程驻留在每个被管网络设备上，它负责接收来自网络管理站的网络管理请求报文，并进行处理，然后从设备上其他协议模块中取得网络管理站所需管理变量的数值，形成响应报文并返回给网络管理站，同时在紧急情况下，代理进程会主动向网络管理站发送 TRAP 报文，通知网络管理站发生的情况。管理进程和代理进程之间的交互，都是通过基于 UDP 协议的 SNMP 报文进行通信的。

SNMP 网络管理系统的体系结构由三部分组成，包括管理信息库(MIB，Management Imformation Base)、管理信息结构(SMI，Struct of Management Imformation)以及 SNMP 协议。

6.2.3　SNMP 基本操作

SNMP 以 GET-SET 方式用来在管理进程和代理进程之间交换管理信息，其中包括了 5 种 PDU(协议数据单元)，也就是 SNMP 报文如下。

① get-request 报文：管理进程从代理进程提取一个或多个指定参数值。

② get-next-request 报文：管理进程从代理进程提取紧跟当前参数的下一个参数的值。

③ set-request 报文：管理进程设置代理进程的一个或多个参数的值。

④ get-response 报文：代理进程向管理进程返回一个或多个参数值，该报文是前面 3 种报文的响应报文。

⑤ trap 报文：代理进程主动发出的报文，通知管理进程发生的事情。

从上面可以看出，前面 3 个报文由管理进程向代理进程发出，后面 2 个报文由代理进程发给管理进程。

管理进程与代理进程之间通过网络传送 SNMP 报文的方式达到监管网络设备的目的，那么，SNMP 报文的组成结构是什么呢？

管理进程与代理进程之间交互的 SNMP 报文由 3 个部分组成，分别是公共 SNMP 首部、get/set 首部或 trap 首部、变量绑定，图 6-1 是外面封装成 IP 数据报的 SNMP 报文的格式。

下面详细说明一下 SNMP 报文的 3 个组成部分。

(1) 公共 SNMP 首部

公共 SNMP 首部包含 3 个字段，分别如下。

- 版本：当前 SNMP 版本号减 1 的得数是该字段的值，比如，SNMP V1 应该写入 0。
- 共同体(Community)：管理进程和代理进程之间进行通信的明文口令就是共同体，一般是一个字符串，默认值是“public”。
- PDU 类型：该字段代表 PDU 类型，是整数，它的取值范围是 0～4 之间，表 6-1 是 PDU 类型取值的含义。

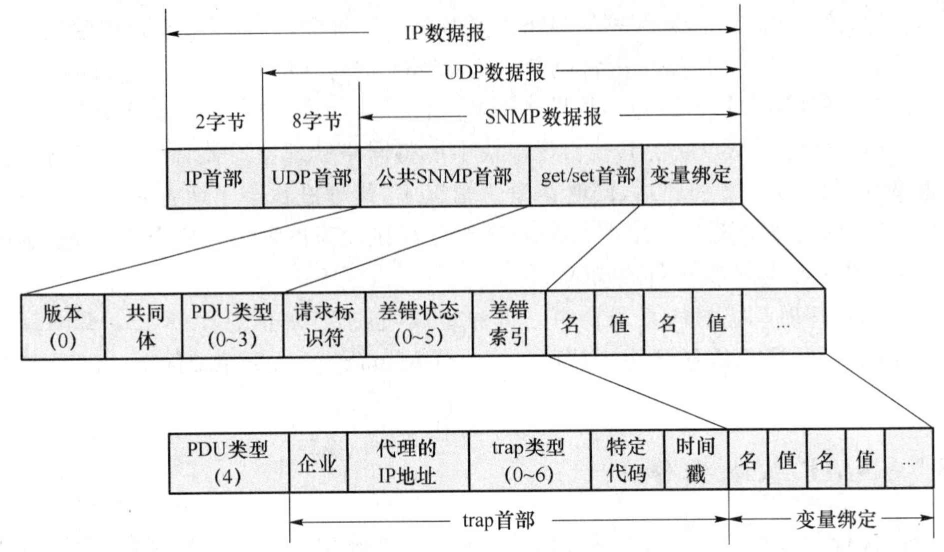

图 6-1　SNMP 报文的格式

表 6-1　PDU 类型取值

PDU 类型	含　义
0	get-request
1	get-next-request
2	get-response
3	set-request
4	Trap

(2) get/set/trap 首部

get/set 首部由多个字段构成，分别如下。

① 请求标识符(request ID)

在同一时间内，管理进程有可能向多个代理进程同时发送 get 报文，从上文可知，这些报文都采用 UDP 包进行传送，根据 UDP 包的传输特性，容易出现 UDP 包发送顺序与接收顺序不符的情况，比如，先发送的 UDP 包反而滞后到达，为了实现发送数据包与响应数据包的一一对应，需要增加具有相应功能的字段，通过设置请求标识符可以达到管理进程能够从同时返回的响应报文中识别出相应报文的功能。

请求标识符是一个整数，它由管理进程设置并发送给代理进程，代理进程在向管理进程返回 get-response 报文时，要带上之前收到的请求标识符。

② 差错状态(error status)

该字段的取值范围是 0～5，由代理进程在响应管理进程发送的报文时填写该字段，差错状态字段的具体描述如表 6-2 所示。

表 6-2　差错状态

差错状态	含　义	说　明
0	noError	正常
1	tooBig	由于太大，代理进程无法将应答装入到一个响应报文中
2	noSuchName	管理进程发送的 get 报文中包含了一个不存在的管理变量
3	badValue	管理进程发送的 set 报文中包含了一个无效值或无效语法
4	readOnly	管理进程发送的 set 报文试图修改一个只读变量
5	genErr	其他差错

③ 差错索引(error index)

差错索引字段表示出现差错的变量在变量列表中的偏移量。

trap 首部由多个字段构成，分别如下。

① 企业(enterprise)

该字段填入发送 trap 报文的网络设备所对应的对象标识符(详见“管理信息库”章节)，该对象标识符位于对象命名树上的 enterprise 结点{1.3.6.1.4.1}下面的一棵子树上。

② trap 类型

该字段又称为 generic-trap，表 6-3 是 trap 类型的所有含义。

表 6-3　trap 类型

trap 类型	含　义	说　明
0	coldStart	被管理网络设备完成了冷启动
1	warmStart	被管理网络设备完成了热启动
2	linkDown	被管理网络设备的一个接口从工作状态变为故障状态
3	linkup	被管理网络设备的一个接口从故障状态变为工作状态
4	authenticationFailure	管理进程发给代理进程的报文中的共同体值是无效的
5	egpNeighborLoss	一个 EGP 相邻路由器变为故障状态
6	enterpriseSpecific	被管理网络设备自定义的事件，需用后面的“特定代码”指明

当 trap 类型值为 2、3 或 5 时，在报文后面变量部分的第一个变量应标识相应的接口号。

③ 特定代码(specific-code)

当 trap 类型值为 6 时，需采用特定代码指明代理进程自定义的事件，在 trap 类型值为其他值时，特定代码取值为 0。

④ 时间戳(timestamp)

自代理进程初始化到产生 trap 报告的事件发生时所经历的时间用时间戳来表示，单位为 ms。例如，时间戳为 268，表明在代理初始化后 268 ms 发生了产生 trap 报告的事件。

(3) 变量绑定(variable-bindings)

变量绑定部分包含了一个或多个变量名和对应的值。

6.2.4 SNMP 报文交互

图 6-2 描述了上述 5 种 SNMP 报文的交互。我们知道，SNMP 建立在 UDP 协议之上，代理进程与管理进程之间使用了 UDP 的端口 161 与 162。

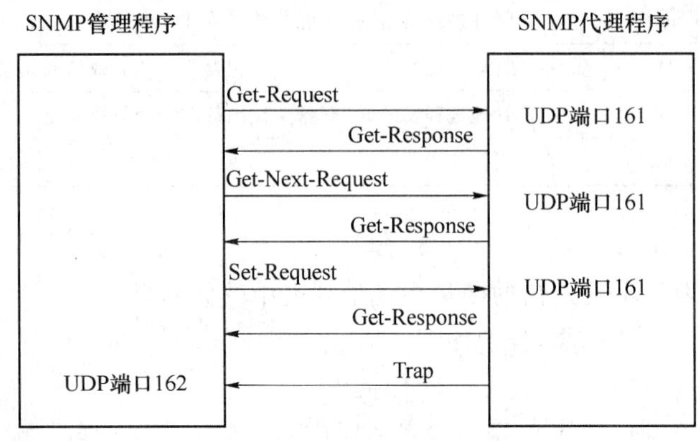

图 6-2　SNMP 报文交互

从图 6-2 可以看出，代理进程采用 UCP 端口 161 接收管理进程发来的 get 或 set 报文，管理进程与代理进程之间的交互过程是这样的，首先来自网络管理站的串行化报文发向被管网络设备的 UDP 端口 161，然后被管网络设备上的代理进程从 UDP 端口 161 接收到报文后，然后解码、验证共同体，接着分析得到被管理变量在 MIB 树中对应的节点，并从相应的模块中得到被管理变量的值，然后形成响应报文，经过编码后发送回网络管理站，网络管理站得到响应报文后，经过解码、验证共同体和处理，最终完成对被管理网络设备的监管功能。

从图 6-2 还可以看到，管理进程采用 UDP 端口 162 来接收代理进程主动发来的 trap 报文。

根据收到 SNMP 报文的不同，SNMP 协议实体会进行相应的处理，下面分别进行介绍。

(1) Get-Request 报文

代理进程在收到 Get-Request 报文后，会根据下面的不同情况做不同的处理。

第一种情况：如果 SNMP 报文中的变量名在本地 MIB 树中不存在，那么代理进程在向管理进程返回的 Get-Response 报文中，将报文中的 ERROR-STATUS 设置为 noSuch-Name，并设置 ERROR-INDEX 值，其他部分与源 Get-Request 报文相同。

第二种情况：如果代理进程所产生的响应报文长度大于本地长度限制，在返回的 Get-Response 报文中，将报文中的 ERROR-STATUS 设置为 tooBig，ERROR-INDEX 设置为 0，其他部分与源 Get-Request 报文相同。

第三种情况：如果代理进程因为其他原因不能产生正确的响应报文，在返回的 Get-Response 报文中，将报文中的 ERROR-STATUS 设置为 genErr，并设置 ERROR-INDEX 值，其他部分与源 Get-Request 报文相同。

第四种情况：如果上面的情况都没有发生，返回的 Get-Response 报文将包含变量名和相应值的对偶表，并将报文中的 ERROR-STATUS 设置为 noError，ERROR-INDEX 设置为 0，request-id 域的值与收到的源 Get-Request 报文的 request-id 相同。

(2) Get-Next-Request 报文

Get-Next-Request 报文的最重要的功能是 MIB 表的遍历，这种操作可以访问一组相关变量，就好像它们在一个表内一样。

(3) Get-Response 报文

代理进程在收到 Get-Request、Get-Next-Request、Set-Request 报文并处理后，将返回 Get-Response 报文，管理进程将接收该报文并进行处理。

(4) Set-Request 报文

除了 SNMP 报文类型标识以外，Set-Request 报文与 Get-Request 报文相同，当需要对被管网络设备的管理变量进行写操作时，管理进程将生成该报文。

根据不同情况，代理进程将对 Set-Request 报文进行不同处理。

第一种情况：如果管理进程对只读变量进行设置，在返回的 Get-Response 报文中，将报文中的 ERROR-STATUS 设置为 noSuchName，并设置 ERROR-INDEX 值。

第二种情况：如果收到的 Set-Request 报文中的变量对偶中的值、类型、长度不合要求，在返回的 Get-Response 报文中，将报文中的 ERROR-STATUS 设置为 badValue，并设置 ERROR-INDEX 值。

第三种情况：如果需要产生的 Get-Reponse 报文长度超过了本地限制，在返回的 Get-Response 报文中，将报文中的 ERROR-STATUS 设置为 tooBig，并设置 ERROR-INDEX 值为 0。

第四种情况：如果是其他原因导致 SET 失败，在返回的 Get-Response 报文中，将 SNMP 报文中的 ERROR-STATUS 设置为 genErr，并设置 ERROR-INDEX 值。

第五种情况：如果上面的情况都没有发生，则代理进程将相应的管理变量设置为 Set-Request 报文中的相应值，在返回的 Get-Response 报文中，将报文中的 ERROR-STATUS 设置为 noError，并设置 ERROR-INDEX 值为 0。

(5) Trap 报文

Trap 报文是被管设备在遇到紧急情况时主动向网络管理站发送的消息。网络管理站收到 trap 报文后需提取变量对偶表中的内容。一些常用的 trap 类型有冷启动、热启动、链路状态发生变化等。

6.2.5 管理信息库

在 SNMP 网络管理系统中，被管网络设备中保存着 MIB 数据。MIB 库中保存了能够被管理进程查询和设置的被管网络设备的信息，这些信息是被管网络设备中网管标准变量定义的集合，也就是被管网络设备所有可能的被管理对象的集合。

在 MIB 库中，SNMP 用对象命名树的形式来识别和管理对象，对象命名树类似 DNS 域名系统，是层次结构，由各个管理对象形成树的关系形状。在这种树型关系结构中，根位于最上面，根没有名字，没有实际含义，被管理对象由树中各个结点来表示，为了无二义性地识别这些节点，采用从树的根结点开始的路径来唯一识别每个被管理对象，这就是对象命名树名称的由来。

每个被管理对象都由一串被称为对象标识符(OID，Object Identifier)的数字来唯一识别，下面举例说明每个被管理对象是如何被唯一标识的，比如某被管理对象 MO-1 对应的对象标识符是{1.2.1.3}，该数字串表示一条从根到 MO-1 路径，其中的数字是所在路径上各被管理对象的标号,MO-1 的标号为 3;如果 MO-2 是 MO-1 的第 6 个孩子,那么,唯一表示 MO-2 的对象标识符是{1.2.1.3.6},或{MO-1 6},对象标识符的最后数字 6 表明 MO-2 是 MO-1 的第 6 个孩子。图 6-3 是对象命名树示例图。

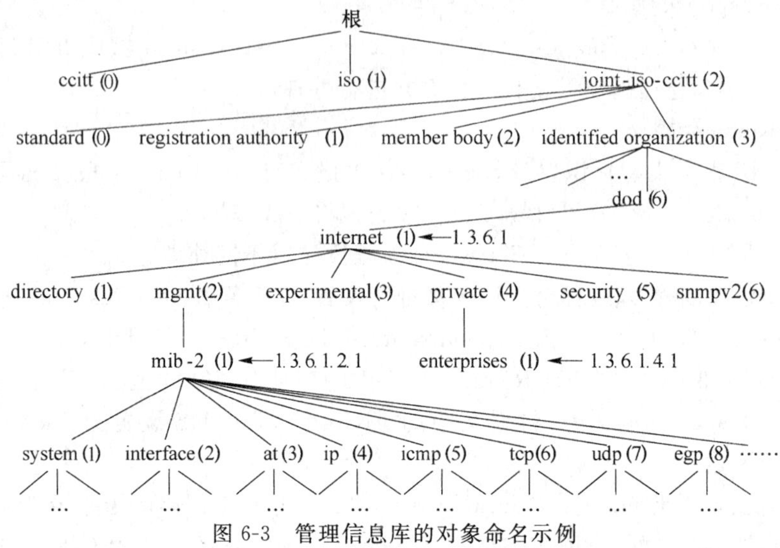

图 6-3 管理信息库的对象命名示例

从图 6-3 中可以看出,在根下,对象命名树有 3 个顶级对象,分别是 ISO、ITU-T 和这两个组织的联合体。在 ISO 的下面有 4 个结点,其中标号 3 的结点所在分枝以下都是组织机构,在标号 3 下面有标号为 6 的美国国防部(DOD,Department of Defense)的子树,再往下就是标号 1 的 Internet 结点。从上面的对象命名树示例图中,Internet 结点的标识为{1.3.6.1}。在 Internet 结点下面的第二个结点是标号为 2 的管理结点(mgmt),再下面是管理信息库,原先的结点名是 MIB。由于 1991 年定义了新版本 MIB-II,因此,原来的 MIB 结点名改为 MIB-2,它的对象标识是{1.3.6.1.2.1},或{Internet(1).2.1}。在 MIB 对象命名树中的对象{1.3.6.1.4.1}是 enterprises(企业),该对象是企业分枝,与各企业相关的私有对象就放在这个分枝里,比如 IBM 的对象命名标识是{1.3.6.1.4.1.2},Cisco 的是{1.3.6.1.4.1.9},Novell 的是{1.3.6.1.4.1.23}等。通过这样,各个厂家就可以对自己的产品定义相应的被管理对象名了,从而能够统一通过 SNMP 进行管理。

表 6-4 是 MIB 第一版本 MIB-1 中所划分的 8 个类别的管理信息,而在 MIB 第二版本 MIB-2 中所包含的信息类别已超过 40 个。

表 6-4 MIB-1 中的管理信息类别

类 别	标 号	包含的信息
System	(1)	主机或路由器的操作系统
interfaces	(2)	网络接口
address translation	(3)	地址转换
ip	(4)	IP 分组统计
icmp	(5)	已收到 ICMP 消息的统计
tcp	(6)	TCP 参数和统计
udp	(7)	UDP 通信量统计
egp	(8)	外部网关协议通信量统计

6.2.6 SNMP 版本

1. SNMP v2

SNMP v1 在推出后，获得了普遍支持，它取得广泛支持的主要原因是它的简单操作与流程，但是，也正是由于它的简单性，SNMP v1 存在着如下一些问题：

➢ 没有提供 manager 与 manager 之间进行通信的机制，只适合于集中式管理，而不利于分布式管理；

➢ 没有提供批量存取的机制，因此，对大块数据存取的效率较低；

➢ 没有提供足够的安全机制，因此，安全性较差；

➢ 只适用于监测网络设备，不适用于监测网络本身；

➢ 只建立在 TCP/IP 协议之上，不支持别的网络协议。

针对上述问题，对 SNMP v1 的改进工作一直在进行。比如，1991 年 11 月，针对 SNMP v1 缺乏管理网络本身的弱点，推出了 RMON(Remote Network Monitoring)MIB，它加强了 SNMP 对网络本身的管理能力，它使 SNMP 不仅可以管理网络设备，还可以收集局域网和互联网上的数据流量等信息，从而达到监管网络的目的。1992 年 7 月，针对 SNMP 缺乏安全性的弱点，公布了 S-SNMP(Secure SNMP)草案。

到 1993 年年初，SNMP v2 出现了，SNMP v2 一共由 12 份协议文本组成(从 RFC1441 到 RFC1452)，它已被作为 Internet 的推荐标准予以公布。SNMP v2 包括了之前对 SNMP 所做的各种改进内容，并在保持原有 SNMP 易于实现和清晰的优点之外，达到更强大的功能和更好的安全性，具体内容如下：

➢ 提供了验证机制、加密机制、时间同步机制等，大大提高了安全性；

➢ 提供了一次取回大量数据的能力，大大提高了效率；

➢ 增加了 manager 和 manager 之间的信息交换机制，从而支持分布式管理结构，由副 manager 来分担主 manager 的任务，增加了远地站点的局部自主性；

➢ 可以在多种网络协议上运行，如 OSI、Appletalk 和 IPX 等，适用于多协议网络环境(不过，SNMP 的默认网络协议仍旧是 UDP)。

从上述内容，可以看出 SNMP v2 支持分布式管理。一些站点既可以充当 manager 又可以充当 agent，从而同时扮演了两种角色。当它作为 agent 时，可以接收更高一级管理站的管理请求命令，这些管理请求命令当中有一部分与它本地数据相关，对于这些数据，它可以直接响应，而另一部分则可能与远地 agent 上的数据相关。这个时候，该 agent 就会以 manager 的身份向远地 agent 发送请求数据的管理报文，在收到响应报文后，再将其传给更高一级的管理站，这样，在后一种情况下，该站点就起到了 proxy 的作用。

下面将介绍 SNMP v2 中涉及的安全机制和 Party 实体。

(1) 安全机制

从上述内容可知，SNMP v2 相对于 SNMP v1 增强了安全机制，内容主要包括验证机制、加密机制以及时间同步机制等，这些机制的采用使得 SNMP v2 具有了防范一些安全威胁的功能。

① 改变报文传输

我们知道，SNMP 建立在 UDP 之上，也就是基于无连接传输服务，这样的话，SNMP 报文在传输过程中,就会发生类似延迟、重发以及报文流顺序改变的情况。对于破坏者为达到破坏的目的,故意延迟、重发报文或改变报文流顺序的行为,SNMP v2 能够防止报文传输时间过长,不给破坏者实施破坏的机会,从而增强了这方面的安全。

② 窃取报文内容

SNMP v1 报文中的内容存在被破坏者截获并窃取的可能,另外,在创建新的 SNMP v2 Party 时,也必须保证它的内容不被旁人窃取,SNMP v2 能够对报文的内容进行加密,保证它的内容不会被窃听者获取,从而增强了这方面的安全。

③ 篡改信息

在 SNMP 中,由于允许管理站修改被管理设备上的被管理对象的值,这有可能被破坏者利用,破坏者有可能修改传输中的报文中的数值,进行破坏,SNMP v2 通过对收到的报文进行验证,来查看报文是否在传输过程中被修改过,从而增强了这方面的安全。

④ 冒充

虽然 SNMP v2 设置了访问控制功能,但这主要依据报文的发送者进行判断。这样的话,有可能没有访问权的用户会冒充具有访问权的用户来进行访问,SNMP v2 通过验证报文发送者的真实性,来判断是否有人冒充,从而增强了这方面的安全。

(2) SNMP v2 Party

SNMP v2 增加了具有网络管理功能的最小实体 Party 的概念,目的是为了增强 SNMP 系统的灵活性和安全性。Party 是一个 SNMP v2 管理实体所能完成的全部功能的子集,它分布在每个 manager 和 agent 之上,同时,每个 manager 和 agent 上都分别有多个 Party,每个站点上的各个 Party 是平等关系,它们各自完成自己的功能。SNMP v2 的验证机制、加密机制和访问控制机制都工作在 Party 级,而不是 manager/agent 级。每个 Party 都有一个唯一的标识符、一个验证算法和参数以及一个加密算法和参数。在每个发送的报文里,都要指定发送方和接收方的 Party。

由于 Party 的引入可以给不同人员赋予不同管理权限,从而增强了系统的灵活性和安全性。

2. SNMP v3

SNMP v3 具有模块化的设计思想,这主要体现在 RFC2271 中定义的 SNMP v3 体系结构中。基于模块化,SNMP v3 可以实现管理功能增加和修改的简单化。

下面介绍一下 SNMP v3 的信息处理和控制模块、本地处理模块和用户安全模块 3 个主要模块。

(1) 信息处理和控制模块

该模块定义在 RFC2272 中,它的功能是产生信息和分析信息,并判断信息在传输过程中是否需要经过代理服务器等。该模块在分析接收到的信息之前,先由用户安全模块处理信息头中的安全参数。

(2) 本地处理模块

该模块的主要功能包括访问控制、处理打包的数据和中断。访问控制通过设置代理的有关信息,从而限制不同管理站的管理进程在访问代理时的访问权限,它在 PDU 这一级完成。必须预先设定访问控制的策略,有两种常用控制策略:一种是限定管理站可以向代理发出的命令,另一种是确定管理站可以访问代理 MIB 的具体部分。SNMP v3 通过使用带有不同参数的原语来灵活地确定访问控制方式。

(3) 用户安全模块

与 SNMP v1 和 SNMP v2 相比，SNMP v3 增加了 3 个新的安全机制：身份验证、加密和访问控制。其中，访问控制功能由本地处理模块完成，而身份验证和数据保密服务由用户安全模块提供。身份验证是这样一种过程：代理(管理站)接到信息后，必须首先确认信息是否来自于有权限的管理站(代理)，并且确认信息在传输过程中未被改变。如果要实现这个功能，管理站和代理必须共享同一密钥。管理站(代理)使用密钥计算验证码(它是信息的函数)，然后将其加入到信息当中，而代理(管理站)则使用同一密钥从接收的信息中提取验证码，从而得到信息。加密过程与身份验证类似，也需要管理站和代理共享同一密钥来实现信息的加密和解密。

6.2.7　SNMP 与 CMIP 对比

SNMP 与通用管理信息协议(CMIP，Common Management Information Protocol)是目前两种最主要的网络管理协议，在将来的网络管理技术中，究竟哪一种将占据优势，这一直是业界争论的话题。

CMIP 是国际标准化组织(ISO)为了解决不同厂商、不同机种的网络之间互通而创建的开放系统互联网络管理协议，CMIP 是一个完全独立于下层平台的应用层协议，它的 5 个特殊管理功能由多个系统管理功能支撑。它包含以下组成部分：描述协议的模型、描述被管对象的管理信息结构、被管对象的详细说明、用于远程管理的原语和服务。

与 SNMP 相比较而言，CMIP 是一个相当复杂和详细的网络管理协议，CMIP 的设计宗旨与 SNMP 相同。在组成结构上，CMIP 与 SNMP 类似，都由管理者、被管代理、管理协议、管理信息库组成。但是，在 CMIP 中，并没有明确指定管理者和被管代理，而是任何一个网络设备既可以是管理者，也可以是被管代理。相对于 SNMP 而言，CMIP 一共定义了 11 类 PDU(协议数据报文)，其中，用于监视网络的 PDU 要多一些。在 CMIP 中，变量以对象形式出现，每一个变量包含变量属性、变量行为和通知。CMIP 中的变量体现了 CMIP MIB 库的特征，并且这种特征表现了 CMIP 的管理思想，也就是，基于事件而不基于轮询。每个代理独立完成一定的管理工作。下面介绍一下 CMIP 的优点和缺点。

CMIP 的优点如下：

- CMIP 安全性较强，它拥有验证、访问控制和安全日志等一整套安全管理机制；
- CMIP 协议的最大特点是，CMIP 的每个变量不仅传递信息，而且还完成一定的网络管理任务，这样可以减少管理人员的负担并有利于减轻网络负载。

CMIP 的缺点如下：

- 由于 CMIP 包含内容较多，因此，它在运行时占用的资源量是 SNMP 的数十倍；
- 由于 CMIP 的 MIB 库比较复杂，因此，它比 SNMP 的实现难度大；
- 由于 CMIP 在网络代理上要运行相当数量的进程，因此，大大增加了网络代理的负担。

下面对比一下 SNMP 和 CMIP 的相同之处与不同之处。

SNMP 和 CMIP 的相同之处：

- SNMP 和 CMIP 的管理目标以及基本组成部分基本相同；
- 两种协议的定义都基于 ASN.1；
- 很多厂商将 SNMP 的 MIB 扩展成与 CMIP 的 MIB 结构相类似。

SNMP 和 CMIP 的不同之处：

- SNMP 和 CMIP 在标准化、性能、功能、协议规模、产品化等方面还有许多不同之处；
- SNMP 主要基于轮询方式来获取所管理设备的信息，而 CMIP 主要采用报告方式来获取信息；
- SNMP 检索的基本是单项信息，CMIP 检索的是组合项信息；
- SNMP 基于无连接的 UDP 协议，而 CMIP 倾向于有连接的数据传送。

6.2.8 SNMP 管理与开发工具

如上文所述，SNMP 协议经过三次改进及功能的完善，目前已被众多的厂商设备所支持，成为全球网络管理的事实标准。在网络管理的工程与研究领域，包括获取设备信息或配置设备，甚至开发网络管理相关系统，都需要用到 SNMP 协议软件，它是整个网络管理系统的基础。因此在开发过程，如果有一套高层 API，可以将 SNMP 的底层实现机制封装起来，只对开发人员暴露简单易用的接口，就会降低开发难度，提高开发效率。

目前，用于 SNMP 开发的软件包有许多选择，如 HP 公司基于 C++实现的 SNMP++、基于 Java 语言的开源软件包 SNMP4J，以及基于 C 语言的开源软件包 NET-SNMP，本部分将以 NET-SNMP 为例对 SNMP 管理与开发工具进行介绍。

NET-SNMP 基于(BSD 及 BSD like)许可，起源于 1992 年非常著名的卡内基・梅隆大学 SNMP 协议实现(CMU SNMP)，1995 年起，该项目由加州大学 Davis 分校(University of California at Davis)开发与维护，被命名为 ucd-snmp。2000 年 11 月 ucd-snmp 项目转到 SourceForge(www. sourceforge. net)管理，同时更名为 NET-SNMP。该工具包支持许多 UNIX 发行版及部分 UNIX-like 的操作系统，同时也支持微软的 Windows 系统。

NET-SNMP 的主要内容包括以下几点：

- 完整的用于 SNMP(支持 v1、v2、v3 版本)应用开发的 API(包括 C、Perl、Python 等的 API)；
- 一个可扩展的 SNMP 代理程序(snmpd)，开发人员可将其扩展为自己的代理程序；
- 一套可直接调用的工具命令集(snmpget、snmpset、snmptrap、snmpwalk、snmptable 等)；
- 一个 trap 接收进程，用于接收和显示 trap，并可记录到日志文件；
- 一个图形化的 MIB 浏览工具(tkmib：基于 Tk/Perl)。

在上述功能中，较常使用的是可以完成绝大部分网络管理和开发测试功能的工具命令集，用于开发代理的可扩展 SNMP 代理，用于开发管理系统的 C 接口 API 三项，接下来将对其用法分别进行介绍。

(1) 工具命令集

Snmpget：模拟 SNMP 的 GetRequest 操作的工具，可用来获取一个或多个管理信息的内容。

Snmpwalk：利用 GetNextRequest 对给定的管理树进行遍历的工具，一般用来对表格类型管理信息进行遍历。

Snmpgetnext：模拟 SNMP 的 GetNextRequest 操作的工具，用来获取一个管理信息实例的下一个可用实例数据。

Snmpset：模拟 SNMP 的 SetRequest 操作的工具，用来设置可以写的管理信息，一般用来配置设备或对设备执行操作。

Snmpbulkget：模拟 SNMP 的 GetBulkRequest 操作的工具，用来读取大块的数据，以提高带宽利用率，且比使用 snmpget、snmpgetnext 及 snmpwalk 有更强的容错能力，代理会返回尽可能多的数据。

Snmptrap：模拟发送 trap 的工具，一般用来测试管理站安装和配置是否正确，或者用来验证开发的 Trap 接收程序是否可以正常工作。

Snmptrapd：接收并显示 trap 的工具，一般用在代理的开发过程中，接收代理发来的 trap，并将 PDU 细节打印出来，用来测试 trap 发送是否正确。

Snmpinform：模拟发送 informrequest 的工具，和 snmptrap 类似，用来发送模拟的带应答的 trap，以测试管理站或自己开发的接收程序。

Snmptable：使用 GetNextRequest 和 GetBulkRequest 操作读取表信息，以列表形式显示的工具。

Snmpstatus：使用 SNMP 实体中读取几个重要的管理信息以确定设备状态的工具，用来简单测试设备状态。

Snmpbulkwalk：利用 GetBulkReqest 实现对给定管理树进行遍历的工具，对表格类型管理信息进行遍历读取。

Snmpconf：生成 snmpd 配置文件的工具，用于生成 snmpd 的各种配置文件，用作模板，以生成用户级配置文件。

Snmpd：主代理程序，包括众多标准 MIB 的实现，还可以使用子代理进行扩展，是一个功能强大的 SNMP 代理。

Snmpdelta：用来监视 Interger 类型的管理对象，会及时报告值改变情况的工具，用来监测一个设备或开发中的代理。

Snmptest：可以监测和管理一个网络实体的信息，通过 SNMP 请求操作与管理实体通信。

Snmptranslate：将对象名字和标识符相互转换的工具，用于数据格式的对象标识符和可读式字符串的数据名称的转换。

Snmpusm：SNMP v3 USM 配置工具，用于 SNMP v3 的用户管理。

Snmpvacm：为一个网络实体维护 SNMP v3 的基于视图访问控制参数的工具。

Snmpdf：通过 SNMP 访问并显示网络实体磁盘利用情况的工具。

(2) SNMP 代理开发

NET-SNMP 提供了 3 种扩展 SNMP 代理的方式：动态联编、动态加载库和子代理的方式。开发流程为首先准备需要扩展的 MIB 文件，然后使用 mib2c 工具程序把 MIB 库模块文件转换成 c 源代码。假设 MIB 库模块为 modelename，执行 mib2c modelename 后，会生成两个 c 源文件：modulename. h 和 nodulename. c。若将这两个 c 源文件直接编译进 snmpd 中，使其作为一个整体运行，即为动态联编方式。若单独编译为装载模块，由 snmpd 运行时加载即为动态加载库方式。若编译为无需 snmpd 可独立运行的程序即为子代理方式。

此外如需使代理程序运行在基于 arm 等架构开发的嵌入式网络设备上时，可通过在服务器上配置交叉编译环境，对 NET-SNMP 可扩展代理进行交叉编译，将编译得到的可执行程序和相应配置文件下载至设备即可。

(3) 基于 C 接口 API 开发 SNMP 程序

NET-SNMP 提供了丰富的 C 接口 API 供开发者调用，将 SNMP 的底层实现机制封装起来，只对开发人员暴露简单易用的接口，从而大大提高开发效率，降低开发难度。下面以通过 snmpget 操作获取 MIB 中某 OID 对象值为例简要介绍大致工作过程：

① 初始化一个 SNMP 会话；

② 定义会话属性；

③ 增加一个 MIB 到当前的 MIB 目录树中(可选项)；

④ 创建一个 PDU 包；

⑤ 设置 OID(可多个)到 PDU 中；

⑥ 发送请求并等待响应；

⑦ 根据响应值处理业务数据；

⑧ 释放 PDU 资源；

⑨ 关闭会话。

SNMP 协议本身是非常复杂的，使用 NET-SNMP 或其他 SNMP 的开发包，将使开发者忽略协议本身的细节，专注应用开发。

如图 6-4 所示是命令 snmpwalk-v 1-c public 10.108.215.250 system 的返回结果。

```
C:\Windows\system32\cmd.exe
C:\usr\bin>snmpwalk -v 1 -c public 10.108.215.250 system
SNMPv2-MIB::sysDescr.0 = STRING: Windows yu-pc 6.1.7601 Service Pack 1  Profess
onal
SNMPv2-MIB::sysObjectID.0 = OID: NET-SNMP-MIB::netSnmpAgentOIDs.13
DISMAN-EVENT-MIB::sysUpTimeInstance = Timeticks: (214983) 0:35:49.83
SNMPv2-MIB::sysContact.0 = STRING: yu
SNMPv2-MIB::sysName.0 = STRING: yu-pc
SNMPv2-MIB::sysLocation.0 = STRING: unknown
SNMPv2-MIB::sysORLastChange.0 = Timeticks: (1) 0:00:00.01
SNMPv2-MIB::sysORID.1 = OID: IF-MIB::ifMIB
SNMPv2-MIB::sysORID.2 = OID: TCP-MIB::tcpMIB
SNMPv2-MIB::sysORID.3 = OID: IP-MIB::ip
SNMPv2-MIB::sysORID.4 = OID: UDP-MIB::udpMIB
SNMPv2-MIB::sysORID.5 = OID: SNMPv2-MIB::snmpMIB
SNMPv2-MIB::sysORID.6 = OID: SNMP-VIEW-BASED-ACM-MIB::vacmBasicGroup
SNMPv2-MIB::sysORID.7 = OID: SNMP-FRAMEWORK-MIB::snmpFrameworkMIBCompliance
SNMPv2-MIB::sysORID.8 = OID: SNMP-MPD-MIB::snmpMPDCompliance
SNMPv2-MIB::sysORID.9 = OID: SNMP-USER-BASED-SM-MIB::usmMIBCompliance
SNMPv2-MIB::sysORDescr.1 = STRING: The MIB module to describe generic objects f
r network interface sub-layers
SNMPv2-MIB::sysORDescr.2 = STRING: The MIB module for managing TCP implementati
ns
SNMPv2-MIB::sysORDescr.3 = STRING: The MIB module for managing IP and ICMP impl
mentations
SNMPv2-MIB::sysORDescr.4 = STRING: The MIB module for managing UDP implementati
ns
SNMPv2-MIB::sysORDescr.5 = STRING: The MIB module for SNMPv2 entities
SNMPv2-MIB::sysORDescr.6 = STRING: View-based Access Control Model for SNMP.
SNMPv2-MIB::sysORDescr.7 = STRING: The SNMP Management Architecture MIB.
SNMPv2-MIB::sysORDescr.8 = STRING: The MIB for Message Processing and Dispatchi
g.
SNMPv2-MIB::sysORDescr.9 = STRING: The management information definitions for t
e SNMP User-based Security Model.
SNMPv2-MIB::sysORUpTime.1 = Timeticks: (1) 0:00:00.01
SNMPv2-MIB::sysORUpTime.2 = Timeticks: (1) 0:00:00.01
SNMPv2-MIB::sysORUpTime.3 = Timeticks: (1) 0:00:00.01
SNMPv2-MIB::sysORUpTime.4 = Timeticks: (1) 0:00:00.01
SNMPv2-MIB::sysORUpTime.5 = Timeticks: (1) 0:00:00.01
SNMPv2-MIB::sysORUpTime.6 = Timeticks: (1) 0:00:00.01
SNMPv2-MIB::sysORUpTime.7 = Timeticks: (1) 0:00:00.01
SNMPv2-MIB::sysORUpTime.8 = Timeticks: (1) 0:00:00.01
SNMPv2-MIB::sysORUpTime.9 = Timeticks: (1) 0:00:00.01
```

图 6-4　snmpwalk 应用示例

图 6-4 中：-v 1|2c|3 是 snmp 版本号；-c COMMUNITY 是设置 community 字符串；10.108.215.250 是代理所在主机地址；system 为要显示的 OID。

6.3 RMON

第 6.2 节介绍了与 SNMP 相关的内容，本节将介绍另一种网络管理方式：RMON。RMON 是远程监控（Remote Monitoring）的英文缩写，下面对 RMON 产生的技术背景、RMON 标准的发展、RMON MIB（管理信息库）及 RMON 的工作原理进行介绍。

6.3.1 RMON 概述

SNMP 协议是一个基于 TCP/IP 协议并在互联网中应用最广泛的网络管理协议，网络管理员可以通过 SNMP 协议对网络运行情况进行监视和分析。

SNMP 使用嵌入到网络设备中的代理软件来收集网络通信信息和有关网络设备的统计数据。代理不断地收集统计数据，比如所收到的字节数，并把这些数据记录到一个管理信息库中。网络管理员通过向代理的 MIB 发出查询信号可以得到这些信息，这个过程叫轮询。

虽然 MIB 计数器将统计数据的总和记录下来了，但它无法对日常通信量进行历史分析。为了能全面地查看一天的通信流量和变化率，管理人员必须不断地轮询 SNMP 代理，这样，网络管理员可以使用 SNMP 来评价网络的运行状况，并统计通信趋势，比如，哪一个网段接近通信负载的最大能力，等等。

然而，SNMP 轮询机制有如下两个明显的弱点。

第一，SNMP 轮询机制可扩展性差，在大型网络中，不断的轮询操作会生成大量的网络管理报文，从而占用大量网络带宽，容易导致网络拥挤现象的发生。

第二，SNMP 协议不支持分布式管理方式，而采用集中式管理方式，由于网络管理控制台负责收集网管数据全部工作，在所管理网段或网络设备大量增加时，网络管理控制台的处理能力会成为整个网管系统运行的瓶颈。

为了提高传送管理报文的有效性、减少网管控制台系统的负载、满足网络管理员监控网段性能的需求，IETF 制定了 RMON 标准，用以解决 SNMP 在日益扩大的分布式网络中所面临的局限性。

远程监控是一个标准监控规范，RMON 规范是由 SNMP MIB 扩展而来，是对 SNMP 标准基本体系的重要扩充。RMON 定义了一套 MIB 信息，用来定义标准的网络监视功能和接口，它可以使各种网络监控器和基于 SNMP 的网管控制台系统之间交换网络监控数据。RMON 为网络管理员选择符合特殊网络需求的网管控制台和网络监控探测器提供了更多的自由。

RMON 与 SNMP 一样也使用代理，在 RMON 中，一般称代理为探查程序，它一般运行在被管理的网络设备上，功能是收集网络通信的相关信息，并且将收集来的信息存储在本地 MIB 中。如上所述，在只基于 SNMP 协议的网管系统中，网络管理控制台必须不断地轮询 SNMP 代理来获取保存在被管网络设备上的 MIB 信息，但是，持续的轮询操作会增加网络上的网管业务流量,会影响其他的网络业务。而基于 RMON 的网管系统,位于网络设备(如集线器、路由器和交换机)中的探查程序,不仅可以收集网管信息,而且可以维护历史网管信息。这样,网络管理控制台就不需要通过持续的轮询操作来获取管理信息了。在客户机/服务器结构中,探查程序担当服务器角色,网管控制台担当客户机角色。SNMP 提供用于在 RMON 探查程序和管理控制台之间传输网管信息的通信层功能。

RMON 具有多种功能:

- RMON 可以捕获数据分组和在特定 LAN 段上进行数据过滤,并且允许网络管理控制台远程分析所有七层协议上的通信;
- RMON 可以通过提供有关通信流的有用信息,用来监视和管理会话;
- RMON 可以收集统计信息,从而分析通信行为的短期趋势和长期趋势;
- RMON 可以统计得出使用带宽最多的用户和系统,并在超过特定阈值时发出警报。

在检测到异常的情况下,管理员还可以在 RMON 探查程序的帮助下,进行较为详细的通信状况分析。

6.3.2 RMON 版本

当前 RMON 有两种版本:RMON v1 和 RMON v2。这两个版本的区别如下:RMON v1 目前普遍存在于使用较为广泛的网络硬件当中,为了服务于基本网络监控,RMON v1 定义了 9 个 MIB 组;RMON v2 是 RMON v1 的扩展,专注于 MAC 层以上更高的协议层,它主要关注 IP 层流量和应用层流量,而 RMON v1 只用于监控 MAC 层及以下层的数据包。

RMON v2 标准能将网络管理员对网络的监控层次提高到网络协议栈的应用层。因而,除了能监控网络通信与容量外,RMON v2 还提供有关各应用所使用的网络带宽的信息,为在客户机/服务器环境中进行故障排除提供了有力保障。

RMON v1 探测器观察的是由一个路由器流向另一个路由器的数据包,而 RMON v2 则管理得更深入,它可以获知每个数据包的发送者与接收者,并可以获知数据包的最上层应用是哪个。网络管理员能够使用这种信息,按照应用带宽和响应时间要求来区分用户。

RMON v2 是 RMON v1 的补充技术。RMON v2 在 RMON v1 标准基础上提供一种新层次的诊断和监控功能。RMON v2 能够监控执行 RMON v1 标准的网络设备所发出的意外事件报警信号。

在客户机/服务器网络中,RMON v2 探测器能够观察整个网络中的应用层对话。最好将 RMON v2 探测器放在数据中心或工作组交换机或服务器集群中的高性能服务器之中。原因很简单,因为大部分应用层通信都经过这些地方。

RMON v2 通过对应用层提供自始至终的支持,扩展原始 RMON v1 的功能。特别是,它让管理器监视在工作站和服务器上运行的单个应用程序所产生的业务流量。在客户机/网络环境下,该功能提供有关网络的实际使用而不仅仅是通信流动的信息。RMON v2 还可以提供有关端对端通信流动的信息。

6.3.3 RMON MIB

IETF 于 1991 年 11 月公布 RMON MIB 来解决 SNMP 在日益扩大的分布式网络中所

面临的局限性。RMON MIB 的目的在于使 SNMP 更为有效、更为积极主动地监控远程设备。

RMON MIB 的使用意味着首次把网络管理扩展到物理层，使独立地收集设备的数据成为可能，内置的监控工具提供了不占用宝贵网络资源而对整个流量进行有限度的分析能力。

RMON MIB 由一组统计数据、分析数据和诊断数据组成，利用许多供应商生产的标准工具都可以显示出这些数据，因而它具有独立于供应商的远程网络分析功能。RMON 探测器和 RMON 客户机软件结合在一起在网络环境中实施 RMON。RMON 的监控功能是否有效，关键在于其探测器要具有存储统计历史数据的能力，这样就不需要不停地轮询才能生成一个有关网络运行状况趋势的视图。不像标准 MIB 仅提供被管对象大量的关于端口的原始数据，RMON MIB 提供的是一个网段的统计数据和计算结果。RMON MIB 对网段数据的采集和控制通过控制表和数据表完成。RMON MIB 按功能分成 9 个组，每个组有自己的控制表和数据表。其中，控制表可读写，数据表只读，控制表用于描述数据表所存放数据的格式。配置的时候，由管理站设置数据收集的要求，存入控制表。开始工作后，RMON 监控端根据控制表的配置，把收集到的数据存放到数据表当中。RMON 在 9 个 RMON 组中传递信息，各个组通过提供不同的数据来满足网络监控的需要。由于每个组都是可选的，因此，网络设备不必在 MIB 中支持所有的组。

6.3.4 RMON 工作原理

RMON 是一个标准监控规范，RMON 监视系统由两部分组成：探测器（代理或监视器）和管理站。

RMON 可以在各种网络监控器和网管控制台系统之间交换网络监控数据。RMON 为网络管理员选择符合特殊网络需求的控制台和网络监控探测器提供了更多自由。RMON 首先实现了对异构环境进行一致的远程管理，它为通过端口远程监视网段提供了解决方案。主要实现对一个网段乃至整个网络的数据流量的监视功能，目前已成为成功的网络管理标准之一。

RMON 标准使 SNMP 更有效、更积极主动地监测远程设备，网络管理员可以更快地跟踪网络、网段或设备出现的故障。RMON MIB 的实现可以记录某些网络事件，可以记录网络性能数据和故障历史，可以在任何时候访问故障历史数据以有利于进行有效的故障诊断。使用这种方法减少了管理工作站同代理之间的数据流量，可以简单而有力地管理大型网络。

网管控制台系统用 SNMP 获取 RMON 数据信息，RMON 监视器可以采用两种方法收集数据。

一种是通过专用的 RMON 探测器，网管控制台系统直接从探测器获取管理信息并控制网络资源，这种方式可以获取 RMON MIB 的全部信息；探测器只能看到流经它们的流量，所以，在每个被监控的 LAN 段或 WAN 链接点都要设置 RMON 探测器，遍布在 LAN 网段之中的 RMON 探测器不会干扰网络，它能自动地工作，无论何时出现意外的网络事件，它都能上报。探测器的过滤功能使它能根据用户定义的参数来捕获特定类型的数据。当一个探测器发现一个网段处于一种不正常状态时，它会主动与在中心的网络管理控制台的 RMON 客户应用程序联系，并将描述不正常状况的捕获信息转发。客户应用程序对

RMON 数据从结构上进行分析来诊断问题出在哪里。

依据网络的大小，在所有局域网的网段使用 RMON 探测器的成本可能十分巨大，一个替代使用专有探测器的方法是将探测器真正从一个网段移到另一个网段，从而更系统地查看网络通信模式，不过这个过程既困难又耗时，因此，另一种 RMON 监视器方法是将 RMON 代理直接植入网络设备，使它们成为带 RMON 探测器功能的网络设备，网管控制台系统用 SNMP 的基本命令与其交换数据信息，收集网络管理信息，但这种方式受设备资源限制，一般不能获取 RMON MIB 的所有数据，大多数只收集 4 个组的信息。当 RMON 嵌入到网络设备之中时，它的作用效率更高、经济上更划算。通过将 RMON 直接集成到共享介质集线器中，可以一次监控所有连通的局域网网段。随着网络不断扩大，追加的集线器使网络分段更细，嵌入式 RMON 解决方案也能相应地扩展，增强 RMON 管理的容量。

通过运行在网络监视器上的 RMON 代理，网管控制台系统可以获得与被管网络设备接口相连的网段上的整体流量、错误统计和性能统计等信息，从而实现对网络的远程管理。

在某个共享介质中，一个站点出现故障可以影响到驻留在局域网中其他站点的运行。当某个阈值被超过时，RMON 可以快速地确认出现故障的地方，并向管理控制台报警。网络管理员可以设置报警阈值，以及制订出一旦出现故障后需要采取的相应措施，从而可以自动解决设备方面出现的局部问题。报警阈值的设置使得主动管理网络变得可行，并且减少了网络管理员的工作负荷，使他们拥有更多的时间来处理其他重要的事情。

RMON 其实是 SNMP 应用的一个分支，在具体应用时，RMON 会使用 SNMP 的操作，并使用基于 RMON 的专用于子网监视的监视器来收集子网的流量信息，并响应管理站的调用。比如在 RMON 的一个应用实例中，有 3 个不同的子网相连，在这个网络中，有一个管理站用来同时管理和监视这 3 个网络的流量，并且按照管理需要来配置管理的内容，为了实现让位于各子网中的监视器主动向管理站发送报警(通过 trap 操作)的目的，需要在每一个子网内配置一个 RMON 代理，用来负责在本子网内自动收集统计信息供管理站查询，并接受管理站的管理，对于管理站而言，需要支持 RMON 功能用来实现对所有子网中 RMON 代理的管理。

6.4 网络管理系统架构

网络管理系统架构就是尽可能满足前面所述的网络管理需求的通用框架。网络管理的系统架构有很多种，应该根据网络的实际情况来决定所采用的网络管理的系统架构。有 4 种系统架构是比较常用的：集中式的系统架构、分层式的系统架构、分布式的系统架构、分布式与分层管理模式相结合的混合式系统架构。

6.4.1 集中式系统架构

集中式系统架构是目前最为普遍的一种模式。网络管理平台建立在一个计算机系统上，该计算机负担所有的网络管理任务，并且由一个集中数据库负责整个受管理网络的数据存储，如图 6-5 所示。

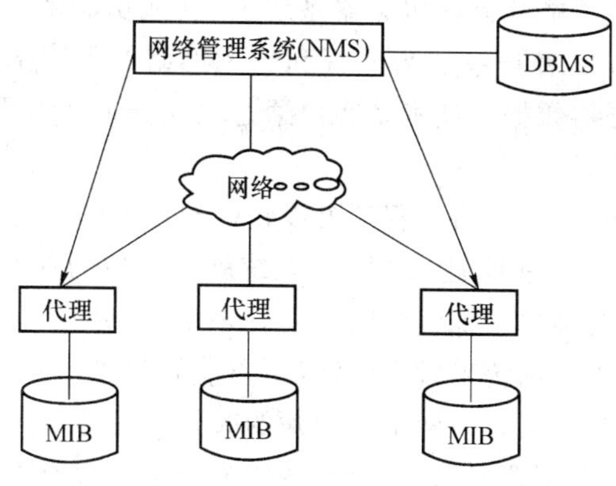

图 6-5　集中式系统架构

使用集中式的方案，网络工程师从一个地点就可以访问所有的网络管理应用和信息，给网络管理带来方便，易于操作和保证安全。集中式结构的简单、低价格以及易维护等特性使其成为传统的普遍的网络管理模式。但是随着网络规模的日益扩大，其局限性越来越显著，主要表现在以下几个方面。

- 可靠性差。依靠各代理逐级解决网络故障，网络管理系统一旦出现故障，无法及时做出全局性调控，势必将导致全网瘫痪。
- 管理功能固定，系统可扩展性差。由于 MIB 中的数据和控制功能在设计 MIB 时确定，因此网络管理系统不能随着网络的规模和复杂度的变化而伸缩。
- 网络资源开销大，实时性差，这是这种体系结构最大的缺点。因为必须从一个位置查询所有的网络设备，这样会给连接到管理站的网络链路甚至整个网络带来过多的网络流量；而且如果从管理站点到设备的连接中断，就会丧失所有的网络管理功能。

6.4.2　分层式系统架构

分层式的系统架构使用一个系统作为中央服务器，其他系统作为客户系统，分层次部署，每个客户端管理系统负责管理一个管理域，如图 6-6 所示。

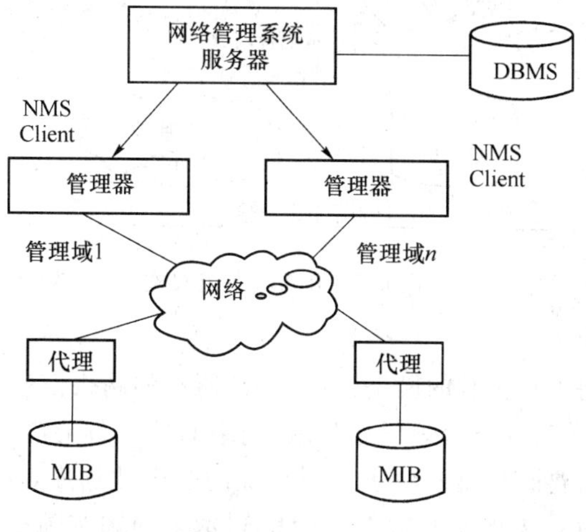

图 6-6　分层式系统架构

网络管理平台的某些功能驻留在服务器系统上，其他功能由各个客户系统完成。网络工程师可以配置多个独立的客户系统来监视和轮询网络的不同部分。这种分层的系统架构，可以使用客户机/服务器数据库技术。客户通过网络访问中央服务器的数据库，客户系统没有单独的数据库。

层次化的网管系统架构中，网络工程师可以将监控任务分配给客户系统，节省了网络带宽，缓解了集中式方案中的一些问题，RMON 系统就是采用的这种结构。而且这种结构很容易扩展，只需要增加新的客户系统就可以扩展管理范围，并且可以形成多级分层的结构。但是，因为层次结构采用多个系统来管理网络，不再有管理整个网络的一个集中地点，这可能会给数据采集造成困难，也会耽误网络工程师的时间。另外，每个客户系统管理的设备列表需要在逻辑上预先定义并配置好，否则可能造成多个客户系统监控和轮询同一设备，这会导致消耗两倍于网络管理的网络带宽。SunConnect 的 SunNetManager、HP 的 Openview 以及 AT&T 的 StarSentry，这些平台都允许网络工程师将其设置成以层次结构方式运行的平台。

6.4.3 分布式系统架构

分布式方案使用了多个对等平台，如图 6-7 所示，其中一个平台是一组对等网络管理系统的管理者，每个对等平台都有整个网络设备的完整数据库，可以执行多种任务并向中央服务器系统报告结果。

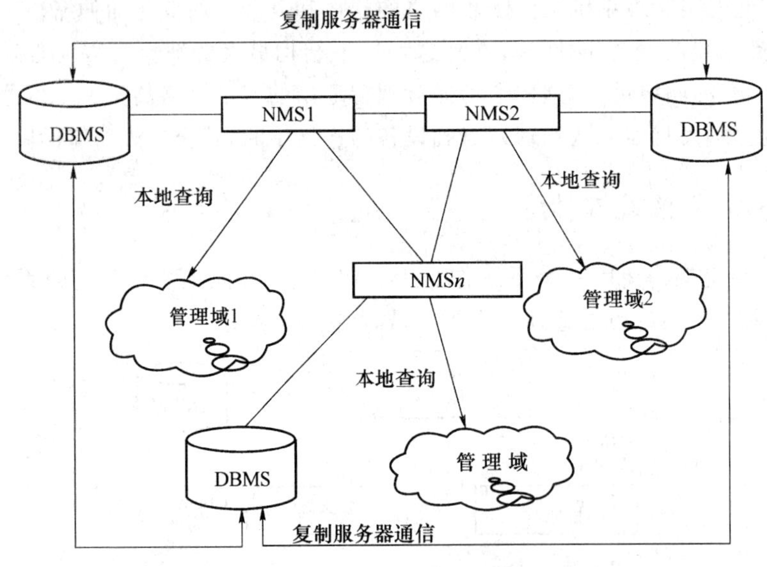

图 6-7 分布式系统架构

该方案具有以下优点：

- 从任一地点都能访问所有的网络应用，得到所有的网络信息、警报和事件；
- 不依赖单一的系统，网络管理任务分散，网络监控分布于整个网络。

但是实现该方案需要同步维护位于不同系统的多个数据库，这样在各子网中的每一个客户机都可以通过 NMS，从相连的数据库中得到本子网和其他子网中网络设备的状态信息。数据的同步就需要采用到数据库复制技术，这种技术非常的负责，所以同步造成的开销，可能比数据库客户/服务器技术消耗的网络资源要多得多。

6.4.4　混合式系统架构

混合式系统架构指的是分布式系统架构和分层管理系统架构的结合。这种结构吸收了分布式和分层次的优点和特点，具有很好的扩展性，如图 6-8 所示。这种结构中，有多个管理者(集成管理者、元素管理者)。每个元素管理者(子系统)负责管理一个管理域，而每个元素管理者又可以被多个集成管理者管理。管理者之间相互通信进行信息交换。集成管理者就是管理者的管理者，多个集成管理者之间具有一定的层次性，易于开发集成的管理应用。

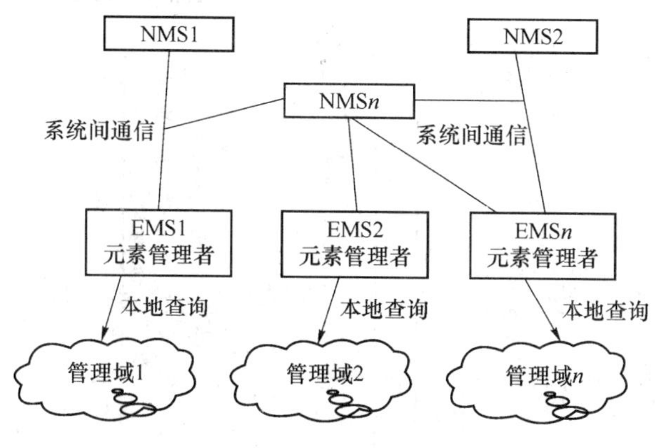

图 6-8　混合式系统架构

6.4.5　网管系统架构实例

作为一种大型应用软件，网管系统复杂度高，开发难度大、周期长。因此良好的系统架构设计至关重要。下面以一款非常有代表性的 Advent 公司的 WebNMS 网管系统为例对网管系统架构进行介绍。

WebNMS 是业内领先的网络管理模型，用于构建自定义 OEM 软件，具有高效益、低风险和高生产效率的特点，能够针对网络设备、系统和应用程序提供功能强大、电信级、高可用性的网络管理系统。包括朗讯、爱立信、摩托罗拉、西门子等多家网络设备供应商都曾基于 WebNMS 实现和部署了网络管理应用。

WebNMS 网络管理系统提供的主要功能如下。

- 自动发现：使用标准 SNMP 协议，辅以其他发现措施，进行自动拓扑发现和轮询被管资源，同时更新相关配置属性。
- 事件收集：能够同时接收来自任何智能设备、资源或软件实体的事件；支持以实时或预定的方式报告警报的情况。
- 警报分析和过滤：以重要度、被管资源类型以及日期时间等标准进行分析和过滤。
- 警报处理：采用线形图和柱形图进行图形化、统计显示；查询统计和报表的处理。
- 资源状态查询和设置：通过单个窗口有效图示所有被管资源的状态，并支持相关的属性设置。

➢ 拓扑视图:统一的视图进行拓扑一览显示及分层呈现被管资源。
➢ 分组管理:分组管理标准多样化(预定义和自定义显示标准)。
➢ 性能估算:分析、过滤和整合所收集的数据来产生操作人员所需的各项性能指标,例如,事务应答时间或服务可用性。
➢ 安全特性:安全验证和访问控制;通过定义安全域可以系统地控制对于被管资源的访问。

WebNMS 大体由服务器端和客户端两大部分构成。其中服务器端由三层服务器组件构成,包括:提供数据采集及地图等服务的后端服务器层(BE Tier)、提供客户端会话管理服务的前端服务器层(FE Tier)、提供数据库服务的数据库层(DB Tier)。具体如图 6-9 所示。

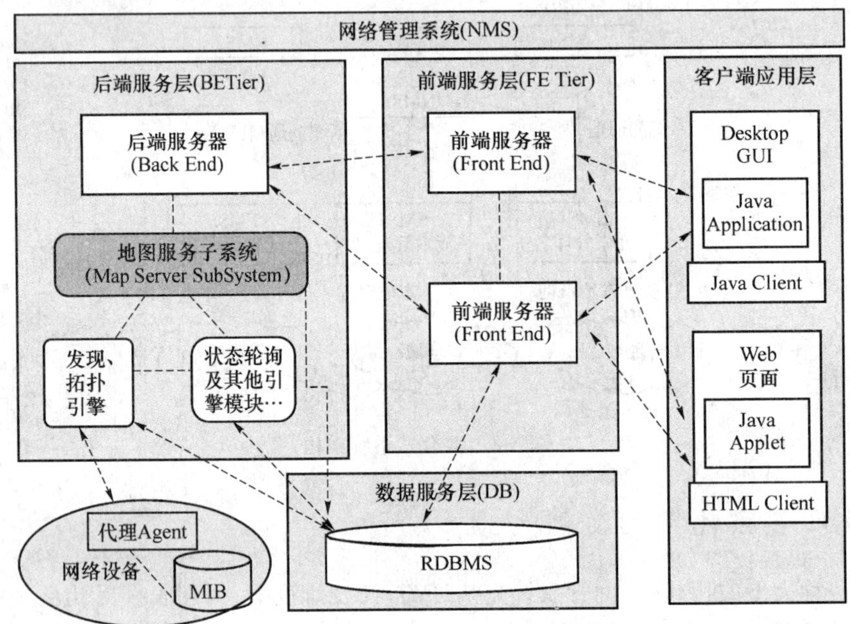

图 6-9 WebNMS 系统整体架构图

接下来将各个子系统需要完成的功能以及设计相关部分时需要关注的要点进行说明。

(1) 后端服务器(BE)

后端服务器(BE)执行核心的、与面向网络的功能任务,例如,设备发现、接收和处理通知、数据采集、生成报表和状态轮询等。所有对数据库的更新也是经后端服务器完成的。管理服务器是后端服务器最重要的组成部分,它执行核心任务。后端服务器提供的其他服务主要包括数据库服务、框架服务和通信框架等。后端服务器由管理服务、数据库服务、框架服务和通信框架等组件组成,其组成架构如图 6-10 所示。

① 管理服务

后端服务器主要有发现、拓扑、地图、故障管理、配置管理、性能管理等模块。后端服务器通过读取配置文件 NmsProcessesBE. conf 分别以独立线程初始化各个模块。发现模块负责发现网元。拓扑模块负责对发现的网元进行建模成可管理对象,并存储到数据库中。地图模块提供图形代理来表示被管对象的信息,代理需要与客户端通信。故障模块处理来自网元的通知并执行一些动作,该模块提供复杂的功能,例如,过滤 trap 和告警、解析 trap

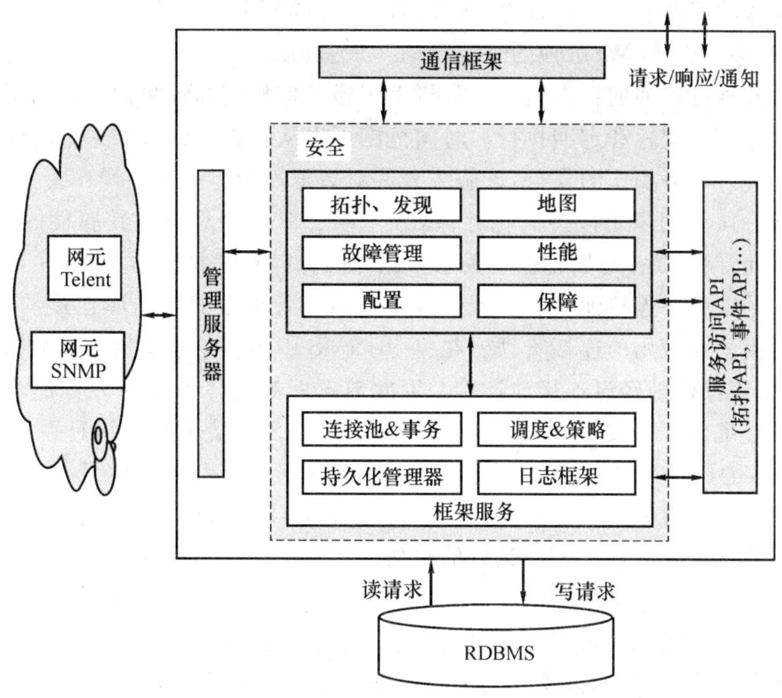

图 6-10　后端服务器架构图

和告警、执行一些动作、事件关联和告警。配置模块负责配置网路中的设备以完成一些定制化的功能。性能模块支持通过图表和报表分析各种设备的性能。BE 中的状态轮询引擎中的分布式多层结构，通过将负荷分布于不同的轮询器，能够降低服务器中轮询引擎的负荷，从而更快地收集数据。另外，WebNMS 框架提供了多种协议支持，可以使用诸如 CORBA、SNMP、TL1、RMI、HTTP 和 JMX(Java Management Extensions)等协议，与已有 OSS 和网络管理系统(NMS)集成。

② 管理服务器

管理服务器是后端服务器与网元通信的接口。在管理服务器和网元之间的通信是协议相关的。除了绘图模块，所有的管理服务模块都要和管理服务器以请求-响应的方式进行交互。管理服务器将来自网元的专有协议信息转换为管理服务模块可以理解的、协议中立的通知。

③ 数据库服务

所有的数据库写操作都通过后端服务器，这样可以分离数据库请求与数据库视图。WebNMS 的信息模型是以被管对象的方式表示的，信息可以通过该信息模型进行访问。可持久化存储的数据可以通过来自网元的通知进行更新，这确保了数据库中的数据一直反映网元的更新状态。在 WebNMS 初始化的时候，后端服务器首先建立与数据库的链接。Web 网络管理系统的启动方式分为以下两种。

- 冷启动：数据库初始化时移除所有之前存储的数据，之后服务器启动。
- 热启动：当服务器启动时，数据库中之前存储的数据一直存在。

④ 框架服务

后端服务器的框架服务包括日志、调度、事务、可持久化、连接池和策略服务。当服务器启动时,每种服务都作为一个单独的线程启动。日志服务可以通过在文本中记录调试信息来确定错误。这种可扩展的日志服务对分析由于错误信息而导致非预期行为很有帮助。调度服务允许任务预先配置和定期执行。时间范围可以从几秒钟到未来某个时间。事务服务提供对数据库进行事务操作的支持,该服务允许对数据库执行一系列操作要么全部完成,要么什么都不做。Java 对象可以持久化存储,方便以后对这些对象及其属性的引用与操作。可持久化服务允许将 Java 对象存储在关系数据库时保持对象之间的关系,并且提供对象与对象之间关系的映射。连接池具有管理来自一个中央管理池的数据库连接的能力,这些连接不能绕开对模块或应用的连接管理。在 Web NMS 中不存在某个模块和数据库的直接连接,所有的数据库操作都经过连接池连接。因此数据库池的体系结构为各种来自各个模块的请求分发连接提供了必要的环境。策略是 Web NMS 在某个时间执行系统级别上的任务。Web NMS 的这种策略框架实现了对 Web NMS 服务器和被管网元的可伸缩的管理。策略的主要目标是实现复杂功能的简单化管理。在 Web NMS 中,策略用于定制系统行为和提供一种对不同网元的添加不同策略的框架。

⑤ 通信框架

后端服务器一直监听来自某个端口的请求,该端口可配置。当系统收到连接请求时,后端服务器就创建一个 Socket,并保持与前端服务器的一个会话。后端服务器可以支持多个与前端服务器的 Socket 连接。对于每个前端服务器到后端服务器的连接都要建立一个单独的 Socket 和保持一个单独的会话。前端服务器与后端服务器默认采用 TCP 进行通信,所有的管理服务模块都注册到该通信框架中以接收通知。每个模块都有一个唯一的标示 ID,当系统接收到一个通知时,通信框架决定由哪个模块处理该通知,并基于模块的 ID 把该通知传递给该模块。

(2) 前端服务器(FE)

前端服务器(FE)的主要功能是转发从客户端接收的请求。FE 处理客户端的只读请求,如果是写操作则将请求转到 BE。可以将多个 FE 连接到一个 BE,在分布式配置中每个 FE 连接多个客户端,从而实现负载均衡、功能扩展等特性。前端服务器使用一种完全无状态的架构对数据库进行读操作来产生数据库视图,这使得客户端在任何时间都可以得到最新的信息。前端服务器由三层组件构成:客户通信层、SessionBeans 层和后端通信层。

① 客户端通信层

客户端通信层可以支持 TCP、RMI、HTTP、HTTPS、SSL 等传输协议。为了支持多种客户端,如 Java 客户端、HTML 客户端等,客户端通信层由一系列功能强大的组件组成,这些组件可以接受和解析来自客户端的请求,并把这些请求传递给 SessionBeans 层。

② SessionBeans 层

SessionBeans 层处理前端服务器的核心业务逻辑。在 SessionBeans 层部署的是无状态的 EJB,它产生基于客户端请求的数据库用户视图和传递客户端请求到后端服务器。

③ 后端通信层

后端通信层将来自客户端的数据库请求传递给后端服务器和通知注册的客户端来自后端服务器的所有更新。该层有一系列不同的、用于与后端服务器进行通信的接口:

➢ 更新处理器接口处理所有来自后端服务器的更新和通知,并把它们传递到订阅了这些通知的客户端；

➢ 后端 Socket 接口通过 Socket 连接将对数据库的请求传递给后端服务器；

➢ RMI 代理 API 将写请求传递给对应的后端服务器。

(3) 数据持久化(DB)

系统的数据库层通过 RDBMS 数据模型可以实现被管服务和操作支持的高可用性，能够提供事务操作、数据库同步和对象锁定等功能，从而实现持久稳定的数据管理和故障恢复。

WebNMS 提供了与 Oracle、Sybase、MySQL、SQL Server 等常用数据库之间的无缝集成。

(4) 客户端

客户端为终端用户或管理员与 Web 网络管理系统服务器的用户接口。在 Web NMS 中有 3 种类型的客户端：应用客户端、Web 客户端、Java Applet 客户端。

① 应用客户端

应用客户端是一个非 Web 的、独立的应用界面。一个独立的客户端必须在本地机器上安装客户端的相关文件。由于这种独立的功能特性，客户端的访问速率很快，因此用户和服务器也很容易交互。

② Web 客户端

Web 客户端不要求在本地主机上安装任何文件，只要客户端有浏览器就可以在任何主机上访问 Web NMS 的 Web 客户端。

③ Java Applet 客户端

当 Web NMS 在服务器上运行时，Java Applet 客户端可以通过浏览器在任何一台主机上调用。一旦 Java Applet 客户端与服务器建立连接，浏览器就会从运行服务器的机器上下载客户端 Java 归档文件(jar)到本地主机上。Java Applet 客户端需要客户端浏览器支持 Java。

第7章 网络应用

计算机网络的最终目标就是能够为用户提供丰富多彩的网络服务。前面章节主要介绍了计算机网络的组网及管理技术，本章介绍在已经搭建好的计算机网络上为用户提供的各种服务。网络服务主要包括了为网络的正常运行提供支持的基础网络服务，如 DNS 服务、DHCP 服务等，和为用户提供各种应用的网络服务，包括 Web 服务、FTP 服务、多媒体服务等。本章最后介绍一些新型的网络应用架构和应用技术。

7.1 网络应用基础

网络应用模型是网络应用的基础，本节首先详细介绍几种网络应用的模型，然后概要介绍几种网络基础服务和网络应用服务。

7.1.1 网络服务模式

网络服务模式是指网络上计算机处理信息的方式。根据信息处理过程中各主机之间的协作方式，我们可以得到 4 种主要的网络服务模式：文件服务器模式（FS）、客户机/服务器模式（C/S）、浏览器/服务器模式（B/S）、对等网模式（P2P）。这 4 种模型各有优缺点和应用场景，下面详细介绍。

1. 文件服务器模式

文件服务器模式又称为“专用服务器模式”，这是一种早期的网络应用模式。在这种网络中一般都至少有一台比其他工作站功能强大许多的计算机，它上面安装有网络操作系统，因此，称它为专用的文件服务器，所有其他工作站的管理工作都以此服务器为中心。这对于当年 PC 硬件价格昂贵的时候是一种非常经济有效的网络应用模式。其中工作站的配置都比较低，由文件服务器提供网络用户访问文件、目录管理，可以节省大量的硬件投资。文件服务器模式如图 7-1 所示，其中文件服务器上运行了 Windows 2000 操作系统，三台工作站上均运行着 Windows 98 操作系统。

2. C/S 模式

20 世纪 90 年代以来流行的客户机/服务器（C/S，Client/Server）网络模型是一种集中管理与开放式协作处理并存的网络工作模式。这里的 C/S 结构是指将应用划分为前端（即客户机部分，通常客户机程序运行在微机或工作站上）和后端（即服务器部分）。在 C/S 模式工作过程中，由客户机发出服务请求给服务器，服务器接收请求后，根据其请求的内容执行相应的服务，并将执行的结果返回给客户机。在 C/S 模式中，服务器主要负责数据的存

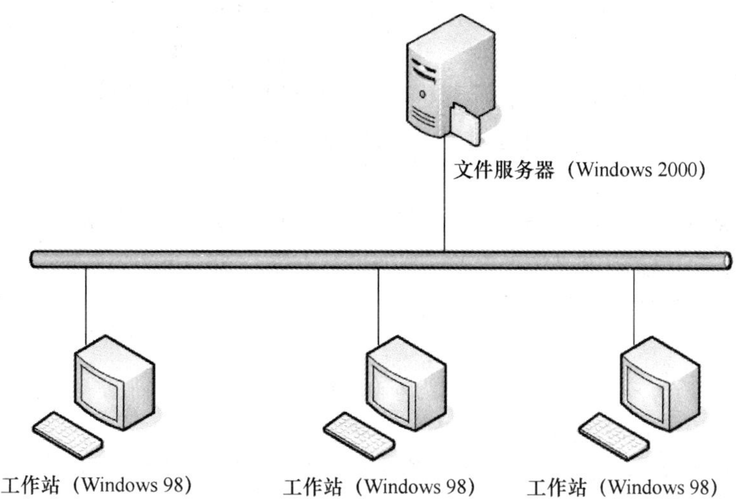

图 7-1　文件服务器模式示意图

储管理、业务程序的执行以及与客户机的交互等功能，而客户机主要负责与用户的交互，包括接收用户的输入以及将结果展示给用户，并可以对用户的输入进行一定的预处理，以降低网络交互的数据量，这种功能的分布可以有效地减少计算机系统的各种瓶颈问题。C/S 模式当前较多的用在企业内部网络中，其结构如图 7-2 所示。

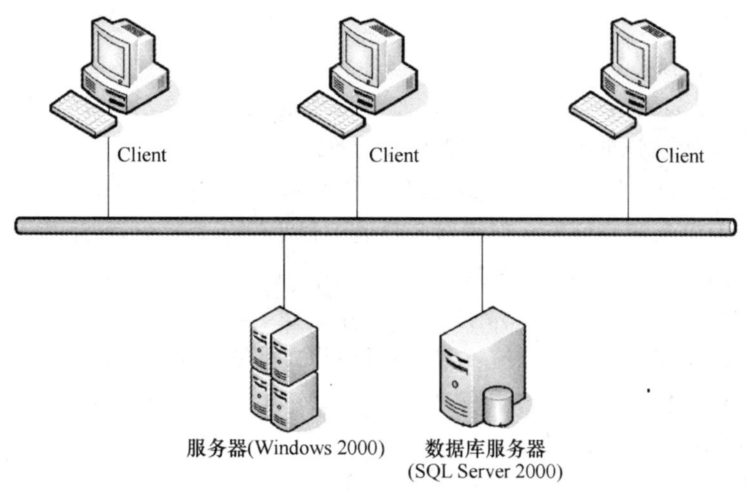

图 7-2　客户机/服务器模式示意图

服务器通常采用高性能的 PC、工作站或小型机，并采用大型数据库系统，如 ORACLE、SYBASE 或 SQL Server。客户端需要安装各种专用的客户端软件。在 C/S 模式中可以采用两层模式，也可以采用三层模式。两层模式中业务逻辑和数据处理都在服务器上完成，而三层模式中，将业务逻辑与数据处理相分离，由应用服务器完成业务逻辑，专门的数据库服务器完成数据存储和处理。三层模式与两层模式相比，安全性更好、效率更高、易于维护，具有很强的可伸缩性，目前得到了普遍的应用，在图 7-2 中就是使用的三层 C/S 模式。

传统的 C/S 体系结构虽然采用的是开放模式，但这只是系统开发一级的开放性，在特定的应用中无论是 Client 端还是 Server 端都需要特定的软件支持。由于没能提供用户真正期望的开放环境，C/S 结构的软件需要针对不同的操作系统开发不同版本的软件，加之产品的更新换代十分快，每次升级都需要更新服务器端和所有客户端的软件，升级的难度较高，所花开销也很大，很难适应百台计算机以上局域网用户同时使用。

C/S 系统结构与其他服务模型相比，具有以下特点。

(1) C/S 模式的优点

- 集中式管理。由服务器端进行统一管理，安全性较好，效率较高，服务器端软件和资源的更新换代较为容易。
- 性价比高。业务主要运行于服务器上，客户端只进行少量的处理，因此，对客户端的要求较低。
- 系统可扩充性好。当系统处理能力不够时，可以通过增加服务器处理能力的方式进行快速的扩展和部署，不需要对客户端进行任何修改。
- 抗灾难性能好，可靠性高。由于服务器通常采用性能高、稳定性好的设备，并且通常都部署有备份服务器，可以增强系统的稳定性。客户端的失效对整个系统的稳定性影响不大。
- 安全性好。服务器端可以增加安全验证功能，而且，通常 C/S 模式都部署于内部网络中，不容易受到其他网络的影响，客户端和服务器之间可以采用私有的传输协议，整个系统的安全性非常好。
- 用户界面良好。客户端主要负责用户的界面展示，和简单的数据处理，可以制作得非常精美。

(2) C/S 模式的缺点

- 管理仍然较为困难。C/S 结构仍属于分散式处理信息的方法，所以比集中式方法更为复杂，尤其对分布式资源的管理比较困难。
- 客户端的资源浪费。由于系统升级和功能的增加，越来越多的模块被添加到客户端程序中，而单个用户可能只使用这些功能中很小的一个部分，却不得不安装整个客户端软件，降低了客户端系统的效率。
- 系统兼容性较差。尽管 C/S 结构可以跨平台运行，但能够重用的部分仅限于服务器端，客户端程序在每一种系统下都要重新开发，重复工作量较大。

综上所述，C/S 模式比较适合于用户界面需求复杂、系统性能要求较高且在安全、快速的网络环境下(例如局域网)运行。

3. B/S 模式

B/S 模式的全名为浏览器/服务器模式(Browser/Server)，它是随着 Internet 技术的兴起而发展起来的，是对 C/S 模式应用的扩展。B/S 结构的客户端采用了人们普遍使用的浏览器，因此，它是一个简单、低廉，以 Web 技术为基础的“瘦”客户型系统。B/S 模式最大的好处是运行维护比较简便，能实现不同的人员，从不同的地点，以不同的接入方式(比如 LAN、WAN、Internet/Intranet 等)访问和操作共同的数据。B/S 模式的服务器端除了原有的服务器外，另外增添了高效的 Web 服务器，客户端都采用通用的 Web 浏览器即可(常用 IE 浏览器)，这样客户端不需要安装任何程序就可以通过浏览器从任何位置获取需要的 Web 服务。浏览器/服务器模式如图 7-3 所示。

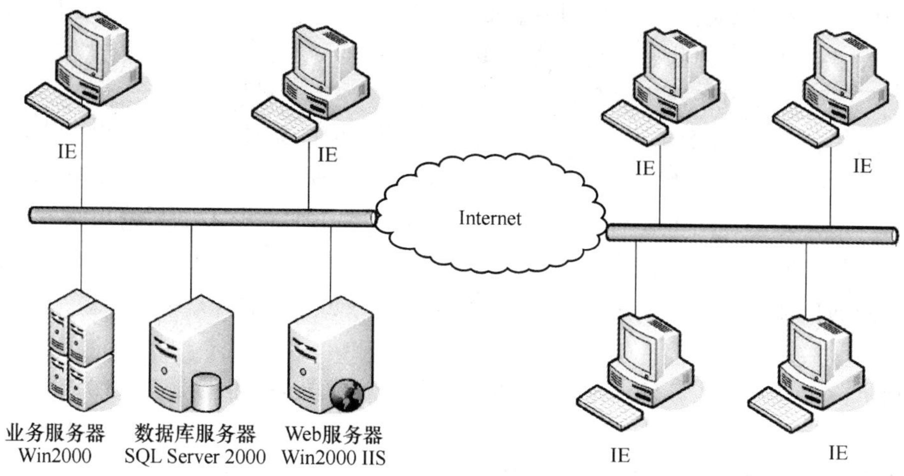

图 7-3　浏览器/服务器模式示意图

随着 Internet 和 WWW 的流行，以往的 C/S 结构无法满足当前全球网络开放、互联、信息随处可见和信息共享的新要求，于是就出现了 B/S 型模式。B/S 模式最大特点是：用户可以通过 Web 浏览器去访问 Internet 上的文本、数据、图像、动画、视频和声音等信息，这些信息都是由许许多多的 Web 服务器产生的，而每一个 Web 服务器又可以通过各种方式与数据库服务器连接，大量的数据实际存放在数据库服务器中。在 B/S 模式中通常都采用三层结构，图 7-3 就是这样的结构，包括客户显示层、业务逻辑层、数据层。其中客户显示层由 Web 浏览器（IE 浏览器）和 Web 服务器（IIS）共同完成。业务逻辑层实现业务的处理，运行在业务服务器上。数据库服务器（SQL Server 2000）实现数据层的功能，完成对数据的存储和处理。

B/S 模式的工作过程是这样的，客户端通过 Web 浏览器向 Web 服务器发出服务请求，Web 服务器调用业务处理程序完成业务逻辑的处理，在业务逻辑处理当中如果要对数据进行操作，则需要向数据库服务器发起数据处理请求，当业务逻辑处理完成后，会将处理结果返回给 Web 服务器，Web 服务器根据处理结果构建出展示页面，并将该页面传送给 Web 浏览器，由 Web 浏览器最终展示给用户。

使用 B/S 结构的应用模式，与其他应用模式相比优缺点如下。

(1) B/S 结构的优点

- 系统访问灵活。B/S 模式占有优势的是其异地浏览和信息采集的灵活性。任何时间、任何地点、任何系统，只要可以使用浏览器上网，就可以使用浏览器获取服务。
- 维护和升级方式简单。目前，软件系统的改进和升级越来越频繁，C/S 系统的各部分模块中有一部分改变，就要关联到其他模块的变动，使系统升级成本比较大。B/S 与 C/S 处理模式相比，大大简化了客户端，开发、维护等几乎所有工作都集中在服务器端，当企业对网络应用进行升级时，只需更新服务器端的软件就可以，这减轻了异地用户系统维护与升级的成本。这对那些点多面广的应用是很有价值的，例如一些招聘网站就需要采用 B/S 模式，客户端分散，且应用简单，只需要进行简单的浏览和少量信息的录入。
- 松耦合性。客户端与服务器之间是松耦合的，客户端不用管服务器在什么地方，性能如何，部署的是什么操作系统，客户端只需要使用 Web 浏览器就可以根据网址来访问任意一台 Web 服务器。这种松耦合性使服务器端的开发和升级变得更加简明，不需要考虑客户端的状态。比如说很多人每天浏览网页，只要安装了浏览器就可以了，并不需要了解服务器用的是什么操作系统。

➢ 系统的开发高效、简单。C/S 结构是建立在中间件产品基础之上的，要求应用开发者自己去处理事务管理、消息队列、数据的复制和同步、通信安全等系统级的问题。这对应用开发者提出了较高的要求，而且迫使应用开发者投入很多精力来解决应用程序以外的问题。这使得应用程序的维护、移植和互操作变得复杂。如果客户端是在不同的操作系统上，C/S 结构的软件需要开发不同版本的客户端软件。

(2) B/S 模式的缺点

➢ 展示能力较弱。B/S 模式中，由于客户端使用浏览器，使得网上发布的信息必须是以 HTML 格式为主，其他格式文件多半是以附件的形式存放。HTML 格式的展示能力较弱，一些复杂的展示效果无法实现。

➢ 系统的处理性能较低。在系统的性能方面，采用 B/S 结构，客户端只能完成浏览、查询、数据输入等简单功能，绝大部分工作由服务器承担，这使得服务器的负担很重。采用 C/S 结构时，客户端和服务器端都能够处理任务，这虽然对客户机的要求较高，但因此可以减轻服务器的压力。

➢ 系统的交互能力较差。B/S 模式中页面采用动态刷新的方式进行更新，由于刷新速度不能太快，使得响应速度明显降低，此外，如果刷新范围过大，也使整个页面容易闪烁，不便于用户观看。B/S 模式中，对页面是以鼠标为最基本的操作方式，缺乏一定的快捷键支持，因此，无法满足快速操作的要求。

➢ 系统的功能有限。B/S 模式中，个性化特点明显降低，无法实现具有个性化的一些复杂的功能要求。系统的功能弱化，难以实现传统模式下的特殊功能要求。

4. 对等网模式

对等网模式又叫做 P2P 模式，是 Peer-to-Peer 的缩写。其在加强网络上人的交流、文件交换、分布计算等方面大有前途。P2P 就是人们可以直接连接到其他用户的计算机实现文件交换，而不是像过去那样连接到服务器去浏览与下载，可以直接将人们联系起来，让人们通过互联网直接交互，使得网络上的沟通变得更容易、更直接，真正地消除中间环节。P2P 另一个重要特点是改变互联网现在的以大网站为中心的状态、重返非中心化，并把权力交还给用户。

在对等网络模型中不需要专门的服务器，也不需要网络操作系统，每台计算机都可以提供服务，每台计算机也都可以获取服务，只要这些计算机之间支持相同的网络协议即可。对等网模式如图 7-4 所示。

传统 C/S 模式存在瓶颈问题和单点失效问题：服务器的带宽、存储、计算等资源受限，容易成为网络瓶颈；服务器是整个网络的中心，失效将会导致服务无法访问。此外，随着计算技术的发展，位于 Internet 边缘的接入设备（也就是网络的最终用户）拥有越来越强的计算、存储等能力，传统的网络结构无法有效地利用这些资源。为此，产生了完全分布式的网络结构，将服务器的功能分布到各个网络中的各个节点，充分利用这些节点的计算、存储、带宽等资源。

P2P 模式中各方都具有相同的能力，其中任何一方都可以发起一个通信会话。在 P2P

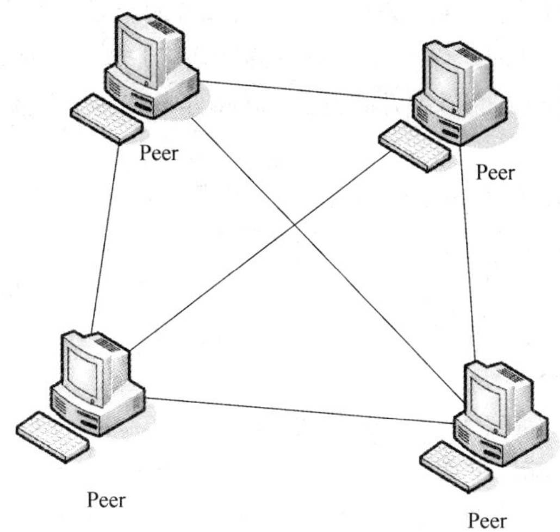

图 7-4　对等网模式示意图

通信过程中，没有中心服务器，每个通信节点同时具有服务器和客户端的功能。P2P 网络中的节点间采用 P2P 通信模式，它是构筑在现有网络基础设施上的一个分布式的重叠网络(Overlay Network)，如图 7-5 所示。P2P 重叠网络构筑在已有的 Internet 基础设施网络之上，它是一个逻辑网络，也称为应用层网络。

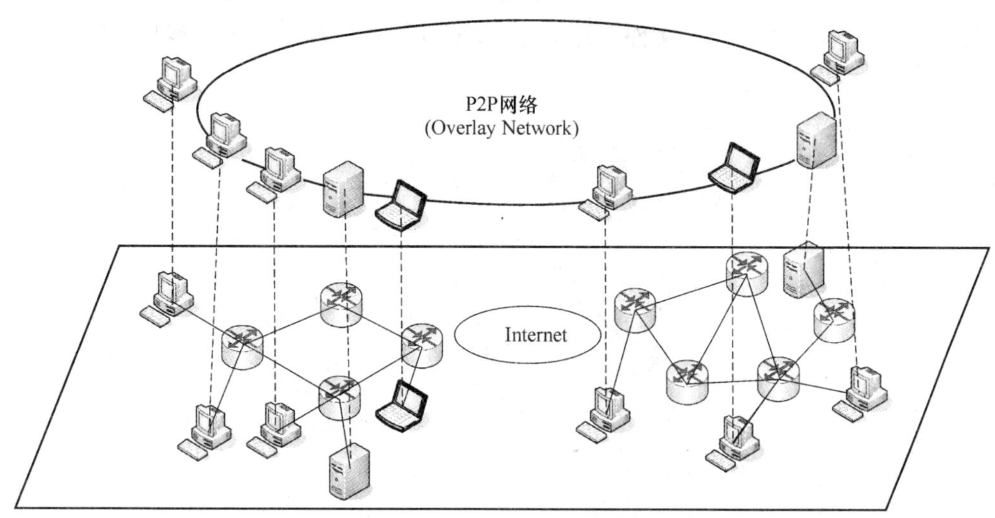

图 7-5　对等网模式示意图

P2P 模式的特点如下。

- P2P 网络是一个应用层网络，一般由网络边缘节点构成。
- 资源分布在各个节点中，而不是集中在一个服务器上进行管理。
- 节点之间可直接建立连接，交互共享资源。
- 具有巨大的扩展力，通过低成本交互来聚合资源，导致整体大于部分之和。
- 动态性强，节点可随意加入、退出。
- 具有低成本的所有权和共享，使用现存的基础设施削减和分散成本。

> 具有匿名和隐私特性，允许对等端在其数据和资源上很大的自治控制。
> 负载均衡能力。由于每个节点既是服务器又是客户机，减少了对传统 C/S 结构服务器计算能力、存储能力的要求，同时因为资源分布在多个节点，更好地实现了整个网络的负载均衡。

P2P 的发展可以大致被划分为三代：第一代是以 Napster 为代表的，使用中央服务器管理的 P2P，这一代的 P2P 稳定性较差，一旦服务器故障，就无法正常运行了。第二代是分布式 P2P，没有中央服务器，但是速度太慢。而第三代为混合型，采用分布服务器。当前我们常用的 BT 下载就是属于这种类型。下面以 BT 为例说明 P2P 的简单工作过程，如图 7-6 所示。

BT 全称 BitTorrent，是一种依赖 P2P 方式将文件在大量互联网用户之间进行共享与传输的协议，对应的客户端软件有 BitTorrent、BitComet 和 BitSpirit 等。由于其实现简单、使用方便，在用户之间被广泛使用。BT 的客户端首先从 Web 服务器或者其他传统服务器下载种子文件，种子文件中存储了某文件资源的 Tracker IP 地址和服务端口号、部分 Peer 节点 IP 地址和服务端口号、文件名称、文件分片的长度、片数、文件创建者信息等。客户端解析种子文件后连接 Tracker 服务器，请求 Peer 列表和文件分片信息。获取 Peer 列表后，客户端顺次与列表中的每个 Peer 建立连接，以获取其需要的文件或者片段。本地客户端从数十个、数百个远程客户端获取某一文件的各个分片，在下载完成后将其组装还原为一个完整的文件。在文件下载过程中，客户端始终保持与 Tracker 服务器的链接，交互本地客户端已经上传或者下载的字节数、文件分片信息，方便其他客户端连接本地客户端获取该文件资源。

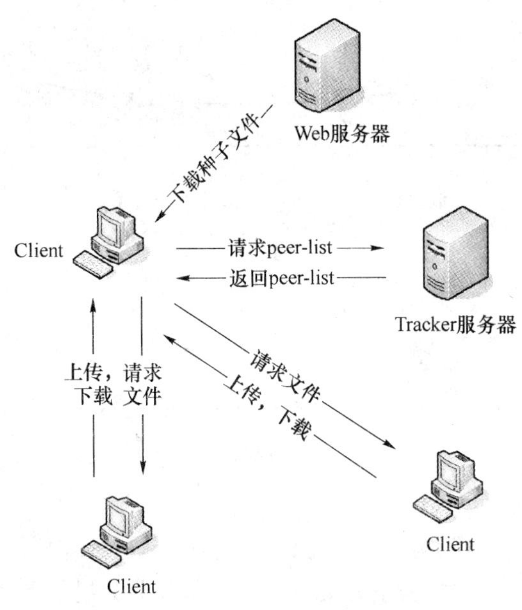

图 7-6　BT 下载流程示意图

P2P 技术具有广阔的应用前景。Internt 上各种 P2P 应用软件层出不穷，用户数量急剧增加。近几年来，许多 P2P 软件的用户使用数量从几十万、几百万到上千万并且急剧增加。P2P 网络应用可以分为以下几种类型。

- 提供文件和其他内容共享的 P2P 网络。P2P 文件共享是 P2P 应用中最为广泛的方式之一，它通过在不同用户间直接进行文件交换达到文件共享的目的，具有速度快和资源丰富的优势，例如，Napster、Gnutella、eDonkey、emule、BitTorrent 等。
- 挖掘 P2P 对等计算能力和存储共享能力的 P2P 网络，例如，SETI@home、Avaki、Popular Power 等。
- 基于 P2P 方式的协同处理与服务共享平台，例如，JXTA、Magi、Groove、. NET My Service 等。
- 即时通信交流的 P2P 网络，包括 ICQ、OICQ、Yahoo Messenger 等。
- 安全的 P2P 通信与信息共享网络，例如 Skype、Crowds、Onion Routing 等。
- P2P 搜索通过共享所有硬盘上的文件、目录乃至整个硬盘，用户搜索时无需通过 Web 服务器，不受信息文档格式的限制，可达到传统目录式搜索引擎无可比拟的深度。
- P2P 流媒体服务通过在网络应用层建立一个重叠网实现应用层的组播功能，可以依赖于现有的互联网，网络基础设施不需要改动，并且流媒体用户不只是下载媒体流，还把媒体流上载给其他用户，一定程度上解决了服务器瓶颈问题，例如，CoolStreaming、PPLive 和 PPStream 等。

7.1.2　网络服务

网络服务主要包括基础服务和应用服务，基础服务是为网络的正常运行提供支持，包括 DNS 服务、DHCP 服务等，而应用服务则是为用户提供各种网络上的应用，包括 Web 服务、FTP 服务、多媒体服务等。

1. DNS 服务

DNS 是域名系统(Domain Name System)的缩写，它提供了域名和 IP 地址之间的双向解析功能。当用户提出利用计算机的域名查询相应 IP 地址请求的时候，DNS 服务器从其数据库查询出对应的 IP 地址，并将其回送给用户。如果没有域名解析服务，我们在访问网站的时候就只能输入 IP 地址。IP 地址是一串数字，不如具有实际意义的域名更于记忆。例如，我们要上北京邮电大学的网站，可以在 IE 的地址栏中输入网址 www. bupt. edu. cn，也可输入 IP 地址 123. 127. 134. 10，显然，网址 www. bupt. edu. cn 更容易记忆。

DNS 中的域名服务器上，保存了 IP 地址与域名对应的记录。当在 IE 浏览器中里输入域名时，它会帮用户把输入的域名解析为 IP 地址。域名是层次结构，一级一级的，域名解析的时候也会从上到下，一级一级的去解析，如果域名在一台 DNS 服务器上存在的话，那么它一定会被解析出来。只有将域名解析出来才可以访问目标网址，因为在 Internet 上只能通过 IP 地址来寻找目标主机。

(1) 域名结构

域名由两个或两个以上的词构成，中间由点号分隔开，它是 Internet 上某一台计算机或计算机组的名称，采用层次化的命名方式，最右边的那个词称为顶级域名。例如，www. sina. com，其中 sina 是域名的主体，com 是顶级域名，www 是 sina 域内的一组计算机，其上运行了 Web 服务，如图 7-7 所示。

域名可分为不同级别，包括顶级域名、二级域名、三级域名等。顶级域名又分为两类：一是国家顶级域名(nTLDs，national Top-Level Domainnames)，目前两百多个国家都按照

ISO3166 国家代码分配了顶级域名,例如,中国是 cn,美国是 us,日本是 jp 等;二是国际顶级域名(international Top-level Domain names,iTDs),例如,表示工商企业的 com,表示网络提供商的 net,表示非盈利组织的 org 等。二级域名是指顶级域名之下的域名,在国际顶级域名下,它是指域名注册人的网上名称,例如,ibm. com、yahoo. com、microsoft. com 等。在国家顶级域名下,它是表示注册企业类别的符号,例如,com. cn、edu. cn、gov. cn、net. cn 等。三级域名则一般都是域名注册人的网上名称,例如 bupt. edu. cn 等。

(2) 域名解析过程

DNS 分为 Client 和 Server,Client 扮演发问的角色,也就是询问 Server 一个域名,而 Server 必须要回答此域名的真正 IP 地址。Client 当地的 DNS 服务器先会查自己的资料库。如果自己的资料库没有,则会往该 DNS 上所设置的关联 DNS 询问,依次得到答案之后,将收到的答案存起来,并回答客户。DNS 服务器通常归属于某个授权区(Zone),记录所属该网域下的各域名资料,这个资料包括网域下的次网域名称及主机名称。

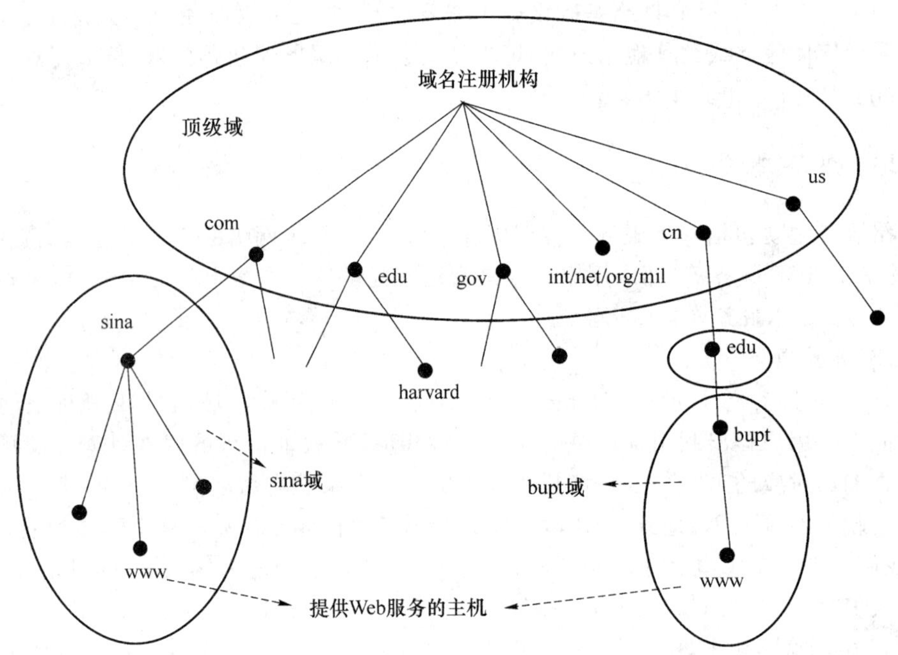

图 7-7 域名层次结构示意图

在每一个 DNS 服务器中都有一个快取缓存区(Cache),这个快取缓存区的主要目的是将该 DNS 服务器所查询出来的域名及相对的 IP 地址记录下来,这样当下一次还有另外一个客户端到此服务器上去查询相同的域名时,服务器就不用到别的 DNS 服务器上去寻找,直接可以从缓存区中找到该记录,传回给客户端,加快客户端对域名查询的速度。

当 DNS 客户端向指定的 DNS 服务器查询网络上的某一台主机名称时,该 DNS 服务器会在本身资料库中找寻用户所指定的域名,如果没有该服务器会先在自己的快取缓存区中查询有无该记录,如果找到该域名记录,就会直接将所对应到的 IP 地址传回给客户端,如果快取缓存区中也没有时,服务器才会向别的域名服务器查询所要的域名。其他服务器上也有相同查询动作,当查询到后会回复原本要求查询的服务器,该 DNS 服务器在接收到另一台 DNS 服务器查询的结果后，先将所查询到的域名及对应 IP 地址记录到快取缓存区中，然后将所查询到的结果回复给客户端。下面通过一个 DNS 查询实例来详细介绍 DNS 中域名解析的全过程。

假设我们要查询网络上的一个名称为 www. test. com. cn 的域名，从此域名我们得知此主机在中国(CN)，而且要找的组织名称为 test. com. cn，寻找的主机为此组织网域下的 www 主机，名称解析过程如图 7-8 所示。

在 DNS 的客户端键入查询主机的指令，如下(下面例子中的域名实际不存在)：

```
c:\ping www.test.com.cn
pinging www.test.com.cn [192.168. 0.101] with 32bytes of data
reply from 192.168. 0.101 bytes time <10ms ttl 253
```

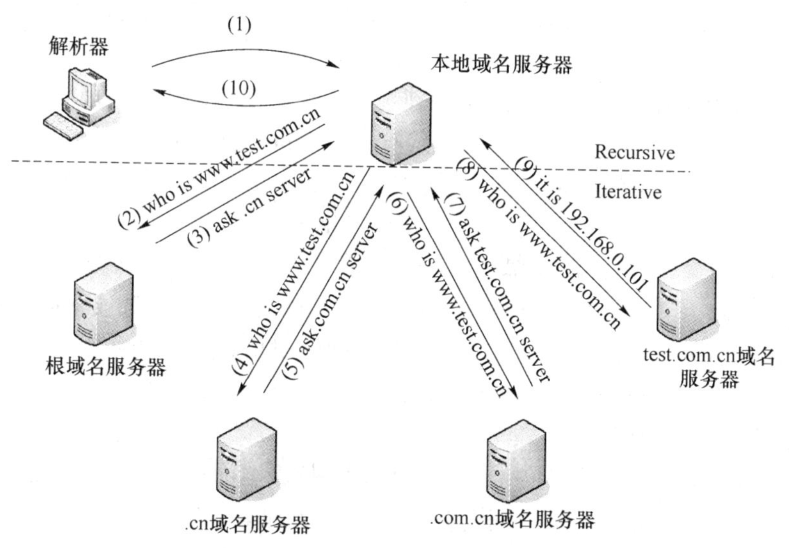

图 7-8　域名解析过程示意图

在客户端的操作系统中嵌有 DNS 解析器，它负责处理所有应用程序的 DNS 查询请求。解析过程如下。

- 客户端的解析器向本地域名服务器发出查询 www. test. com. cn 主机的请求。
- 被指定的本地域名服务器先查询该主机名称是否属于本网域，如果查出该主机名称并不属于本网域范围，会再查询快取缓存区的记录资料，查看是否有此主机名称。查询后发现缓存区中没有此记录资料，会取得根网域众多服务器中的一台服务器，向其发出要找 www. test. com. cn 域名的请求。
- 在根网域中，向根域名服务器询问，根域名服务器记录了各顶级域名分别是由哪些 DNS 服务器负责，所以它会向本地域名服务器响应最接近的控制. cn 网域的域名服务器的 IP 地址。
- 本地域名服务器知道哪个域名服务器负责. cn 这个域名后，它会向该服务器发出找寻 www. test. com. cn 域名的请求。
- 在. cn 这个网域中，被指定的域名服务器在本机上没有找到此域名的记录，所以会响应原本发出查询要求的本地域名服务器离查询请求域名最近的服务器，即控制 com.

cn网域的域名服务器的IP地址。

- 本地域名服务器会再向管理com.cn网域的域名服务器发出寻找www.test.com.cn域名的请求。
- com.cn的网域中，被指定的域名服务器在本机上没有找到此域名的记录，会回复本地域名服务器最接近的服务器，即控制test.com.cn网域的域名服务器的IP地址。
- 本地域名服务器再向test.com.cn网域的域名服务器发出寻找www.test.com.cn的请求。
- 在test.com.cn网域的域名服务器上找到了www.test.com.cn主机对应的IP地址192.168.0.101，并将查询结果返回给本地域名服务器。
- 发出查询要求的本地域名服务器，在接收到查询结果的IP地址后，响应给查询域名的解析器，完成整个域名的查询过程，并且把查询的结果存储到快取缓存区中，以方便后面的查询。

在DNS系统中，有两种查询模式，分别为：递归查询（Recursive）和迭代查询（Iterative）。递归查询是客户端的解析器向域名服务器的查询模式，这种方式是向本地域名服务器发出查询请求，本地域名服务器通过层层查询得到最终结果，并把最终结果返回给解析器。解析器收到的响应只能是正确响应或者找不到该名称的错误信息。迭代查询通常用于域名服务器间的查询，也可以用在解析器和域名服务器间。由解析器或是域名服务器上发出查询请求，这种方式响应回来的信息不一定是最后正确的域名位置或错误信息，而是最接近的管理此域名的服务器的IP地址，然后再到中间结果所指向的域名服务器上去寻找所要解析的名称，反复查询直到得到最终的查询结果。由上例可以看出，一般查询域名的过程中，这两种查询模式都同时存在。

解析器查询域名服务器时使用UDP端口53进行域名的查询和应答。域名服务器和域名服务器之间也使用UDP端口53进行域名的查询和回答，但是使用TCP端口53进行域信息的传输。

(3) 主机上的域名服务

在用户主机上需要指定域名服务器，这样用户才能根据域名来访问网络。主机上域名服务器的地址可以通过DHCP服务自动分配，也可以由用户指定。用户可以通过询问网络管理员来获取本地域名服务器，或者查询出一些公用的域名服务器，并将该服务器的IP地址配置到Internet协议设置中。

用户可以在控制台中采用nslookup命令来查询本地的域名服务器（示例内容不是真实内容）：

```
C:\>nslookup
Default Server: gjjdial.bta.net.cn
Address: 202.101.192.66

>
```

通过nslookup命令可以查出默认的本地域名服务器是gjjdial.bta.net.cn，并且可以得到它的IP地址202.101.192.66。此外，nslookup命令可以对域名和IP地址进行双向解析，比如当我们需要解析新浪域名对应的IP地址时，可以输入：

```
C:\>nslookup www.sina.com
Server: gjjdial.bta.net.cn
Address: 202.106.195.68

Non-authoritative answer:
Name: libra.sina.com.cn
Addresses: 202.108.33.86, 202.108.33.87, 202.108.33.88, 202.108.33.73
202.108.33.74, 202.108.33.75, 202.108.33.76, 202.108.33.77, 202.108.33.78
202.108.33.79, 202.108.33.80, 202.108.33.81, 202.108.33.82, 202.108.33.83
202.108.33.84, 202.108.33.85
Aliases: www.sina.com, us.sina.com.cn, news.sina.com.cn
jupiter.sina.com.cn
```

其中 Non-authoritative answer 表示该域名的注册主 DNS 不是提交查询的 DNS 服务器。此外，我们还可以看出，一个域名可以对应多个 IP 地址，这样可以很好地实现负载均衡。

2. DHCP 服务

DHCP 是 Dynamic Host Configuration Protocol（动态主机配置协议）缩写，它的前身是 BOOTP。BOOTP 原本是用于无磁盘主机连接的网络。网络主机使用 BOOT ROM 而不是磁盘启动，主机从 ROM 引导后使用广播地址 255.255.255.255 向网络中发出 IP 地址分配请求。运行 BOOTP 协议的服务器接收到这个请求后，会根据请求中提供的 MAC 地址找到客户端，并向其发送一个含有分配的主机 IP 地址、服务器 IP 地址、网关等信息的 FOUND 帧。客户端会根据该 FOUND 帧的内容配置客户端的 TCP/IP 环境，连接上网络，然后通过网络连接专用 TFTP 服务器下载启动镜像文件，模拟成磁盘完成启动。BOOTP 有一个缺点：必须事先获得客户端的硬件地址，而且每个客户端与 IP 地址的对应是静态的，在 IP 资源有限的环境中，BOOTP 一对一地分配 IP 地址会造成很大的浪费。

DHCP 是 BOOTP 的增强版本，它分为两个部分：一个是服务器端，另一个是客户端。所有的 IP 网络设定数据都由 DHCP 服务器集中管理，并负责处理客户端的 DHCP 要求。而客户端则使用从服务器分配来的 TCP/IP 环境数据进行配置，完成网络连接。当主机采用 DHCP 进行自动配置时，需要在其 Internet 协议设置中选择“自动获得 IP 地址”和“自动获得 DNS 服务器地址”，如图 7-9 所示。

DHCP 系统中必须至少有一台 DHCP 服务器工作在网络上，它会监听网络中的 DHCP 请求，并与客户端协商 TCP/IP 的设定环境。它提供 3 种 IP 定位方式。

- Manual Allocation。网络管理员为少数特定的主机绑定固定 IP 的地址，并且地址不会过期。
- Automatic Allocation。一旦 DHCP 客户端第一次成功的从 DHCP 服务器端租用到 IP 地址之后，就永远使用这个地址。
- Dynamic Allocation。动态分配是指当 DHCP 第一次从 DHCP 服务器端租用到 IP 地址之后，并非永久的使用该地址，只要租约到期，客户端就得释放（Release）这个 IP 地址，以给其他客户端使用。当然，客户端可以比其他主机更优先的更新（Renew）租约，或是租用其他的 IP 地址。动态分配显然比自动分配更加灵活，尤其是当实际 IP 地址不足的时候，例如，一家 ISP 只能提供 200 个 IP 地址用来接入客户，但并不意味着最多只能有 200 个客户。因为客户们不可能全部同一时间上网，这样就可以将这 200 个地址，轮流地租用给当前接入的客户，以支持总数超过 200 个客户接入网络。

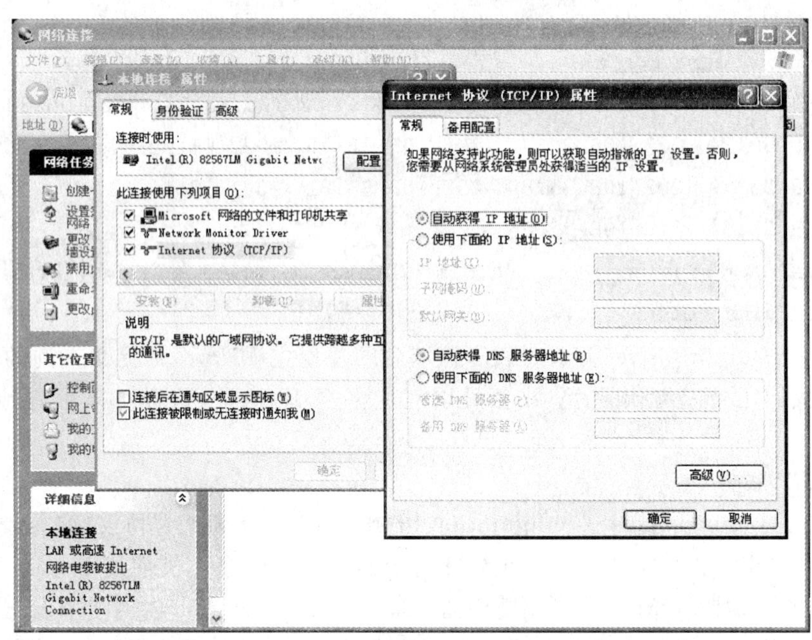

图 7-9　主机 DHCP 配置示意图

DHCP 除了能动态地设定 IP 地址之外，还可以将一些 IP 地址保留下来给一些特殊用途的机器使用，它可以按照硬件地址来固定的分配 IP 地址，以提供更大的设计空间。同时，DHCP 还可以帮客户端指定默认网关、子网掩码、DNS 服务器和 WINS 服务器等项目，用户在设置客户端网络时，除了将 DHCP 选项打勾之外，几乎无需做任何的 TCP/IP 环境设定。

根据客户端是否第一次登录网络，DHCP 的工作形式会有所不同。

(1) 第一次登录的时候

- 客户端寻找 DHCP 服务器。当 DHCP 客户端第一次登录网络时，它发现本机上没有任何 TCP/IP 环境设定，它会向网络发出一个 DHCP discover 数据包。客户端还不知道自己属于哪一个网络，所以数据包的源地址为 0.0.0.0，而目的地址则为广播地址 255.255.255.255，然后再附上 DHCP discover 信息，向网络进行广播。在 Windows 的预设情形下，DHCP discover 消息的等待时间预设为 1 秒，也就是当客户端将第一个 DHCP discover 数据包发送出去后，在 1 秒内没有得到响应的话，就会进行第二次 DHCP discover 广播。若一直得不到响应，客户端一共会发送 4 次 DHCP discover 广播数据包(包括第一次在内)，等待时间分别是 1 秒、9 秒、13 秒、16 秒。如果都没有收到 DHCP 服务器的响应，客户端则会显示错误信息，宣告 DHCP discover 失败。之后，基于使用者的选择，系统会在 5 分钟之后再重复一次 DHCP discover 的过程。
- DHCP 服务器提供 IP 租用地址。当 DHCP 服务器监听到客户端发出的 DHCP dis-

cover 广播后，它会从那些还没有租出的地址范围内，选择最前面的空置 IP 地址，连同其他 TCP/IP 设定，响应给客户端一个 DHCP OFFER 数据包。由于客户端在开始的时候还没有 IP 地址，在 DHCP discover 数据包内会带有其 MAC 地址的信息，并且有一个 XID 编号来辨别该数据包，DHCP 服务器响应的 DHCP offer 数据包则会根据这些资料传递给要求租约的客户端。根据服务器端的设定，DHCP offer 数据包会包含一个租约期限的信息。

- DHCP 客户端接受 IP 租约。如果客户端收到网络上多台 DHCP 服务器的响应，只会挑选其中一个 DHCP offer（通常是最先抵达的那个），并向网络发送一个 DHCP request 的广播数据包，告诉所有 DHCP 服务器它将接受哪一台服务器提供的 IP 地址。同时，客户端还会向网络发送一个 ARP 数据包，查询网络上面有没有其他计算机使用该 IP 地址；如果发现该 IP 已经被占用，客户端会送出一个 DHCP DECLIENT 数据包给 DHCP 服务器，拒绝接受其 DHCP offer 数据包，并重新发送 DHCP discover 信息。事实上，并不是所有 DHCP 客户端都会无条件接受 DHCP 服务器的 DHCP offer，尤其是当这些主机安装有其他 TCP/IP 相关的客户软件时。客户端也可以用 DHCP request 向服务器提出 DHCP 选择，而这些选择会以不同的号码填写在 DHCP Option Field 里面。换句话说，在 DHCP 服务器上面的设定，未必是客户端全都接受，客户端可以保留自己的一些 TCP/IP 设定。主动权永远在客户端这边。
- DHCP 服务器端租约确认。当 DHCP 服务器接收到客户端的 DHCP request 之后，会向客户端发出一个 DHCP ACK 响应，以确认 IP 租约的正式生效。

(2) DHCP 配置流程第一次登录之后

- 一旦 DHCP 客户端成功地从服务器端获取到 DHCP 租约之后，除非其租约已经失效并且 IP 地址也重新设定回 0.0.0.0，否则就无需再发送 DHCP discover 信息，而会一直使用已租到的 IP 地址。
- 当客户端每次重新登录网络时，它会向之前的 DHCP 服务器发出包含前一次所分配 IP 地址的 DHCP request 信息，DHCP 服务器会尽量让客户端使用原来的 IP 地址，如果没问题的话，直接响应 DHCP ack 来确认。如果该地址已经失效或已经被其他计算机使用，DHCP 服务器则会响应一个 DHCP nack 数据包给客户端，要求其重新执行 DHCP discover 过程。
- IP 地址一般都有租约期限，并根据租约期限执行一定的策略，以 NT 为例：DHCP 客户端除了在开机的时候发出 DHCP request 请求之外，在租约期限一半的时候也会发出 DHCP request，如果此时得不到 DHCP 服务器的确认，客户端还可以继续使用该 IP 地址。当租约期过了 87.5%时，如果客户端仍然无法与当初的 DHCP 服务器联系上，它将与其他 DHCP 服务器通信。如果网络上再没有任何 DHCP 服务器在运行，该客户端必须停止使用该 IP 地址，并重新发送一个 DHCP discover 数据包，重新申请 TCP/IP 环境设定。
- 需要退租时，可以随时送出 DHCP release 命令解约。

从前面描述的过程可以看出，DHCP discover 是以广播方式进行发送的，它只能在同一网络中有效，因为路由器是不会将广播传送出去的。但有些情况下，DHCP 服务器不在一个网络中。这时由于DHCP客户端还没有TCP/IP环境设定,所以不知道路由器的地址,而且路由器通常也不会将DHCP广播封包传递出去,因此DHCP discover无法抵达DHCP服务器端。要解决这个问题,可以采用DHCP Agent(或DHCP Proxy)主机来接管客户的DHCP请求,然后将此请求传递给真正的DHCP服务器,并将服务器的回复传给客户端。使用DHCP Agent可以不用在每一个网络中安装DHCP服务器,降低设备成本,便于集中管理。

3. Web服务

当前Internet上最热门的服务之一就是WWW(World Wide Web)服务,简称为Web,中文名字为万维网。万维网是无数个网络站点和网页的集合,是由超级链接连接而成的多媒体的集合。我们通常通过网络浏览器上网观看的,就是Web的内容,如图7-10所示,通过IE浏览器查看新浪网站的新闻。Web已经成为很多人在网上查找、浏览信息的主要手段。Web是一种交互式图形界面的Internet服务,具有强大的信息连接功能。它使得成千上万的用户通过简单的图形界面就可以访问各个大学、组织、公司等的最新信息和各种服务。因此,它已经成为Internet上应用最广和最有前途的访问工具,并在商业范围内日益发挥着越来越重要的作用。

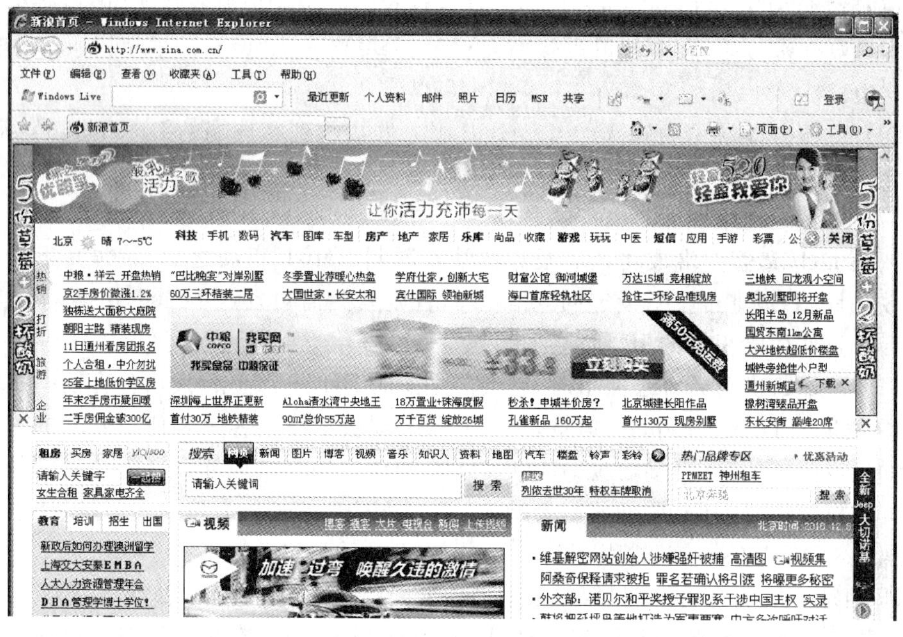

图7-10　IE浏览器查看新浪网站新闻示意图

Web是建立在客户机/服务器模型之上的,它以超文本标注语言(HTML,Hyper Markup Language)与超文本传输协议(HTTP,Hyper Text Transfer Protocol)为基础。其中Web服务器采用超文本链路来链接信息页,这些信息页既可放置在同一主机上,也可放置在不同地理位置的主机上;它们由统一资源定位符(URL)来寻址,Web客户端软件(即Web浏览器)负责信息显示和向服务器发送请求。

Web的应用层协议HTTP是Web的核心。HTTP在Web的客户程序和服务器程序中得以实现。运行在不同端系统上的客户程序和服务器程序通过交换HTTP消息彼此交流。HTTP 定义这些消息的结构以及客户和服务器如何交换这些消息。

如果想通过主页向世界介绍自己或自己的公司，就必须将主页放在一个 Web 服务器上，当然也可以使用一些免费的主页空间来发布。如果有条件，可以注册一个域名，申请一个 IP 地址，然后让 ISP(Internet 服务提供商)将这个 IP 地址解析到你的主机上，在主机上架设一个 Web 服务器，就可以将主页存放在这个 Web 服务器上，通过它把自己的主页向外发布。

Web 服务的详细介绍见 7.2 节。

4. FTP 服务

文件传输协议(FTP，File Transfer Protocol)是 Internet 上用来控制双向传输文件的协议。通过 FTP 协议，FTP 客户端可以跟 Internet 上的 FTP 服务器进行文件的上传(Upload)或下载(Download)等动作。下载文件就是从远程主机复制文件至自己的计算机上，上传文件就是将文件从自己的计算机中复制至远程主机上。

FTP 标准是在 RFC959 中说明的。该协议定义了一个远程计算机系统和本地计算机系统之间传输文件的一个标准。一般来说，传输文件的用户需要先经过认证以后才能登录远程服务器，然后访问在远程服务器上的文件。但是大多数的 FTP 服务器往往提供一个 GUEST 的公共账户来允许没有访问权限的用户访问该 FTP 服务器。

一个 FTP 会话通常包括 5 个软件元素的交互。

- 用户接口。为用户提供各种交互界面，并把它们转化成在控制连接上发送的 FTP 命令，发送给客户 PI，同时，将通过客户 PI 从控制连接上接收的服务器应答被转换成用户容易理解的格式展示给客户。
- 客户 PI(客户协议解释器)。向远程服务器协议解释器发送命令并且驱动客户数据传输过程。
- 服务器 PI(服务器协议解释器)。响应客户协议解释器发出的命令并驱动服务器端数据传输过程。
- 客户 DTP(客户数据传输过程)。负责完成和服务器数据传输过程及客户端本地文件系统的通信。
- 服务 DTP(服务器数据传输过程)。负责完成和客户数据传输过程及服务器端文件系统的通信。

在 RFC959 中，一般使用用户这个名词来指代客户。RFC959 定义了客户 PI 和服务器 PI 交互的方式和规范。PI 和 DTP 通常是在同一个程序模块中实现的。

在 FTP 会话中，存在有两个独立的网络连接，一个是由两端的协议解释器使用的，另一个是由两端的数据传输过程使用的。两端协议解释器之间的连接被称为控制连接(Control connection)，两端数据传输过程之间的连接被称为数据连接(Data connection)。FTP 服务器端监听端口号 21 来等待控制连接建立请求。数据连接端口号的选择依赖于控制连接上的命令。通常是由客户端发送一个控制消息来指定客户端监听的端口号，客户端在这个端口上等待服务器端发送数据连接建立请求。对数据传输和控制命令传输使用不同的独立连接有如下优点：两个连接可以选择不同的服务质量，例如，对控制连接来说需要更小的时间延迟，对数据连接来说需要更大的数据吞吐量，而且可以避免实现数据流中的命令的透明性。

当传输建立时，总是由客户端首先发起。然而客户和服务器都可能是数据发送者。除了传输用户请求下载和上传的文件，数据传输过程同样在客户端请求服务器端目录结构时建立。

FTP 支持两种模式，一种模式是 standard（也就是 port 方式，主动方式），另一种模式是 passive（也就是 pasv，被动方式）。

port 模式中 FTP 客户端首先和 FTP 服务器的 TCP 21 端口建立连接，通过这个通道发送命令，客户端需要接收数据的时候在这个通道上发送 port 命令。port 命令包含了客户端用什么端口接收数据。在传送数据的时候，服务器端通过自己的 TCP 20 端口连接至客户端的指定端口发送数据。FTP 服务器必须和客户端建立一个新的连接用来传送数据。

passive 模式在建立控制通道的时候和 standard 模式类似，但建立连接后发送的不是 port 命令，而是 pasv 命令。FTP 服务器收到 pasv 命令后，随机打开一个高端端口（端口号大于 1024），并且通知客户端在这个端口上传送数据的请求，客户端连接 FTP 服务器此端口，然后 FTP 服务器将通过这个端口进行数据的传送，这个时候 FTP 服务器不再需要建立一个新的和客户端之间的连接。

很多防火墙都设置成不允许接受外部发起的连接，所以许多位于防火墙后或内网的 FTP 服务器不支持 passive 模式，因为客户端无法穿过防火墙打开 FTP 服务器的高端端口。而许多内网的客户端不能用 port 模式登录 FTP 服务器，因为从服务器的 TCP 20 端口无法和内部网络的客户端建立一个新的连接。

简单文件传输协议（TFTP，Trivial File Transfer Protocol）是 TCP/IP 协议族中一个用来在客户端与服务器之间进行简单文件传输的协议，提供简单、小开销的文件传输服务。TFTP 承载在 UDP 上，提供不可靠的数据流传输服务，不提供存取授权与认证机制，使用超时重传方式来保证数据的到达。与 FTP 相比，TFTP 的尺寸要小得多。现在最普遍使用的是第二版 TFTP（TFTP Version 2，RFC1350）。

5. 网络多媒体服务

网络多媒体服务指在网络上能同时提供多种媒体信息（话音、数据、视频、文本、图像等）的服务方式。它是人们在传递和交换信息时同时利用多种信息媒体并以“可视的、智能的、个人的”服务模式，构成声、图、文并茂，用户可以不受时空限制地索取、传播和交换信息的一种新兴的服务方式，目前网络多媒体服务已经处于了高速发展阶段。当前在 Internet 网络上的多媒体服务主要包括：IP 电话、视频点播/直播、多媒体会议系统、视频聊天等。

网络多媒体服务具有如下 3 个主要特性。

- 集成性（综合性）。多种不同媒体综合地表现某个内容，取得更好的效果（多媒体通信系统至少应能传送 2 种以上的媒体信息，如视频、图像、数据、语音等，并有对这些信息进行存储、传输、处理、显现的能力）。
- 交互性。指在通信系统中人与系统之间的相互控制能力。
- 同步性。指在多媒体终端上显现的图像、声音和文字是以同步方式工作的，通过网络传送的多媒体信息必须保持它们在时间上或事件之间的同步关系。

在网络多媒体服务中，多种不同的媒体信息可以从不同的侧面来展示同一个内容，媒体信息的种类越多，对这个内容的展示效果就越立体、越形象、越生动，便于用户更好的理解。比如，对于一段电影，如果只有视频信息，人们很难看懂其中的含义，如果加上声音，那样大多数人就能看懂了,对于外国影片来说,还需要加上字幕才能便于我们理解。网络多媒体服务的交互性要求较高,这就给网络传输带来了很大的挑战。同步性也是网络多媒体中非常重要的特性,如果多种媒体不能很好的同步,那么媒体之间不仅不能互相协作增强展示效果,反而互相影响,降低了媒体的展示能力。比如,看电影的时候,如果视频和声音不同步,那么声音就成为我们理解电影的干扰,会降低电影的展示效果。

网络多媒体服务由于其庞大的数据量和较高的实时性,以及各种不同的服务质量的需求,使其对网络有了较高的要求。

- 带宽。网络多媒体服务通常要传输多种媒体信息,其中的视频信息和音频信息的数据量非常庞大,因此,多媒体服务需要网络能够提供足够的带宽。
- 实时性。对于音频和视频媒体来说,在很多应用中都要求较高的实时性,尤其是交互式的语音服务中,对于实时性的要求尤为明显。
- 通信方式。网络多媒体包含多种媒体,为了适应各种媒体的特性,在网络多媒体中采用多种传输方式,包括:点到点、点到多点、广播等。
- 连接方式。网络多媒体服务根据实际通信的需要,包含了对称和非对称两种连接方式。比如,在视频点播应用中,通常采用非对称方式,而在语音聊天等应用中可以采用对称通信方式。

当前的 Internet 上有多种多媒体服务,下面主要介绍流媒体服务和 VoIP 服务。

(1) 流媒体服务

在网络多媒体的发展中,出现了如下矛盾:一方面,用户希望在网络上随时看到生动、清晰的多媒体演示,希望能够实时看到一些直播节目;另一方面,缓慢的网络速度使文件下载需要很长的时间。为了解决这个矛盾产生了流媒体技术。

流媒体从广义上讲是指让音频和视频形成稳定、连续的传输流和回放流的一系列技术、方法和协议的总称。从狭义上讲是指在 Internet 网络上,采用“流式传输”技术的连续时基媒体称为流媒体,通常也将其视频与音频称为视频流和音频流。

流媒体的传输过程和普通多媒体的传输过程不一样,它需要能够实现边下载,边播放,以提高用户观看媒体信息的响应速度。流媒体的传输过程包括:

- 将音频、视频、动画等多媒体文件经过特殊的压缩方式分成一个个具有流媒体文件格式的压缩包;
- 视频服务器向用户计算机连续、实时地传送这些压缩包;
- 用户等待很短的启动时延后,利用播放器对已经接收到的压缩包解压,并播放出来;
- 后台的服务器继续下载后续的压缩包。

与传统下载传输方式相比,流式传输可以实时传输媒体信息并且能够实时地播放,不需要用户等待很长的下载时间。此外,流式传输对于播放完的媒体信息可以删除掉,这样不需要缓存整个媒体信息,可以节省大量存储空间。

目前实现流传输的主要方法包括顺序流传输和实时流传输,它们分别适用于不同类型的媒体信息传输。

① 顺序流传输(Progressive streaming),它的传输原理是按照一定的顺序传输流数据,传输与用户连接的速度无关。在下载文件的同时用户可观看媒体内容,但只能观看已下载

的那部分,不能跳到还未下载的部分。顺序流式传输在传输期间不能根据用户连接的速度做调整,进行的是无损下载,这种方法保证了多媒体播放的最终质量,但是,用户在观看前,必须经历较长的时间延迟。标准的 HTTP 服务器可发送顺序流,不需要其他特殊的协议,它经常被称为 HTTP 流式传输。顺序流传输易于管理,可以穿越防火墙,实时性较差,比较适合高质量的短片段,如片头、片尾和广告。不适合长片段和有随机访问要求的视频,也不支持现场广播。

② 实时流传输(Realtime streaming),它的传输原理是媒体传输速率必须匹配连接带宽,使媒体信息可被实时观看到。这意味着图像质量会因网络速度降低而变差,以减少对传输带宽的需求。实时的概念是指在一个应用中数据的交付必须与数据的产生保持精确的时间关系。实时流传输需要专用的流媒体服务器(如 QuickTime Streaming Server、RealServer 与 Windows Media Server 等)和传输协议(如 RTP、RTCP、RTSP 或 MMS 等),这种传输方式总是实时传送,特别适合现场事件,也支持随机访问,用户可实现快进或后退功能,适用于长片段、直播和有随机访问要求的视频,但是有时会出现无法穿越防火墙的问题。

通常来说,一个完整的流媒体系统包含 5 个组件:媒体数据、编码器、播放器、服务器和流媒体传输网络。各组件含义如下。

- 媒体数据。媒体的内容信息。
- 编码器(encoder)。将原始的音频、视频数据转化为流媒体格式的软件。
- 播放器(player)。播放流媒体的客户端软件。
- 服务器(server)。向用户发送流媒体信息的软件。
- 流媒体传输网络。用于传输流媒体信息的网络。

流媒体系统中 5 个组件之间通过特定的协议互相通信,它们按照特定的格式互相交换文件数据。交互过程如图 7-11 所示,其中,Web 浏览器和 Web 服务之间通过 HTTP 协议来交互流媒体的链接信息,Web 浏览器将流媒体服务器的位置告知播放器,播放器通过 RTSP、RTP 等协议从流媒体服务器获取流媒体数据。

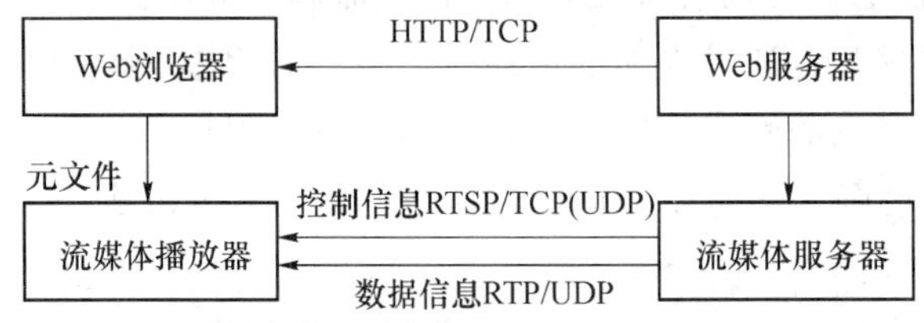

图 7-11　流媒体系统示意图

流媒体的整个播放过程如下:

- 用户浏览 Web 页面时单击了一个由流媒体服务器提供的流媒体内容的链接;
- Web 服务器将链接所指的媒体发布文件(发布文件中含有流媒体服务器的地址)发送到用户的 Web 浏览器上;
- 浏览器下载这个媒体发布文件,并将其传送到用户的流媒体播放器上;
- 流媒体播放器读取媒体发布文件中的流媒体服务器地址,直接向流媒体服务器请求内容;
- 流媒体服务器以流式传输的方式把内容传送给播放器,播放器开始播放。

由于 Internet 采用的是 IP 协议，它只能提供尽力而为的服务，因此，Internet 本身不能保证流媒体服务的服务质量，需要增加一些特殊的网络协议来完成流媒体服务。包括实时传输协议 RTP、实时传输控制协议 RTCP、实时流协议 RTSP 和资源预留协议 RSVP。RTP 是用于针对多媒体数据流的一种传输协议，目的是提供时间信息和实现流同步。RTCP 和 RTP 一起提供流量控制和拥塞控制服务。RTSP 定义了一对多应用程序如何有效地通过 IP 网络传送多媒体数据。RSVP 在一定程度上为流媒体的传输提供 QoS 保证。

(2) VoIP 服务

网络多媒体服务中还有一大类应用是 VoIP 服务，即将模拟声音(Voice)数字化，以数据包(Data Packet)的形式在 IP 数据网络(IP Network)上做实时传递。VoIP 技术当前已经得到了广泛的应用。

VoIP 技术最大的优势是能广泛地采用 Internet，提供比传统业务更多、更好的服务，可以在 IP 网络上便宜的传送语音、传真、视频、和数据等业务，如统一消息、虚拟电话、虚拟语音/传真邮箱、查号业务、Internet 呼叫中心、Internet 呼叫管理、电视会议、电子商务、传真存储转发和各种信息的存储转发等。VoIP 相对比较便宜，不受管制，可以在互联网连接的任意机器间进行传输。它不仅能够沟通 VoIP 用户，也可以和传统电话用户通话，比如使用传统固话网络以及无线手机网络的用户。对这部分通话，VoIP 服务商必须要给固话网络运营商以及无线通信运营商支付通话费用。这部分的收费就会转到 VoIP 用户头上。网上的 VoIP 用户之间的通话是免费的。

VoIP 与传统电话相比，也有一些缺陷。它的通话质量受到网络好坏的影响，通话质量不稳定，当网络较为拥塞的时候，整个通话的话音质量较差，延迟较大。由于 VoIP 要使用 Internet 传输语音，当停电时，无法连接到 Internet 上，也就无法使用 VoIP 了。VoIP 的话音清晰度与传统的固话也有差距，语音数据在 Internet 上传输时为了保证实时性，需要有较大的压缩比，尽量减少语音数据所占的带宽，因此，整体的话语清晰度会有一定的降低，此外，由于 Internet 上不能保证数据正确、可靠地传输，话语数据的丢失和出错也会影响其清晰度。Internet 属于开放型网络，其中的数据包很容易被其他用户截获到，而语音数据具有实时性要求，不能进行过于复杂的加密，因此，语音数据的安全性较差。

要使用 VoIP 服务，必须拥有互联网连接，网络连接速度越快，VoIP 的通话质量就越好。我们可以通过如下 3 种方式来使用 VoIP 服务。

- 第一种方式是使用 VoIP 软件，选择一种 VoIP 软件安装至台式计算机或笔记本计算机上，然后利用该软件就可以进行网上通话了。
- 第二种方式是将自己的家庭电话转化为 VoIP 拨号系统，VoIP 软件可以单独预装在"模拟电话适配器"(Analog telephone adapter)的硬件设备中，模拟电话适配器主要安装于家庭电话与宽带调制解调器之间。
- 第三种方式是采用 VoIP 手机，也叫 VoIP 双模手机或者简称 IP 手机，它完美融合了 GSM 和 WiFi(无线局域网)，用户可以在没有 WiFi 环境的时候使用传统的 GSM 服务，在有 WiFi 的环境中，以超低的价格拨打普通电话和手机，更可以免费地与其他 VoIP 手机之间通信。

VoIP 技术主要包括了话音处理技术和 IP 话音通信协议。话音处理技术在保证一定话音质量的前提下尽可能降低编码比特率，以便在 IP 网络环境下保证一定的通话质量。IP

话音通信协议包括话音通信控制协议和话音信息传送协议。

话音处理技术包括了低比特率话音编码技术、静音检测技术、分组丢失补偿和回波抵消技术。低比特率话音编码技术中主要有 G. 711 A-law/u-law、G. 723. 1、G. 729A 等几种话音编码格式，其中 G. 711 的速率为 64 kbit/s，G. 723 的速率为 5. 3 kbit/s，G. 729 的速率为 9 kbit/s。在语音通信中，通常是通话一方聆听另一方，在这种情况下，接听方没有必要发送无声数据包，以便减轻负载，采用 VAD(静音抑制)技术，可以监视语音活动信号，当检测出达到规定的静音状态时，阻止传输编码器的输出。当语音通信过程中出现数据分组丢失时，由于接收端的解码器采用线性预测解码技术，其当前值是通过历史值线性组合而成，因此，在丢失一个语音分组时，可通过内插的方法近似地恢复丢失分组。IP 网和 PSTN 网互联时，涉及有混合线圈的 2/4 线转换电路，会产生回音，严重干扰通话，目前可采用回波抵消技术，即通过自适应方法估计出回波信号的大小，然后在接收信号中减去此估计值。

话音通信控制协议就是电信网中的呼叫控制信令，它包括地址信息、用户状态信息、DTMF 信号等交互。由于话音控制协议需要数据准确可靠的传输，因此采用 TCP 协议进行传输。话音信息传送协议规定了话音分组如何封装、复用和传送。话音分组对于时间非常敏感，但可以容忍一定的丢包，所以采用 UDP 协议进行传输。此外，话音通信协议中还包括会议电话控制协议，用于控制点到多点连接的建立、话路控制和切换等功能，以及实时控制协议，用于传送分组的时间戳、分组序号等信息，保证通信实时性。

7.2 Web 服务

万维网是无数个网络站点和网页的集合，它们在一起构成了 Internet 最主要的部分。它实际上是多媒体的集合，由超级链接连接而成。万维网的历史很短，1989 年 CERN(欧洲粒子物理实验室)的研究人员为了研究的需要，希望能开发出一种共享资源的远程访问系统，这种系统能够提供统一的接口来访问各种不同类型的信息，包括文字、图像、音频、视频信息等。1990 年完成了最早期的浏览器产品，1991 年开始在内部发行 WWW，这就是万维网的开始。目前，大多数知名公司都在 Internet 上建立了自己的万维网站。

万维网上最主要的构成部分就是 Web 页面(Web Page)，它由多个对象构成。对象(Object)是指可由单个 URL 寻址的文件，如 HTML 文件、JPG 图像、GIF 图像、Java 小应用程序、语音片段等。大多数 Web 页面由单个基本 HTML 文件和若干个所引用的对象构成。例如，如果一个 Web 页面包含一个 HTML 文本文件和 5 个 JPEG 图像，那么它由 6 个对象构成，即基本 HTML 文件加 5 个图像。基本 HTML 文件使用相应的 URL 来引用本页面的其他对象。每个 URL 由存放该对象的服务器主机名和该对象的路径名两部分构成。

例如，一个图像的 URL：www. sina. com/picpath/picture. gif，其中 www. sina. com 是一个主机名，/picpath/picture. gif 是一个路径名。

Web 服务是典型的基于客户机/服务器模式的 Internet 服务，客户端使用的是 Web 浏览器、服务器端使用 Web 服务器，它们之间采用应用层协议 HTTP 进行消息传输。Web 浏览器是 Web 的用户代理，它显示所请求的 Web 页面，并提供大量的导航与配置特性。Web

浏览器还实现 HTTP 的客户端。当前流行的 Web 浏览器有 Netscape Communicator、firefox 和微软的 IE 等。Web 服务器存放可由 URL 寻址的 Web 对象，它还实现 HTTP 的服务器端。流行的 Web 服务器有 Apache、微软的 IIS 以及 Netscape Enterprise Server 等。Web 的应用层协议 HTTP 是 Web 的核心。HTTP 在 Web 的客户程序和服务器程序中得以实现。运行在不同端系统上的客户程序和服务器程序通过交换 HTTP 消息彼此交流。HTTP 定义这些消息的结构以及客户和服务器如何交换这些消息。

HTTP 协议定义 Web 客户端（即浏览器）如何从 Web 服务器请求 Web 页面，以及服务器如何把 Web 页面传送给客户端。当用户请求一个 Web 页面（例如，单击某个超链接）时，Web 浏览器把请求该页面中各个对象的 HTTP 请求消息发送给 Web 服务器。Web 服务器收到请求后，以含有这些对象的 HTTP 响应消息作为响应。Web 浏览器将收到的对象显示在浏览器的窗口中。不同的浏览器可能会以不同的方式解释（也就是向用户显示）同一个 Web 页面。HTTP 与客户如何解释 Web 页面没有任何关系，其规范仅仅定义了 HTTP 客户端和服务器端之间的通信协议。

到 1997 年年底，基本上所有的 Web 浏览器和 Web 服务器软件都实现了在 RFC1945 中定义的 HTTP/1.0 版本。1998 年年初，一些 Web 服务器软件和浏览器软件开始实现在 RFC2616 中定义的 HTTP/1.1 版本，HTTP/1.1 与 HTTP/1.0 后向兼容。

HTTP/1.0 和 HTTP/1.1 都把 TCP 作为底层的传输协议。HTTP 客户端首先发起建立与服务器的 TCP 连接。一旦连接建立，浏览器进程和服务器进程就可以通过 TCP 连接进行数据收发。TCP 给 HTTP 提供一个可靠的数据传输服务，保证由客户端发出的每个 HTTP 请求消息最终将无损地到达服务器端，由服务器端发出的每个 HTTP 响应消息最终也将无损地到达客户端。

在向 HTTP 客户端发送所请求文件的同时，HTTP 服务器并没有存储关于该客户端的任何状态信息。即便某个客户端在几秒钟内再次请求同一个对象，服务器也会重新发送这个对象，因为它并不记得刚才给这个客户端已经发过一遍。所以，HTTP 服务器不维护客户的状态信息，是一个无状态的协议（Stateless protocol）。

7.2.1　HTTP 连接方式

HTTP 既可以使用非持久连接（Nonpersistent connection），也可以使用持久连接（Persistent connection）。HTTP/1.0 只能使用非持久连接，而 HTTP/1.1 默认使用持久连接。

1. 非持久连接

让我们查看一下非持久连接情况下，从服务器到客户端传送一个 Web 页面的步骤。假设该页面由 1 个基本 HTML 文件和 10 个 JPEG 图像构成，而且所有这些对象都存放在同一台服务器主机中，该基本 HTML 文件的 URL 为：www.sina.com/somepath/index.html。下面是具体步骤。

- HTTP 客户端初始化一个与 HTTP 服务器 www.sina.com 的 TCP 连接。HTTP 服务器使用默认端口号 80 监听来自 HTTP 客户端的连接请求。
- HTTP 客户端经由与 TCP 连接相关联的本地套接字发出一个 HTTP 请求消息。这个消息中包含所请求对象的路径名：/somepath/index.html。
- HTTP 服务器经由与 TCP 连接相关联的本地套接字接收这个请求消息，再从服务器的内存或硬盘中取出对象/somepath/index. html，经由同一个套接字发出包含该对象的响应消息。

- HTTP 服务器告知 TCP 关闭这个 TCP 连接(客户端收到刚才这个响应消息之后才会真正终止这个连接)。
- HTTP 客户端经由同一个套接字接收这个响应消息，TCP 连接随后终止。该消息标明所封装的对象是一个 HTML 文件。客户从中取出这个文件，加以分析后发现其中有 10 个 JPEG 对象的引用。
- 对每一个引用到的 JPEG 对象重复步骤前 4 步。

上述步骤之所以称为非持久连接，原因是每次服务器发出一个对象后，相应的 TCP 连接就被关闭，也就是说每个 TCP 连接只用于传输一个请求消息和一个响应消息。就上述例子而言，用户每请求一次那个 Web 页面，就会产生 11 个 TCP 连接，这会造成非常大的带宽资源浪费，也延长了消息响应的时间。

现今的浏览器允许用户通过配置来控制并行 TCP 连接的程度。大多数浏览器默认可以打开 5～10 个并行的 TCP 连接，每个连接处理一个请求-响应事务，使用并行连接可以缩短响应时间。用户可以把最大并行连接数设为 1，那样的话这 10 个 JPEG 图像的连接是串行地建立。

2. 持久连接

非持久连接有如下缺点：首先，客户端需要为每个待请求的对象建立并维护一个新的连接。对于每个这样的连接，TCP 得在客户端和服务器端分配 TCP 缓冲区，并维持 TCP 变量。对于有可能同时为来自数百个不同客户端的请求提供服务的 Web 服务器来说，这会严重增加其负担。其次，每个对象都有 2 个 RTT(往返传输时间)的响应时延，一个 RTT 用于建立 TCP 连接，另一个 RTT 用于请求和接收对象。最后，每个对象都会遇到 TCP 慢启动，因为每个 TCP 连接都起始于慢启动阶段。

由于非持久连接的这些缺陷，HTTP/1. 1 协议中采用了持久连接。在持久连接情况下，服务器在发出响应后让 TCP 连接继续打开着。同一对客户/服务器之间的后续请求和响应可以通过这个连接持续发送。整个 Web 页面(上例中为包含一个基本 HTML 文件和 10 个图像的页面)可以通过单个持久 TCP 连接发送，甚至存放在同一个服务器中的多个 Web 页面也可以通过单个持久 TCP 连接发送。通常，HTTP 服务器在某个连接闲置一段特定时间后关闭它，而这段时间是可以配置的。

持久连接分为不带流水线(Without pipelining)和带流水线(With pipelining)两个版本。如果是不带流水线的版本，那么客户端只在收到前一个请求的响应后才发出新的请求。这种情况下，Web 页面所引用的每个对象(上例中的 10 个图像)都经历 1 个 RTT 的延迟，用于请求和接收该对象。与非持久连接 2 个 RTT 的延迟相比，不带流水线的持久连接已有所改善，不过带流水线的持久连接还能进一步降低响应延迟。不带流水线版本的另一个缺点是，服务器送出一个对象后开始等待下一个请求，而这个新请求却不能马上到达。这段时间内服务器资源便被闲置了。

7.2.2 身份认证和 Cookie

HTTP 服务器是无状态的，这样的处理可以简化服务器端程序的设计，以便开发出更高性能的 Web 服务器软件。然而，一个 Web 站点往往有标识其用户的需求，因为其 Web 服务器可能希望限制某些用户的访问，也可能想要根据用户的身份来提供相应的内容。HTTP 提供了两种帮助服务器标识用户的机制：身份认证和 Cookie。

1. 身份认证

许多 Web 站点要求用户提供一个（用户名，口令）对，才能访问存放在其服务器中的资源。这种要求称为身份认证（Authentication）。HTTP 提供特殊的状态码和头部来帮助 Web 站点执行身份认证。我们通过一个例子来了解这些特殊的状态码和头部是如何工作的。

假设有一个 HTTP 客户端在请求来自某个 HTTP 服务器的一个对象，而该服务器要求用户拥有访问权限。

HTTP 客户端首先发送一个不含特殊头部的普通请求消息。HTTP 服务器以空的附属体和一个"401 Authorization Required"状态码作为响应。HTTP 服务器还在这个响应消息中包含 WWW-Authenticate 头部，说明具体如何执行身份认证。这个头部的典型值是指出用户需要提供一个（用户名，口令）对。

HTTP 客户端收到这个响应消息后提示用户输入用户名和口令，然后重新发送请求消息。这个请求消息具有一个 Authorization 头部，其中包含有用户输入的用户名和口令。

取得第一个对象后，HTTP 客户端在请求该服务器上对象的后续请求中继续发送这个（用户名，口令）对。这个做法一般将持续到用户关闭浏览器为止。在浏览器未被关闭之前，这个（用户名，口令）对是缓存在高速缓冲区中的，因此，浏览器不会每请求一个对象就提示用户输入一次用户名和口令。通过上述方式，要求用户拥有访问权限的 Web 站点就能标识出每个请求的用户。

2. Cookie

Cookie 是一种可让 Web 站点用来跟踪用户的候选机制，定义在 RFC2109 中。有些 Web 站点使用 Cookie，有些则不用。下面通过一个例子来了解 Cookie 的工作原理。

假设一个 HTTP 客户端首次联系一个使用 Cookie 的 Web 站点。服务器会在其响应中包含一个 Set-Cookie 的头部。该头部的值可以是一个由 Web 服务器产生的客户标识数，例如：

```
Set-Cookie:1678453
```

HTTP 客户端收到这个响应消息后，取出其中的 Set-Cookie 头部和标识数，并在 HTTP 客户端主机中的某个特殊的 Cookie 文件中，添加新的一行来保存这个信息。这一行一般包含服务器主机的主机名和这个与用户关联的标识数。在一段时间（如一个星期）之内，请求同一个服务器时，由同一个用户启动的新 HTTP 客户端会在请求消息中包含一个 Cookie 头部，其值为早先由该服务器产生的标识数，例如：

```
Cookie:1678453
```

在这种方式中，服务器并不知道提出请求的用户的用户名，但是它确实知道该用户与一个星期前提出请求的用户是同一个。通常在 Windows 系统中，Cookie 存放在 C:\Documents and Settings\(user)\Cookies 目录中。

当前，越来越多的 Web 服务器使用 Cookie 来识别用户，以完成如下一些特殊的目的。

➢ 如果服务器要求身份认证，但又不想让同一用户每次访问本 Web 站点时都输入用户名和口令，那么可以设置一个 Cookie。

- 如果服务器想要记住用户的偏好，以便在他们后续访问期间有目的地提供广告，那么可以设置一个 Cookie。
- 如果 Web 站点提供购物服务，那么服务器可以使用 Cookie 跟踪用户购买的物品，也就是建立一个虚拟的购物车，这样，当用户将物品放入购物车后，即使退出了浏览器，下次登录后，物品仍然在购物车中，不需要再重新选购。

7.2.3 HTTP 消息格式

HTTP 规范 1.0[RPcl945]和 1.1[RFC2616]定义了 HTTP 消息的格式。HTTP 消息分为请求消息和响应消息两类，下面分别进行介绍。

1. HTTP 请求消息

下面是一个典型的 HTTP 请求消息：

```
GET/somedir/page.html HTTP/1.1
Host:www.sina.com
Connection:close
User-agent:Mozilla/4.0
Accept-language:zh-cn
(额外的回车符和换行符)
```

通过这个请求消息，我们可以看出：首先，HTTP 消息是用普通的 ASCII 文本书写的。其次，这个消息共有 5 行(每行以一个回车符和一个换行符结束)，最后一行后面还有额外的一个回车符和换行符。一个请求消息可以有更多行，也可以仅仅只有一行。该请求消息的第一行称为请求行(Request line)，后续各行都称为头部行(Header)。

请求行有 3 个字段：方法字段、URL 字段、HTTP 版本字段。方法字段有若干个值可供选择，包括 GET、POST 和 HEAD。HTTP 请求消息绝大多数使用 GET 方法，这是浏览器用来请求对象的方法，所请求的对象在 URL 字段中标识。本例中浏览器在请求对象/somedir/page.html。版本字段是显示当前所使用 HTTP 协议的版本信息，本例中浏览器采用的是 HTTP/1.1 版本。

头部行 Host：www.sina.com 存放所请求对象的主机。请求消息中包含头部 Connection：close 是在告知服务器本浏览器不想使用持久连接，服务器发出所请求的对象后应关闭连接。尽管产生这个请求消息的浏览器实现的是 HTTP/1.1 版本，它还是可以选择使用非持久连接。User-agent 头部行指定用户代理，也就是产生当前请求的浏览器的类型。本例中的用户代理是 Mozilla/4.0，它是 Netscape 浏览器的一个版本。这个头部行很有用，因为服务器实际上可以给不同类型的用户代理发送同一个对象的不同版本(这些不同版本用同一个 URL 寻址)。最后，Accept-language 头部行指出如果所请求对象有简体中文版本，那么用户接收这个版本；如果没有这个语言版本，那么服务器应该发送其默认版本。

2. HTTP 响应消息

下面是一个典型的 HTTP 响应消息：

```
HTTP/1.1 200 OK
```

```
Connection:close
Date: Thu, 13 Oct 2005 03:17:33 GMT
Server: Apache/2.0.54 (Unix)
Last—Nodified:Mon,22 Jun 1998 09;23;24 GMT
Content—Length:6821
Content—Type:text/html
(数据 数据 数据 数据 数据…)
```

这个响应消息分为 3 部分:1 个起始的状态行(status line)、6 个头部行、1 个包含所请求对象本身的附属体。

状态行有 3 个字段:协议版本字段、状态码字段、原因短语字段。本例的状态行表明,服务器使用 HTTP/1.1 版本,响应过程完全正常(也就是说服务器找到了所请求的对象,并正在发送)。

HTTP 服务器使用 Connection:close 头部行告知 HTTP 客户端,自己将在发送完本消息后关闭 TCP 连接。Date 头部行指出 HTTP 服务器创建并发送本响应消息的日期和时间。注意,这并不是对象本身的创建时间或最后修改时间,而是服务器把该对象从其文件系统中取出,插入响应消息中发送出去的时间。Server 头部行指出本消息是由 Apache 服务器产生的;它与 HTTP 请求消息中的 User-agent 头部行类似。Last-Nodified 头部行指出对象本身的创建或最后修改日期或时间。Las-Nodified 头部对于对象的高速缓存至关重要,不论这种高速缓存是发生在本地客户主机上还是发生在网络高速缓存服务器主机(也就是代理服务器主机)上。Content-Length 头部行指出所发送对象的字节数。Content-Type 头部行指出包含在附属体中的对象是 HTML 文本。对象的类型是由 Content-Type 头部行而不是由文件扩展名正式指出的。

7.2.4　HTTP 推技术

很多应用都需要将后台发生的变化实时传送到客户端,而无需客户端不停地刷新、发送请求。传统模式的 Web 系统采用客户端发出请求、服务器端响应的方式工作。这种方式并不能满足很多现实应用的需求,譬如以下情形。

- 监控系统:后台硬件热插拔、LED、温度、电压发生变化。
- 即时通信系统:其他用户登录、发送信息。
- 即时报价系统:后台数据库内容发生变化。

这些应用都需要服务器能实时地将更新的信息传送到客户端,而无需客户端发出请求。服务器推技术在现实应用中有一些解决方案,这些解决方案大致分为两类:一类需要在浏览器端安装插件,基于套接口传送信息,或是使用 RMI、CORBA 进行远程调用。而另一类则无需浏览器安装任何插件、基于 HTTP 长连接。

7.2.5　Web 服务模型

Web 应用从开始的静态页面模型逐渐过渡到了动态页面模型,并随着应用越来越复杂,为了更好地开发大型、复杂、灵活的网络应用,逐渐出现了许多的网络开发模式。

1. 传统的静态页面模型

传统的静态页面执行非常简单,主要包括客户端的 Web 浏览器(Browser)和服务器端的 Web 服务器(Server)。工作过程如图 7-12 所示,当用户需要访问某个网站应用时,用户首先在 Web 浏览器中输入静态页面的 URL 地址。Web 浏览器根据该地址向此网站所在的 Server 发送页面的 HTTP 访问请求,当 Server 收到页面 HTTP 访问请求后,将所请求的 HTML 静态页面通过 HTTP 响应消息发送给 Web 浏览器。Web 浏览器收到 HTTP 响应消息后就可以将其中的页面内容按照 HTML 格式解析出来,并采用相应的显示方式展示给用户。

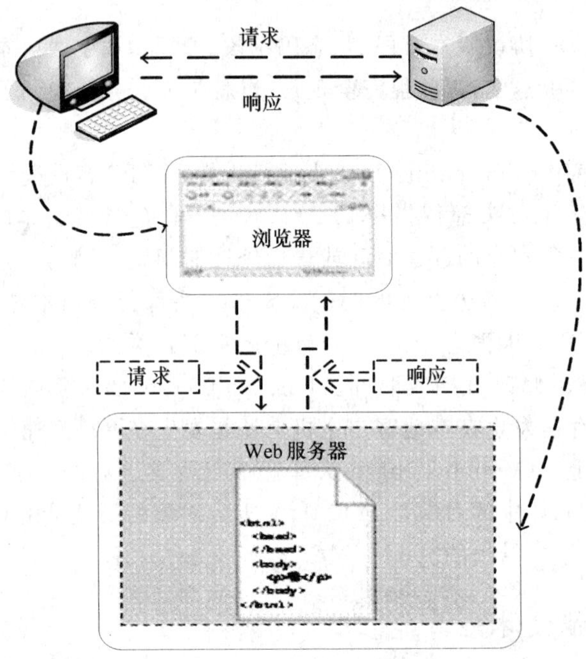

图 7-12　静态页面工作示意图

2. 动态页面模型

随着动态页面的产生,网络应用的工作模型也随之发生了变化。下面以 ASP 应用模型为例来观察动态页面的工作过程,工作过程如图 7-13 所示。

① 用户在 Web 浏览器的地址栏中输入 ASP 文件,并按回车键触发这个 ASP 的请求。

② Web 浏览器将这个 ASP 的请求通过 HTTP 协议发送给 Web 服务器。

③ Web 服务器接收 ASP 请求,并根据. asp 的后缀名判断这是 ASP 请求。

④ Web 服务器从硬盘或内存中读取正确的 ASP 文件。

⑤ Web 服务器将这个 ASP 文件中的 ASP 代码发送到 ASP 应用程序服务器。

⑥ ASP 代码将会由 ASP 应用程序服务器从头至尾执行,并根据命令要求生成相应的 HTML 文件。

⑦ 生成的 HTML 文件由 Web 服务器利用 HTTP 协议送回给 Web 浏览器。

⑧ 用户的 Web 浏览器解释这些 HTML 文件,并将结果显示出来。

从上面 ASP 动态页面的工作过程中可以看出,不论 Web 浏览器发出的请求是静态页面，还是动态页面，从 Web 服务器侧响应的结果都是 HTML 格式的静态页面。动态页面中的动态部分需要由应用程序服务器进行解释执行，并将执行结果嵌入到静态页面中，形成最终的结果静态页面。其中 HTML 格式的静态页面负责数据的显示方式，动态脚本负责动态数据的获取。

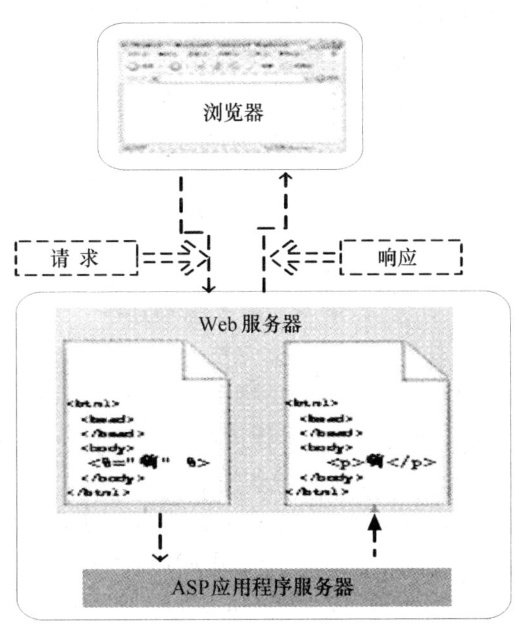

图 7-13　ASP 动态页面工作示意图

7.3　新型网络应用架构

随着网络应用技术的不断发展，新的网络应用技术也在不断涌现，其中比较重要的包括 Web Service、SOA 等。

7.3.1　Web Service 简介

从表面上看，Web Service 就是一个应用程序，它向外界暴露出一个能够通过 Web 方式进行调用的 API。这就是说，用户能够用编程的方法通过 Web 来调用这个应用程序，我们把调用这个 Web Service 的应用程序叫做客户。例如，用户想创建一个 Web Service，它的作用是返回当前的天气情况。那么用户可以建立一个 ASP 页面，它接受邮政编码作为查询字符串，代表需要查询天气的区域，然后返回一个由逗号隔开的字符串，包含了当前的气温和天气。要调用这个 ASP 页面，客户端需要发送下面的这个 HTTP GET 请求：

```
http://weather.company.com/weather.asp? zipcode = 20000
```

返回的数据就应该是这样：

```
35,晴
```

这个 ASP 页面就应该可以算作是一个简单的 Web Service。因为它基于 HTTP GET

请求，暴露出了一个可以通过 Web 方式调用的 API。当然，真正的 Web Service 还包含了更多的内容。

Web Service 更精确的解释为：Web Service 是建立可互操作的分布式应用程序的新平台。Web Service 平台是一套标准，它定义了应用程序如何在 Web 上实现互操作性，也就是通过 HTTP 消息实现数据交互，由于 HTTP 消息采用的是文本格式，所以它的构造和解析非常简单，通用性和可扩展性也很好。我们可以用任何语言，在任何平台上开发出 Web Service，只要可以通过 Web Service 标准对这些服务进行查询和访问。Web Service 提供一个与操作系统无关、与程序设计语言无关、与机器类型无关、与运行环境无关的平台，实现网络上应用程序的共享。Web Service 的体系结构与 Web 应用的 *N* 层结构类似，区别在于顶层的面向浏览器的 Web 服务器被面向程序（Web Service Client）的 Web Service 所取代。

通常，Web Service 具有如下特点：

- Web Service 是用标准的、规范的 XML 概念描述一些操作的接口（利用标准化的 XML 消息传递机制可以通过网络访问这些操作）；
- Web Service 的接口隐藏了实现服务的细节，允许独立于实现服务所基于的硬件或软件平台和编写服务所用的编程语言来使用服务；
- Web Service 履行一项特定的任务或一组任务；
- Web Service 可以单独或同其他 Web Service 一起用于实现复杂的聚集或商业交易。

Web Service 平台需要一套协议来实现分布式应用程序的创建。任何平台都有它的数据表示方法和类型系统。要实现互操作性，Web Service 平台必须提供一套标准的类型系统用于沟通不同平台、编程语言和组件模型中的不同类型系统。在传统的分布式系统中，基于接口（Interface）的平台提供了一些方法来描述接口、方法和参数（如 COM 和 COBAR 中的 IDL 语言）。同样的，Web Service 平台也必须提供一种标准来描述 Web Service，让客户可以得到足够的信息来调用这个 Web Service。最后，我们还必须有一种方法来对这个 Web Service 进行远程调用。这种方法实际是一种远程过程调用协议（RPC）。为了达到互操作性，这种 RPC 协议还必须与平台和编程语言无关。下面简要介绍组成 Web Service 平台的这些技术。

一个 Web Service 的工作过程如图 7-14 所示。首先，所有 Web Service 的提供者（Service Provider）向 Web Service 的代理（Service Broker）注册其对外提供的 Web Service，并通过 WSDL 语言来描述这些 Web Service 所提供的功能，和使用这些功能的方式；Web Service 使用者通过 WSDL 语言来描述他需要使用的功能，也就是他的需求，并将该需求发送给 Web Service 代理，Web Service 代理通过 UDDI 协议在其上查询所有注册的 Web Service 中符合用户需求的服务，并通过 WSDL 语言告诉 Web Service 使用者应该如何使用这个 Web Servcie，Web Service 使用者按照查询结果中的方式，使用 SOAP 请求消息向提供该服务的 Web Service 提供者发起服务请求，Web Service 提供者对服务请求进行处理，并将处理结果通过 SOAP 消息返回给 Web Service 使用者。

下面对 Web Service 的工作过程中所用到的一些技术进行简单的描述。

1. XML 和 XSD

可扩展的标记语言（XML）是 Web Service 平台中表示数据的基本格式。除了易于建立和易于分析外，XML 主要的优点在于它既是平台无关的又是厂商无关的。

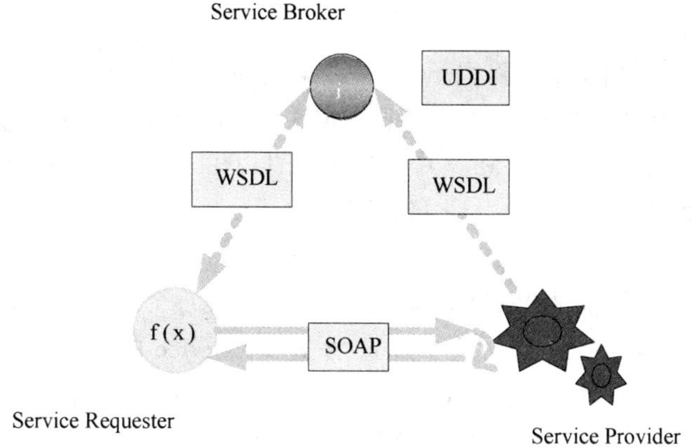

图 7-14　Web Service 技术关系图

XML 解决了数据表示的问题，但它没有定义一套标准的数据类型，更没有说明该怎么去扩展这套数据类型。例如，整型数到底代表什么？16 位，32 位，还是 64 位？这些细节对实现互操作性都是很重要的。W3C 制定的 XML Schema(XSD)就是专门解决这个问题的一套标准。它定义了一套标准的数据类型，并给出了一种语言来扩展这套数据类型。Web Service 平台就是用 XSD 来作为其数据类型系统的。当用某种语言(如 VB 或 VC)来构造一个 Web Service 时，为了符合 Web Service 标准，所有使用的数据类型都必须被转换为 XSD 类型。通常有一些工具可以自动帮用户完成这个转换。

2. SOAP

Web Service 建好以后，简单对象访问协议(SOAP)提供了标准的 RPC 方法来调用它。SOAP 并不意味着下面的 Web Service 必须以对象的方式来表示，完全可以把 Web Service 写成一系列的 C 函数，并仍然使用 SOAP 进行调用。SOAP 是一种轻量的、简单的、基于 XML 的协议，它被设计成在 Web 上交换结构化的和固化的信息。SOAP 可以和现存的许多 Internet 协议和格式结合使用，包括超文本传输协议(HTTP)、简单邮件传输协议(SMTP)、多用途网际邮件扩充协议(MIME)等。它还支持从消息系统到远程过程调用(RPC)等大量的应用程序。SOAP 规范定义了 SOAP 消息的格式，以及怎样通过 HTTP 协议来使用 SOAP。SOAP 也是基于 XML 和 XSD 的，XML 是 SOAP 的数据编码方式。

SOAP 协议包括如下 4 个部分。

- SOAP 封装。它定义了一个框架，该框架描述了消息中的内容是什么，谁应当处理它以及它是可选的还是必需的。
- SOAP 编码规则。它定义了一种序列化的机制，用于交换应用程序所定义的数据类型的实例。
- SOAP RPC 表示。它定义了用于表示远程过程调用和应答的协定。
- SOAP 绑定。定义了一种使用底层传输协议来完成在节点间交换 SOAP 封装的约定。

SOAP 消息基本上是从发送端到接收端的单向传输，但它们常常结合起来执行类似于请求/应答的模式。所有的 SOAP 消息都使用 XML 编码，一条 SOAP 消息就是一个包含有一个必需的 SOAP 封装包、一个可选的 SOAP 报头和一个必需的 SOAP 体块的 XML 文档。

把 SOAP 绑定到 HTTP,可以利用 SOAP 的样式和灵活性,以及 HTTP 丰富的特征库。在 HTTP 上传送 SOAP 并不是说 SOAP 会覆盖现有的 HTTP 语义,而是 HTTP 上的 SOAP 语义会自然地映射到 HTTP 语义中。在使用 HTTP 作为协议绑定时,RPC 请求映射到 HTTP 请求上,而 RPC 应答映射到 HTTP 应答上。

3. WSDL

当采用非正式的方式来描述 Web Service 的功能,以及每个函数调用时的参数时,这些非正式的方法无法使其他的软件自动地了解这个 Web Service 的功能和调用方法。因此,需要采用正式的描述文档。Web Service 描述语言(WSDL)就是这样一个基于 XML 的语言,用于描述 Web Service 及其函数、参数和返回值。因为是基于 XML 的,所以 WSDL 既是机器可阅读的,又是人可阅读的,这将是一个很大的好处。一些最新的开发工具既能根据用户的 Web Service 生成 WSDL 文档,又能导入 WSDL 文档,生成调用相应 Web Service 的代码。

4. UDDI

UDDI(Universal Description, Discovery and Integration)即统一描述、发现和集成协议,是为加速 Web Service 的推广、加强 Web Service 的互操作能力而推出的一个计划,基于标准的服务描述和发现的规范。

UDDI 提供了一个机制,以一种有效的方式来浏览,发现 Web Service,以及它们之间的相互作用。UDDI 计划是一个广泛的、开放的行业计划,它使得商业实体能够彼此发现,定义了它们怎样在 Internet 上互相作用,并在一个全球的注册体系架构中共享信息。UDDI 同时也是 Web 服务集成的一个体系框架,它利用了 W3C 和 Internet 工程任务组织(IETF)的很多标准作为其实现基础,比如扩展标注语言(XML)、HTTP 协议和域名服务(DNS)协议等。另外,在跨平台的设计特性中,UDDI 主要采用了 SOAP 规范。

UDDI 是一个分布式的互联网服务注册机制,它集描述(Universal Description)、检索(Discovery)与集成(Integration)为一体,其核心是注册机制。UDDI 实现了一组可公开访问的接口,通过这些接口,Web Service 可以向服务信息库注册其服务信息,服务需求者可以找到分散在世界各地的 Web Service。

UDDI 计划的核心组件是 UDDI 商业注册,它使用 XML 文档来描述企业及其提供的 Web Service。UDDI 商业注册提供如下 3 种信息。

- White Page,包含地址、联系方法、已知的企业标识。
- Yellow Page,包含基于标准分类法的行业类别。
- Green Page,包含关于该企业所提供的 Web Service 的技术信息,其形式可能是指向文件或 URL 的指针,而这些文件或 URL 是为服务发现机制服务的。

基于 XML 的 Web Service 技术使得整个应用程序开发技术从以操作系统为中心的应用程序组织模式扩展到以网络为中心的组织模式,即在视野上从本地扩大到了全球。两个中心的标志性技术分别为基于本地的组件技术(com、javabean 等)和基于网络的 Web Service(XML/SOAP)技术。

Web Service 给我们带来的一大好处是:由于 XML 的支持,使得数据共享方式从原来的人-人、机器-人模式发展到机器-机器模式(软件-软件),Web Service 就是这个模式的具体应用。它为我们在全球范围内实现全方位的全自动化数据共享提供了可能,提供了一个可真正在全球范围实现自动化生产的大工业产业模式。

7.3.2 SOA 简介

1996 年,Gartner 最早提出面向服务的架构(SOA,Service-Oriented Architecture),到 2002 年,Gartner 提出 SOA 是“现代应用开发领域最重要的课题”。SOA 并不是一个新事物,IT 组织已经成功建立并实施 SOA 应用软件很多年了,BEA、IBM 等厂商看到了它的价值,纷纷跟进。

SOA 的目标在于让 IT 变得更有弹性,以更快的响应业务单位的需求,实现实时企业(Real-Time Enterprise)。而 BEA 早在 2001 年就提出要将 BEA 的 IT 基础架构转变为 SOA,并且从对整个企业架构的控制能力、提升开发效率、加快开发速度、降低在客户化和人员技能的投入等方面取得了不错的成绩。

SOA 是在计算环境下设计、开发、应用、管理分散的逻辑(服务)单元的一种规范,这个定义决定了 SOA 的广泛性。SOA 要求开发者从服务集成的角度来设计应用软件,超越应用软件来思考,并考虑复用现有的服务,或者检查如何让服务被重复利用。SOA 鼓励使用可替代的技术和方法(例如消息机制),通过把服务联系在一起而非编写新代码来构架应用。经过适当构架后,这种消息机制的应用允许公司仅通过调整原有服务模式而非被迫进行大规模新的应用代码的开发,使得在商业环境许可的时间内对变化的市场条件做出快速的响应。

SOA 不仅是一种开发的方法论,它还包含管理过程。例如,应用 SOA 后,管理者可以方便地管理这些搭建在服务平台上的企业应用,而不是管理单一的应用模块。通过分析服务之间的相互调用,SOA 使得公司管理人员能够容易地获知什么时候、什么原因、哪些商业逻辑被执行的数据信息,这样就帮助了企业管理人员或应用架构师迭代地优化企业业务流程和应用系统。

SOA 的一个中心思想就是使得企业应用摆脱面向技术解决方案的束缚,轻松应对企业商业服务变化、发展的需要。企业环境中单个应用程序是无法包容业务用户各种需求的,即使是一个大型的 ERP 解决方案,仍然不能满足这个不断膨胀、变化的需求,对市场快速做出反应。商业用户只能通过不断开发新应用、扩展现有应用程序来艰难地支撑其现有的业务需求。通过将注意力放在服务上,应用程序能够集中起来提供更加丰富、目的性更强的商业流程,基于 SOA 的企业应用系统就能更加真实地反映出与业务模型的结合。以服务为中心是从业务流程的角度来看待技术的,同一般的从可用技术所驱动的商业视角是相反的,它的优势是同业务流程结合在一起,能够更加精确地表示业务模型、更好地支持业务流程。

SOA 有利于企业业务的集成。传统的应用集成方法(点对点集成、企业消息总线或中间件的集成(EAI)、基于业务流程的集成)都很复杂、昂贵,并且不够灵活。这些集成方法难于快速适应基于企业现代业务变化不断产生的需求。基于 SOA 的应用开发和集成可以很好的解决其中的许多问题。

SOA 描述了一套完善的开发模式来帮助客户端应用连接到服务上。这些模式定制了一系列机制用于描述服务、通知及发现服务、与服务进行通信。不同于传统的应用集成方法,在SOA中,围绕服务的所有模式都是以基于标准的技术实现的。大部分的通信中间件系统,如RPC、CORBA、DCOM、EJB和RMI,也同样如此,但是它们的实现都不是很完善,在权衡交互性以及标准定制的可接受性方面总是存在问题。SOA试图排除这些缺陷,服务既可以定义为功能,又可同时对外定义为对象、应用等,这使得SOA可适应于任何现有系统,并使得系统在集成时不必刻意遵循任何特殊定制。

SOA的设立基于6个假设的前提:系统是松散耦合的;界面交换是非物质的;程序具有远程过程调用(RPC,Remote Procedure Call)功能;接口是基于消息的;消息使用XML数据;以及接口支持同步或不同步两种数据传输形式。

作为一种灵活和可扩展的框架,SOA具有以下特性。

- 降低成本:从不断增加投入的遗留系统中提取可重用的业务功能;
- 增加灵活性:将IT应用以服务的形式对外暴露,实现业务流程快速的重组;
- 增加收入:整合已有的业务功能,迅速响应市场变化,帮助快速高效地开发新的业务应用。

7.3.3 Web 2.0 简介

Web 2.0是以Blog、TAG、SNS、RSS、WIKI等社会软件的应用为核心,依据XML、AJAX等新理论和技术实现的互联网新一代模式。Web 2.0是相对Web 1.0的新的一类互联网应用的统称。Web 1.0的主要特点在于用户通过浏览器获取信息,而Web 2.0则更注重用户的交互作用,用户既是网站内容的浏览者,也是网站内容的制造者。所谓网站内容的制造者是说互联网上的每一个用户不再仅仅是互联网的读者,同时也成为互联网的作者;在模式上由单纯的读向写以及共同建设发展;由被动地接收互联网信息向主动创造互联网信息发展。

Web 2.0技术主要包括:博客(Blog)、RSS、百科全书(WIKI)、网摘、社会网络(SNS)、P2P、即时信息(IM)等。

- Blog(博客/网志)。Blog的全名应该是Web Log,后来缩写为Blog。Blog是一个易于使用的网站,用户可以在其中迅速发布想法、与他人交流以及从事其他活动。
- RSS(站点摘要)。RSS是站点用来和其他站点之间共享内容的一种简易方式(也叫聚合内容)的技术。最初源自浏览器新闻频道的技术,现在通常被用于新闻和其他按顺序排列的网站,例如Blog。
- WIKI(百科全书)。WIKI是一种多人协作的写作工具。WIKI站点可以有多人(甚至任何访问者)进行维护,每个人都可以发表自己的意见,或者对共同的主题进行扩展和探讨。

Web 1.0到Web 2.0的转变,具体的说,从模式上是单纯的“读”向“写”、“共同建设”发展;从基本构成单元上,是由“网页”向“发表/记录的信息”发展;从工具上,是由互联网浏览器向各类浏览器、RSS阅读器等内容发展;运行机制上,由“Client/Server”向“Web Service”转变;作者由程序员等专业人士向全部普通用户发展;应用上由初级应用向全面大量应用发展。Web 2.0的主要特点如下。

- 用户参与网站内容制造。与Web 1.0网站单向信息发布的模式不同,Web 2.0网站的内容通常是用户发布的,使得用户既是网站内容的浏览者也是网站内容的制造者,这也就意味着 Web 2.0 网站为用户提供了更多的参与机会，例如，博客网站和 WIKI 就是典型的用户创造内容的指导思想，而 Tag 技术（用户设置标签）将传统网站中的信息分类工作直接交给用户来完成。

- Web 2.0 更加注重交互性。不仅用户在发布内容过程中实现与网络服务器之间交互，而且也实现了同一网站不同用户之间的交互，以及不同网站之间信息的交互。
- 符合 Web 标准的网站设计。Web 标准是目前国际上正在推广的网站标准，通常所说的 Web 标准一般是指网站建设采用基于 XHTML 网站设计语言，实际上，Web 标准并不是某一标准，而是一系列标准的集合。Web 标准中典型的应用模式是“CSS＋DIV”，摒弃了表格定位方式，使得网站设计代码规范，减少了大量代码，减少网络带宽资源浪费，加快了网站访问速度。此外，符合 Web 标准的网站对于用户和搜索引擎更加友好。

参 考 文 献

［1］ (俄)Natalia Olifer,(乌)Victor Olifer. 计算计网络——网络设计的原理、技术和协议. 高传善,等译. 北京:机械工业出版社,2008.

［2］ (美)Larry L. Peterson,Bruce S. Davie. 计算机网络——系统方法. 北京:机械工业出版社,2012.

［3］ 特南鲍姆,韦瑟罗尔. 计算机网络(第5版). 严伟,潘爱民,译. 北京:清华大学出版社,2012.

［4］ W. Richard Stevens. TCP/IP 详解卷1:协议. 范建华,等译. 北京:机械工业出版社,2000.

［5］ 拉默尔. CCNA 学习指南(中文第6版). 程代伟,等译. 北京:电子工业出版社, 2008.

［6］ 张中荃. 接入网技术(第2版). 北京:人民邮电出版社, 2009.

［7］ 肖萍萍,吴健学. SDH 原理与应用. 北京:人民邮电出版社, 2008.

［8］ 崔鸿雁,蔡云龙,刘宝玲. 宽带无线通信技术. 北京: 人民邮电出版社,2008.

［9］ 李(Lee,W. C. Y). 无线与蜂窝通信(第3版). 陈威兵,黄晋军,张聪,译. 北京:清华大学出版社,2008.

［10］ W. Simpson. The Point－to－Point Protocol. RFC1661, 1994.

［11］ W. Simpson. PPP in HDLC－like framing. RFC1662, 1994.

［12］ D. Rand. PPP Reliable Transmission. RFC1663, 1994.

［13］ W. Simpson. PPP Challenge Handshake Authentication Protocol. RFC1994, 1996.

［14］ L. Mamakos, etc. A Method for Transmitting PPP Over Ethernet (PPPoE). RFC2516, 1999.

［15］ IEEE802.3 以太网协议

［16］ IEEE802.1Q VLAN 协议

［17］ IEEE802.1D 生成树协议

［18］ IEEE802.1w 生成树协议

［19］ IEEE802.11 无线局域网协议

［20］ 刘乃安. 无线局域网:WLAN 原理技术与应用. 西安:西安电子科技大学出版社,2004.

［21］ C. Hedrick. Routing Information Protocol. IETF RFC1058, 1988.

［22］ C. Malkin. RIP Version 2. IETF RFC2453, 1998.

［23］ J. Moy. OSPF Version 2. IETF RFC2328, 1998.

[24] Y. Rekhter，T. Li，S. Hares. A Border Gateway Protocol 4（BGP－4）. IETF RFC 4271，2006.

[25] K. Egevang，P. Francis. The IP Network Address Translator（NAT）. IETF RFC 1631，1994.

[26] P. Srisuresh，K. Egevang. Traditional IP Network Address Translator（Traditional NAT）. IETF RFC 3022，2001.

[27] 多伊尔，卡罗尔. TCP/IP路由技术（第1卷）（第2版）. 葛建立，吴剑章译. 北京：人民邮电出版社，2007.

[28] 桑世庆，卢晓慧. 交换机/路由器配置与管理. 北京：人民邮电出版社，2010.

[29] 斯托林斯. 网络安全基础：应用与标准（第4版）. 北京：清华大学出版社，2010.

[30] 刘建伟，王育民. 网络安全：技术与实践（第2版）. 北京：清华大学出版社，2011.

[31] 杨波. 网络安全理论与应用. 北京：电子工业出版社，2002.

[32] 刘建伟，张卫东，李晖. 网络安全实验教程. 北京：清华大学出版社，2007.

[33] 福罗赞. 密码学与网络安全. 北京：清华大学出版社，2009.

[34] 迪波斯，奥克斯. 防火墙与VPN原理与实践. 李展，等译. 北京：清华大学出版社，2008.

[35] 肖德宝，徐慧. 网络管理理论与技术. 武汉：华中科技大学出版社，2009.

[36] 王勇，任兴田. 计算机网络管理. 北京：清华大学出版社，2010.

[37] 王群. 计算机网络管理技术. 北京：清华大学出版社，2008.

[38] 郭军. 网络管理（第3版）. 北京：北京邮电大学出版社，2008.

[39] 王德永. 计算机网络应用技术. 北京：高等教育出版社，2009.

[40] 张彬，刘劲松. 计算机网络技术及应用. 北京：北京大学出版社，2011.

[41] David Gourley，Brian Totty，Marjorie Sayer，Sailu Reddy，Anshu Aggarwal. HTTP权威指南. 陈涓，赵振平，译. 北京：人民邮电出版社，2012.

[42] 柴晓路，梁宇奇. Web Services技术架构和应用. 北京：电子工业出版社，2003.

[43] 帕派佐格罗. Web服务：原理和技术. 龚玲，等译. 北京：机械工业出版社，2010.

[44] 张民，潘勇，徐荣. 宽带城域网. 北京：北京邮电大学出版社，2003.

[45] 纪越峰. 综合业务接入技术. 北京：北京邮电大学出版社，2001.

[46] 王健全，杨万春，张杰，顾畹仪，沈文粹. 城域MSTP技术. 北京：机械工业出版社，2005.